国家精品课程土木工程抗震与防灾丛书

建筑结构防灾设计工程实例

叶继红　主编

冯若强　丁幼亮　潘金龙　编著

U0248437

中国建筑工业出版社

图书在版编目（CIP）数据

建筑结构防灾设计工程实例/叶继红主编；冯若强，丁幼
亮，潘金龙编著. —北京：中国建筑工业出版社，2015.12
（国家精品课程土木工程抗震与防灾丛书）
ISBN 978-7-112-18652-5

Ⅰ.①建… Ⅱ.①叶… ②冯… ③丁… ④潘… Ⅲ.①建
筑结构-防灾 Ⅳ.①TU352

中国版本图书馆 CIP 数据核字（2015）第 268898 号

本书详细介绍了建筑结构抗震、抗风、抗火三方面的防灾设计实例，具体包括：
（1）钢筋混凝土框架结构、钢筋混凝土抗震墙结构、砌体结构、多层钢框架结构房屋的
抗震设计实例；（2）多层钢筋混凝土框架结构、高层混凝土结构抗风设计实例；（3）钢
结构基本构件抗火计算和设计。

本书可作为土木工程高校防灾减灾课程教材，也可供结构工程师学习参考。

责任编辑：刘瑞霞　李天虹
责任设计：董建平
责任校对：李欣慰　赵　颖

国家精品课程土木工程抗震与防灾丛书
建筑结构防灾设计工程实例
叶继红　主编
冯若强　丁幼亮　潘金龙　编著
*
中国建筑工业出版社出版、发行（北京西郊百万庄）
各地新华书店、建筑书店经销
霸州市顺浩图文科技发展有限公司制版
北京市安泰印刷厂印刷
*
开本：787×1092 毫米　1/16　印张：11½　字数：280 千字
2015 年 12 月第一版　　2015 年 12 月第一次印刷
定价：**32.00** 元
ISBN 978-7-112-18652-5
（27960）

前　　言

东南大学开设的"工程结构抗震与防灾"课程于 2007 年获得国家精品课程称号，2013 年入选教育部国家精品资源共享建设课程。课程组教师均为土木工程防灾减灾一线科研人员。通过课程团队多年教学的经验积累和科研底蕴，形成了理论与实践、原理与经验、科学研究与工程实用相结合的教学方法与手段。"工程结构抗震与防灾"课程涉及地震、风灾和火灾。课程性质和内容直接关乎国家安全、社会稳定和经济发展；对学生的工程素养和工程能力的培养意义重大；而且在帮助学生建立社会责任感、历史使命感方面具有不可替代的作用。

本教材是围绕"工程结构抗震与防灾"课程主教材而编写的系列辅助教材之一。本科生对如何正确进行一个具体建筑结构的抗震、抗风、抗火设计十分陌生，而课堂学时有限，讲授的知识主要以基本理论和设计计算方法为基础，学生消化、吸收难度较大。本教材针对主教材中主要涉及的结构形式的抗震、抗风、抗火内容给出了详尽的设计或计算实例，包括计算方法、解题步骤、构造要求等，较为实用，有助于学生对本门课程知识点的掌握和运用。本教材也可作为结构工程师的参考用书。

叶继红

2016. 03. 16

目　　录

第1章　钢筋混凝土框架结构抗震设计实例

1.1　框架结构抗震体系特点与布置原则

1.1.1　框架结构抗震体系特点

1. 合理设置结构屈服机制

钢筋混凝土框架结构是工业与民用建筑中常用的结构体系，具有柱网布置灵活、便于获得较大使用空间、自重较轻、具有较大的变形能力等优点，其缺点是侧向刚度较小，在强震下结构的顶点位移和层间位移较大，易造成非结构构件严重破坏，并且框架柱的失效易造成结构倒塌。为使框架结构具有必要的承载能力、良好的变形能力和耗能能力，应选择合理的屈服机制。框架结构较合理的屈服机制应该是：在梁柱构件达到极限承载力前节点不应发生破坏，框架梁比框架柱的屈服应尽可能早发生、多发生，同一层中各柱两端的屈服历程越长越好，底层柱底的塑性铰宜最晚形成。总之，框架结构抗震设计的基本原则是："梁柱构件强剪弱弯，构件之间应强柱弱梁、强节点弱构件以及强底层柱底"，使梁、柱端的塑性铰尽可能分散，从而充分发挥整个框架结构的抗震能力。

2. 宜有多道抗震防线

钢筋混凝土框架结构设计中，根据使用功能的要求在每一楼层会设置一定数量的填充墙。填充墙的存在对框架结构的抗震性能有着较大影响，它使框架结构的侧向刚度增大，自振周期减短，从而使作用于整个框架结构上的水平地震作用增大。另一方面，由于填充墙与框架共同工作，减小了框架部分所承担的楼层地震剪力。填充墙是抗震性能较差的第一道防线，它刚度大而承载力低，一旦达到极限承载力，刚度退化较快，将把较多的地震作用转移到框架部分。一般情况下，有砌体填充墙的框架结构抗震设计只考虑填充墙重量和刚度对框架的不利影响，而不计其承载力有利作用，并且应避免填充墙不合理的设置而导致框架主体结构的破坏。

3. 适用的最大高度

钢筋混凝土框架结构房屋的侧向刚度较小，当房屋的层数和高度较大时，会产生过大的侧移，导致非结构构件的破坏，而不能满足使用功能的要求。从既安全又经济的抗震设计原则出发，我国《建筑抗震设计规范》对钢筋混凝土框架结构房屋适用的最大高度进行了限制，如表1.1所示。平面和竖向均不规则的结构，适用的最大高度应适当降低。

钢筋混凝土框架结构房屋适用的最大高度（m）　　表 1.1

烈　度				
6	7	8(0.2g)	8(0.3g)	9
60	50	40	35	24

注：① 房屋高度指室外地面至主要屋面板顶的高度（不考虑局部突出屋顶部分）；
　　② 表中框架结构，不包括异形柱框架；
　　③ 乙类建筑可按本地区抗震设防烈度确定适用的最大高度；
　　④ 超过表内高度的房屋，应进行专门研究和论证，采取有效的加强措施。

4. 框架结构的规则性

结构规则与否是影响结构抗震性能的重要因素。由于建筑设计的多样性和结构本身的复杂性，结构不可能做到完全规则。规则结构可采用较简单的分析方法（如底部剪力法）及相应的构造措施。对于不规则结构，除应适当降低房屋高度外，还应采用较精确的分析方法，并按较高的抗震等级采取抗震措施。

（1）平面规则性

为了减小地震作用对建筑结构整体和局部的不利影响，例如扭转和应力集中效应，建筑平面形状宜采用规则的形体，其抗侧力构件的平面布置宜规则对称，避免过大的外伸或内收。结构平面布置不规则的主要类型如表 1.2 所示。

平面不规则的主要类型　　表 1.2

不规则类型	定　义
A. 扭转不规则	在规定的水平力作用下，楼层的最大弹性水平位移（或层间位移），大于该楼层两端弹性水平位移（或层间位移）平均值的 1.2 倍
B. 凹凸不规则	结构平面凹进的一侧尺寸，大于相应投影方向总尺寸的 30%
C. 楼板局部不连续	楼板的尺寸和平面刚度急剧变化，例如有效楼板宽度小于该层楼板典型宽度的 50%，或开洞面积大于该层楼面面积的 30%，以及较大的楼层错层

注：对于扭转不规则计算，需注意以下几点：
　① 刚性楼盖，按国外的规定，指楼盖周边两端位移不超过平均位移 2 倍的情况，并不是刚度无限大；因此，计算扭转位移比时楼盖刚度按实际情况确定而不限于刚度无限大假定；
　② 给定的水平力，一般采用振型组合后的楼层地震剪力换算的水平作用力，并考虑偶然偏心；
　③ 偶然偏心大小的取值，应考虑具体的平面形状和抗侧力构件的布置，可不笼统采用该方向最大尺寸的 5%。

（2）竖向规则性

钢筋混凝土框架结构房屋的侧向刚度沿竖向宜均匀变化，竖向抗侧力构件的截面尺寸和材料强度宜自下而上逐渐减小，避免侧向刚度和承载力的突变。结构竖向布置不规则的主要类型如表 1.3 所示。

竖向不规则的主要类型　　表 1.3

不规则类型	定　义
A. 侧向刚度不规则（有柔软层）	该层侧向刚度小于相邻上一层的 70%，或小于其上相邻三个楼层侧向刚度平均值的 80%；除顶层或出屋面小建筑外，局部收进的水平向尺寸大于相邻下一层的 25%
B. 竖向抗侧力构件不连续	竖向抗侧力构件的内力由水平转换构件（梁、桁架等）向下传递
C. 楼层承载力突变（有薄弱层）	抗侧力结构的层间受剪承载力小于相邻一楼层的 80%

注：对于侧向刚度的不规则，建议采用多种方法，包括楼层标高处单位位移所需要的水平力、结构层间位移角的变化等进行综合分析，不能仅简单依靠某个方法和某个参考数值决定。

1.1.2 框架结构体系布置原则

1. 框架的结构布置

钢筋混凝土框架结构应在纵、横两个方向上均具有较好的抗震能力。结构纵、横向的抗震能力相互影响和关联，使结构形成空间结构体系。因此，钢筋混凝土框架结构宜双向均为框架结构体系，避免横向为框架、纵向为连系梁的结构体系，同时应尽量使横向和纵向框架的抗震能力相匹配。震害表明，单跨框架结构的抗震性能较差。为此，对甲、乙类建筑以及高度大于 24m 的丙类建筑，不应采用单跨框架结构。框架结构某个主轴方向仅有局部的单跨框架，可不视为单跨框架结构。高度不大于 24m 的丙类建筑采用单跨框架结构时，需要注意采取加强措施。

2. 防震缝的设置

历次震害调查发现，强震作用下由于地面运动变化、结构扭转、地震变形等复杂因素，相邻结构的碰撞将造成严重破坏，特别是防震缝两侧的构架。因此，钢筋混凝土框架结构宜选用合理的建筑结构方案而不设防震缝。当建筑平面过长、结构单元的结构体系不同、高度和刚度相差过大以及各结构单元的地基条件有较大差异时，应考虑设置防震缝。防震缝的宽度不宜小于两侧建筑物在较低建筑物屋顶高度处的垂直防震缝方向的侧移之和。在计算地震作用产生的侧移时，应取基本烈度下的侧移，即近似地将我国抗震设计规范规定的在小震作用下弹性反应的侧移乘以 3 的放大系数，并应附加上地震前和地震中地基不均匀沉降和基础转动所产生的侧移。一般情况下，钢筋混凝土框架结构的防震缝最小宽度，应符合以下要求：

（1）当高度不超过 15m 时，不应小于 100mm；高度超过 15m 时，6 度、7 度、8 度和 9 度相应每增加高度 5m、4m、3m 和 2m，宜加宽 20mm。

（2）防震缝两侧结构体系不同时，防震缝宽度应按需要较宽的规定采用，并可按较低房屋高度计算缝宽。

3. 楼梯间的设置

框架结构宜采用现浇钢筋混凝土楼梯。楼梯间的布置不应导致结构平面特别不规则；楼梯构件与主体结构整浇时，应计入楼梯构件对地震作用及其效应的影响，应进行楼梯构件的抗震承载力验算；宜采取构造措施，减少楼梯构件对主体结构刚度的影响。楼梯间两侧填充墙与柱之间应加强拉结。

4. 砌体填充墙的设置

框架结构中，砌体填充墙在平面和竖向的布置宜均匀、对称，避免形成薄弱层或短柱。砌体的砂浆强度等级不应低于 M5；实心块体的强度等级不宜低于 MU2.5，空心块体的强度等级不宜低于 MU3.5；墙顶应与框架梁密切结合。填充墙应沿框架柱全高每隔 500～600mm 设 2φ6 拉筋，拉筋深入墙内的长度，6、7 度宜沿墙全长贯通；8、9 度时应沿墙全长贯通。墙长大于5m时，墙顶与梁宜有拉结；墙长超过8m或层高2倍时，宜设置钢筋混凝土构造柱；墙高超过4m时，墙体半高宜设置与柱连接且沿墙全长贯通的钢筋混凝土水平系梁。楼梯间和人流通道的填充墙，尚应采用钢筋网砂浆面层加强。

1.2　框架结构的抗震内力计算

1.2.1　框架结构抗震内力计算步骤

1. 框架结构地震作用计算

（1）顶点位移法估算结构自振周期

框架结构可以采用有限元法建立三维空间计算模型并在此基础上采用反应谱法计算得到水平地震作用。当采用简化计算方法例如底部剪力法时，可在建筑结构的两个主轴方向分别考虑水平地震作用，各方向的水平地震作用由该方向抗侧力框架结构承担。一般将砖填充墙仅作为非结构构件，不考虑其抗侧力作用。

采用底部剪力法计算结构总水平地震作用标准值时，首先需要确定结构的基本周期。作为手算的方法，一般多采用顶点位移法计算结构基本周期。计入 ψ_T 的影响，则其基本周期 T_1 可按下列公式计算：

$$T_1 = 1.7\psi_T \sqrt{u_T} \tag{1.1a}$$

式中：ψ_T——考虑非结构墙体刚度影响的周期折减系数，当采用实砌填充砖墙时取 0.6～0.7；当采用轻质墙、外挂墙板时取 0.8；

u_T——结构顶点假想位移（m），即假想把集中在各层楼层处的重力荷载代表值 G_i 作为水平荷载，仅考虑计算单元全部柱的侧移刚度 $\sum_{j=1}^{n} D_j$，按弹性方法所求得的结构顶点位移。

应该指出，对于有突出于屋面的屋顶间（电梯间、水箱间）等的框架结构房屋，结构顶点假想位移 u_T 指主体结构顶点的位移。因此，突出屋面的屋顶间的顶面不需设质点 G_{n+1}，而将其并入主体结构屋顶集中质点 G_n 内。

（2）能量法

这里主要介绍用能量法计算多质点弹性体系基本频率的瑞雷法（Rayleigh法）。它是根据体系在振动过程中能量守恒的原理导出的，即一个无阻尼的弹性体系作自由振动时，体系在任何时刻的总能量（变形位能与动能之和）应当保持不变，$T_{max} = U_{max}$。

设一 n 质点弹性体系，如图1.1所示，质点 i 的质量为 m_i，相应的重力荷载为 $G_i = m_i g$，将

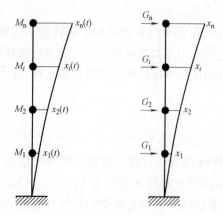

图1.1　能量法计算简图

重力荷载 G_i 水平作用于相应质点 m_i 上所产生的弹性变形曲线为基本振型，图 1.1 中 X_i 为质点 i 的水平位移。

于是，在振动过程中，质点 i 的瞬间水平位移和其瞬时速度为

$$x_i(t) = X_i \sin(w_1 t + \varphi)$$

$$\dot{x}_i(t) = w_1 X_i \sin(w_1 t + \varphi)$$

当体系经过静平衡位置时，变形位能为零，体系动能达到最大值 $T_{\max}$，即

$$T_{\max} = \frac{1}{2} \sum_{i=1}^{n} m_i (w_1 X_i)^2 = \frac{w_1^2}{2g} \sum_{i=1}^{n} G_i X_i^2$$

当体系在振动过程中各质点位移同时达到最大时，动能为零，而变形位能达到最大值 $U_{\max}$，即

$$U_{\max} = \frac{1}{2} \sum_{i=1}^{n} G_i X_i = \frac{1}{2} g \sum_{i=1}^{n} m_i X_i$$

根据 $T_{\max} = U_{\max}$，得到体系基本频率的近似计算公式为

$$w_1 = \sqrt{\frac{g \sum_{i=1}^{n} m_i X_i}{\sum_{i=1}^{n} m_i X_i^2}}$$

体系的基本周期为

$$T_i = \frac{2\pi}{w_1} = 2\pi \sqrt{\frac{\sum_{i=1}^{n} m_i X_i^2}{g \sum_{i=1}^{n} m_i X_i}} \approx 2 \sqrt{\frac{\sum_{i=1}^{n} m_i X_i^2}{\sum_{i=1}^{n} m_i X_i}} \tag{1.1b}$$

式中：G_i——质点 i 的重力荷载；

X_i——在各假想水平荷载 G_i 的共同作用下，质点 i 的水平弹性位移。

2. 框架结构抗震内力计算

水平地震作用下框架内力的简化计算常采用反弯点法和 D 值法（改进反弯点法）。反弯点法适用于层数较少、梁柱线刚度比大于 3 的情况，计算比较简单。D 值法近似地考虑了框架节点转动对侧移刚度和反弯点高度的影响，比较精确，得到广泛应用。

1.2.2 抗震内力计算实例

1. 工程概况和计算基本条件

某办公楼为 4 层钢筋混凝土结构。楼层的重力荷载代表值为 $G_1 = 8000\text{kN}$，$G_2 = 7200\text{kN}$，$G_3 = 7200\text{kN}$，$G_4 = 5200\text{kN}$。梁截面尺寸为 250mm×600mm，混凝土采用 C20；柱子的截面尺寸为 450mm×450mm，混凝土的强度等级采用 C30。现浇梁、柱，楼盖为预应力圆孔板，建造在Ⅱ类场地上，结构的阻尼比为 0.05。结构抗震设防烈度为 8 度，设计基本地震加速度为 0.20g，设计地震分组为第二组。结构平面图、剖面图及计算简图见图 1.2。

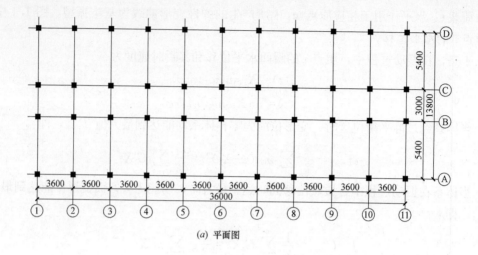

(a) 平面图

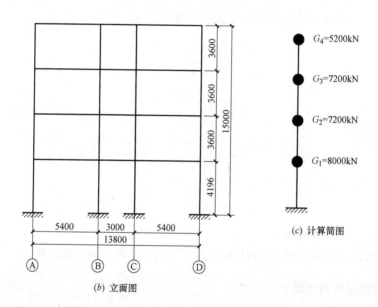

(b) 立面图

(c) 计算简图

图 1.2 结构的平立面示意图及计算简图

2. 框架结构刚度计算

采用 D 值法计算框架的刚度,其中现浇混凝土框架的惯性矩:中间框架取 $I=2I_0$,边框架取 $I=1.5I_0$。梁柱刚度计算见表 1.4 和表 1.5,框架的总刚度见表 1.6。

梁属性及刚度 表 1.4

构件类别	混凝土强度	截面 $b \times h$ (mm×mm)	跨度 L(mm)	惯性矩 I_0(×10⁹)(mm⁴)	边框梁 I_0(×10⁹)(mm⁴)	边框梁 $K_b = \dfrac{E_c I}{L}$ (×10¹⁰)(N·mm)	中框梁 I_0(×10⁹)(mm⁴)	中框梁 $K_b = \dfrac{E_c I}{L}$ (×10¹⁰)(N·mm)
边跨梁	C20	250×600	5400	4.5	6.75	3.19	9	4.25
中跨梁	C20	250×600	3000	4.5	6.75	5.74	9	7.65

6

层号	混凝土强度	截面 $b\times h$ (mm×mm)	高度 H(mm)	惯性矩 I_0(×10⁹) (mm⁴)	线刚度 $K_c=\dfrac{E_c I}{L}$ (×10¹⁰) (N·mm)	$\bar{K}$	α_c	$D=\alpha_c K_c \dfrac{12}{H^2}$ (×10³) (N/mm)

柱属性及刚度　　　　　　　　表 1.5

边框架边柱

| 2、3、4 | C30 | 450×450 | 3600 | 3.42 | 2.85 | 1.12 | 0.36 | 9.46 |
| 1 | | | 4200 | 3.42 | 2.44 | 1.31 | 0.55 | 9.07 |

边框架中柱

| 2、3、4 | C30 | 450×450 | 3600 | 3.42 | 2.85 | 3.13 | 0.61 | 16.10 |
| 1 | | | 4200 | 3.42 | 2.44 | 3.66 | 0.73 | 12.20 |

中框架边柱

| 2、3、4 | C30 | 450×450 | 3600 | 3.42 | 2.85 | 1.49 | 0.43 | 11.27 |
| 1 | | | 4200 | 3.42 | 2.44 | 1.74 | 0.60 | 9.95 |

中框架中柱

| 2、3、4 | C30 | 450×450 | 3600 | 3.42 | 2.85 | 4.18 | 0.68 | 17.83 |
| 1 | | | 4200 | 3.42 | 2.44 | 4.88 | 0.78 | 12.98 |

框架总刚度　　　　　　　　表 1.6

层号	D(N/mm)				$\sum D$ (N/mm)
	中框架边柱	中框架中柱	边框架边柱	边框架中柱	
2、3、4	180282.80	285321.02	37846.30607	64383.62	567833.74
1	159152.31	207709.06	36281.66849	48804.95	451947.99

3. 框架结构自振周期计算

本建筑主体结构总高度为 15m，以剪切变形为主且质量和刚度沿高度分布比较均匀，可采用底部剪力法。

采用能量法计算该工程的基本自振周期（也可采用顶点位移法计算），计算结果见表 1.7。

能量法计算结构基本周期　　　　　　　　表 1.7

层号	G_i(kN)	$\sum D$ (kN/m)	Δu_i(m)	u_i(m)	$G_i u_i$ (kN·m)	$G_i u_i^2$ (kN·m²)
4	5200	567833.74	0.0092	0.1266	658.22	83.32
3	7200	567833.74	0.0218	0.1174	845.45	99.28
2	7200	567833.74	0.0345	0.0956	688.22	65.78
1	8000	451947.99	0.0611	0.0611	488.55	29.84

$$取\ \varphi_T=0.8,\quad T_1=2\varphi_T\sqrt{\dfrac{\sum_{i=1}^{n} G_i u_i^2}{\sum_{i=1}^{n} G_i u_i}}=2\times0.8\times\sqrt{\dfrac{278.21}{2680.44}}=0.52\mathrm{s}$$

4. 多遇水平地震作用标准值及层间剪力计算

8 度 （0.2g），场地类别为 Ⅱ 类，则根据我国现行抗震规范有 $\alpha_{max}=0.16$，$T_g=0.40s$

$$\alpha_1=\left(\frac{T_g}{T_1}\right)^{\gamma}\eta_2\alpha_{max}=(0.4/0.52)^{0.9}\times0.16=0.13$$

因 $T_1=0.52s<1.4T_g=0.56s$，则不需要考虑顶部附加地震作用。

基底总剪力 $F_{Ek}=\alpha_1 G_{eq}=2964.142kN$

楼层地震作用标准值 $F_i=\dfrac{G_i H_i}{\sum\limits_{i=1}^{n}G_i H_i}F_{Ek}$，则各楼层层间剪力计算结果就见表 1.8。

各楼层水平地震作用引起的层间剪力标准值计算结果　　　　　　表 1.8

楼层	G_i(kN)	H(mm)	$G_i H_i$	$\sum G_i H_i$	F_i(kN)	V_{Eki}(kN)
4	5200	15.0	78000		925.05	925.05
3	7200	11.4	82080		973.44	1898.48
2	7200	7.8	56160	249840	666.03	2564.52
1	8000	4.2	33600		398.48	2963.00

5. 框架结构抗震内力计算

将结构楼层地震剪力标准值按各平面框架的侧移刚度分配，得到边框架和中框架承担的楼层地震剪力标准值。

将一榀框架中的地震剪力标准值按各柱的 D 值进行分配，求得各柱的地震剪力标准值，即 $V_{cE}=V_{Ei}D/\sum D$；由梁柱线刚度比确定各柱的反弯点高度，进而计算柱上下端地震弯矩标准值，即 $M_{cE}^t=V_{cE}y_i h_i$ 和 $M_{cE}^b=V_{cE}(1-y_i)h_i$。按照节点处两侧梁的线刚度 k_b 求得梁端地震弯矩标准值，即 $M_{bE}=\sum M_{cE}k_b/\sum k_b$；计算梁端地震剪力标准值，即 $V_{bE}=(M_{bE}^l+M_{bE}^r)/l_n$；再由节点两侧梁端剪力标准值之差得到柱的地震轴力标准值，即 $N_c=\sum(V_{bE}^l-V_{bE}^r)$。框架内力标准值计算列于表 1.9 和表 1.10。

水平地震作用下框架柱剪力和柱端弯矩标准值　　　　　　表 1.9

柱	楼层	h_i (mm)	V_{Ei} (kN)	$\sum D$ (N/mm)	D (N/mm)	$D/\sum D$	V_{cEi} (kN)	y_i	M_{cE}^t (kN·m)	M_{cE}^b (kN·m)
边柱	4	3.60	925.05	567833.74	11267.67	0.020	18.36	0.425	28.08	38.00
	3	3.60	1898.48	567833.74	11267.67	0.020	37.67	0.450	61.03	74.59
	2	3.60	2564.52	567833.74	11267.67	0.020	50.89	0.500	91.60	91.60
	1	4.20	2963.00	451947.99	9947.02	0.022	65.21	0.576	157.76	116.13
中柱	4	3.60	925.05	567833.74	17832.56	0.031	29.05	0.450	47.06	57.52
	3	3.60	1898.48	567833.74	17832.56	0.031	59.62	0.500	107.32	107.32
	2	3.60	2564.52	567833.74	17832.56	0.031	80.54	0.500	144.97	144.97
	1	4.20	2963.00	451947.99	12981.82	0.029	85.11	0.550	196.60	160.86

水平地震作用下梁端剪力及柱轴力标准值　　　　　　　　　表 1.10

楼层	AB跨梁端剪力				BC跨梁端剪力				柱轴力	
	L(m)	M^l_{bE} (kN·m)	M^r_{bE} (kN·m)	V_{bi} (kN)	L(m)	M^l_{bE} (kN·m)	M^r_{bE} (kN·m)	V_{bi} (kN)	边柱 ($\pm N_{ci}$(kN))	中柱 ($\pm N_{ci}$(kN))
4	5.40	−38.00	−20.54	10.84	3.00	−36.98	−36.98	24.65	10.84	13.81
3	5.40	−102.68	−55.14	29.22	3.00	−99.24	−99.24	66.16	40.06	50.75
2	5.40	−152.63	−90.10	44.95	3.00	−162.18	−162.18	108.12	85.01	113.92
1	5.40	−207.73	−109.22	58.70	3.00	−196.60	−196.60	131.07	143.71	186.29

1.3　框架结构的内力设计与调整

1.3.1　框架结构内力设计与调整步骤

1. 框架节点处柱弯矩设计值调整

为了实现强柱弱梁，规范采用了增大柱端弯矩设计值的方法提高柱的承载力。规范规定，抗震等级为一、二、三、四级框架，除框架顶层柱、轴压比小于 0.15 的柱外，柱端组合弯矩设计值应符合下式要求：

$$\sum M_c = \eta_c \sum M_b \tag{1.2}$$

一级框架结构可不按上式确定，但应符合下式要求

$$\sum M_c = 1.2 \sum M_{bua} \tag{1.3}$$

式中：η_c——框架柱端弯矩增大系数，对框架结构，一、二、三、四级可分别取 1.7、1.5、1.3 和 1.2；

$\sum M_c$——节点上、下柱端截面顺时针或逆时针方向组合的弯矩设计值之和，上下柱端弯矩，一般情况可按弹性分析分配；

$\sum M_b$——同一节点左右梁端截面按顺时针和逆时针方向组合的弯矩设计值之和的较大值，一级框架节点左右梁端均为负弯矩时，绝对值较小的弯矩值应取零；

$\sum M_{bua}$——同一节点左右梁端截面按顺时针和逆时针方向采用实配钢筋截面面积（计入受压钢筋和相关楼板钢筋）和材料强度标准值，且考虑承载力抗震调整系数计算的正截面抗震受弯承载力所对应的弯矩值之和的较大值。

当反弯点不在柱的层高范围内时，一、二、三、四级抗震等级的框架柱端组合的弯矩设计值可乘以上述柱端弯矩增大系数。

2. 框架结构底层柱弯矩设计值调整

为了充分发挥梁铰机制的延性能力，规范采取了增大底层柱固定端截面弯矩设计值的措施，以便推迟框架结构底层柱固定端截面的屈服。规范规定，一、二、三、四级框架结构的底层，柱下端截面组合的弯矩设计值，应分别乘以弯矩增大系数 1.7、1.5、1.3 和 1.2。底层柱纵向钢筋应按上下端的不利情况配置。这里的底层是指柱根截面嵌固端的

楼层。

3. 框架节点核芯区剪力设计值调整

一、二、三级框架梁柱节点核芯区组合的剪力设计值，应按下列公式确定：

$$V_j = \frac{\eta_{jb} \sum M_b}{h_{b0} - a'_s}\left(1 - \frac{h_{b0} - a'_s}{H_c - h_b}\right) \tag{1.4}$$

一级框架结构可不按上式确定，但应符合下式要求：

$$V_j = \frac{1.15 \sum M_{bua}}{h_{b0} - a'_s}\left(1 - \frac{h_{b0} - a'_s}{H_c - h_b}\right) \tag{1.5}$$

式中： V_j——梁柱节点核芯区组合的剪力设计值；

h_{b0}——梁截面的有效高度，节点两侧梁高不等时可采用平均值；

a'_s——梁受压钢筋合力点至受压边缘的距离；

H_c——柱的计算高度，可采用节点上、下柱反弯点之间的距离；

h_b——梁的截面高度，节点两侧梁高不等时可采用平均值；

η_{jb}——强节点系数，对于框架结构，一级宜取 1.5，二级宜取 1.35，三级宜取 1.2；

$\sum M_b$ 和 $\sum M_{bua}$——含义同式（1.2）和式（1.3）。

计算框架顶层梁柱节点核芯区组合的剪力设计值时，式（1.4）和式（1.5）中括号项取消。

4. 梁端剪力设计值调整

为了确保梁端塑性铰区不发生脆性剪切破坏，要求按"强剪弱弯"设计梁构件，即要求截面抗剪承载力大于抗弯承载力。规范规定，一、二、三级的框架梁，其端部截面组合的剪力设计值应按下式调整：

$$V = \eta_{vb}(M_b^l + M_b^r)/l_n + V_{Gb} \tag{1.6}$$

一级框架结构可不按上式调整，但应符合下式要求：

$$V = 1.1(M_{bua}^l + M_{bua}^r)/l_n + V_{Gb} \tag{1.7}$$

式中： V——梁端截面组合的剪力设计值；

l_n——梁的净跨；

V_{Gb}——梁在重力荷载代表值作用下，按简支梁分析的梁端截面剪力设计值；

M_b^l、M_b^r——梁左右端截面逆时针或顺时针方向组合的弯矩设计值，一级框架两端弯矩均为负弯矩时，绝对值较小的弯矩应取零；

M_{bua}^l、M_{bua}^r——梁左右端截面逆时针或顺时针方向实配的正截面抗震受弯承载力所对应的弯矩值，根据实配钢筋面积（计入受压钢筋和相关楼板钢筋）和材料强度标准值并考虑承载力抗震调整系数计算；

η_{vb}——梁端剪力增大系数，一级取 1.3，二级取 1.2，三级取 1.1。

需要指出，由于框架梁只允许在梁端出现塑性铰，在设计时只要求梁端截面抗剪承载力大于抗弯承载力。一、二、三级框架梁端箍筋加密区以外的区段，以及四级框架梁，其截面剪力设计值可直接取考虑地震作用组合的剪力计算值。

5. 框架柱剪力设计值调整

一、二、三、四级框架柱的剪力设计值应按下式调整：

$$V_c = \eta_{vc} \frac{M_c^b + M_c^t}{H_n} \tag{1.8}$$

一级框架结构可不按上式调整，但应满足下式要求：

$$V_c = 1.2 \frac{M_{cua}^b + M_{cua}^t}{H_n} \tag{1.9}$$

式中：　η_{vc}——柱剪力增大系数，对框架结构，一、二、三、四级可分别取 1.5、1.3、1.2 和 1.1；

H_n——柱的净高；

M_c^t、M_c^b——柱的上、下端截面的顺时针方向和逆时针方向弯矩设计值（应取调整增大后的设计值，包括角柱的内力放大），取顺时针方向之和或逆时针方向之和的较大值；

M_{cua}^t、M_{cua}^b——柱的上、下端顺时针或逆时针方向按实配钢筋面积、材料强度标准值和重力荷载代表值产生的轴向压力设计值计算的正截面抗震受弯承载力所对应的弯矩值。

6. 角柱内力设计值调整

实际地震作用来自双向，还伴随有扭转，因此框架结构的角柱处于双向受力的不利状态。因此，规范要求对于一、二、三、四级框架的角柱，柱端组合弯矩值和剪力设计值经调整后，尚应乘以不小于 1.10 的增大系数，以提高其承载力。

1.3.2　内力设计与调整实例

1.3.2.1　重力荷载作用下的内力计算

采用弯矩二次分配法求解框架重力荷载下的 5 轴（图 1.2）横向框架内力设计值。重力荷载分项系数取 $\gamma_G = 1.2$，梁端弯矩调幅系数取 0.8（恒载作用下，装配式框架，梁端负弯矩应该调幅，梁端负弯矩乘以系数 0.8）。由于框架结构对称、荷载对称，又属奇数跨，故处于对称轴上的梁的截面只有竖向位移（沿对称轴方向），没有转角，所以取半对称结构计算，对称截面处可取滑动端。计算结果见表 1.11。

重力荷载作用下 5 轴框架内力设计值计算结果　　　　　　　　　　表 1.11

层号	左边跨梁		中跨梁	边柱			中柱		
	M_{bE}^l (kN·m)	M_{bE}^r (kN·m)	M_{bE}^l (kN·m)	N_G (kN)	M_{cE}^t (kN·m)	M_{cE}^b (kN·m)	N_G (kN)	M_{cE}^t (kN·m)	M_{cE}^b (kN·m)
4	−47.73	89.41	−64.97	122.78 / 141.61	59.66	45.17	202.10 / 220.93	−30.55	−23.35

续表

层号	左边跨梁		中跨梁	边柱			中柱		
	M_{bE}^l (kN·m)	M_{bE}^r (kN·m)	M_{bE}^l (kN·m)	N_G (kN)	M_{cE}^t (kN·m)	M_{cE}^b (kN·m)	N_G (kN)	M_{cE}^t (kN·m)	M_{cE}^b (kN·m)
3	−66.19	85.33	−49.43	279.35 / 298.18	37.57	39.55	406.71 / 425.54	−21.54	−21.81
2	−63.83	85.01	−50.00	435.45 / 454.28	40.23	45.49	611.79 / 630.62	−21.95	−23.43
1	−56.91	83.90	−53.18	590.21 / 612.18	25.64	12.82	818.22 / 837.05	−14.97	−7.49

1.3.2.2 梁端组合的内力设计值

梁端的组合弯矩设计值（只考虑恒载和地震活载的组合），以首层为例于表1.12。

以左大梁左端弯矩计算为例：

$$M_b^l = 1.2G_k - 1.3E_{ek} = -56.91 - 1.3 \times 207.73 = -326.96 \text{kN·m}$$

$$M_b^l = 1.2G_k + 1.3E_{ek} = -56.91 + 1.3 \times 207.73 = 213.14 \text{kN·m}$$

首层梁端组合的弯矩设计值 表 1.12

组合	左大梁		走道梁
	M_b^l(kN·m)	M_b^r(kN·m)	M_b^l(kN·m)
$G-E$	−326.96	−58.09	−308.76
$G+E$	213.14	225.89	202.41

注：G 表示重力荷载下的内力设计值，E 表示地震作用下的内力设计值。

本工程为8度区框架，抗震等级为二级，梁端组合的剪力设计值应按式（1.6）调整。

大梁：$q_k = 44.12 \text{kN/m}$，$V_{Gb} = 0.5 \times q_k \times l_n = 0.5 \times 44.12 \times (5.4 - 0.45) = 109.197 \text{kN}$

走道梁：$q_k = 46.96 \text{kN/m}$，$V_{Gb} = 0.5 \times q_k \times l_n = 0.5 \times 46.96 \times (3.0 - 0.45) = 59.847 \text{kN}$

首层梁端组合剪力设计值列于表1.13。

首层梁端组合的剪力设计值（kN） 表 1.13

类别	左大梁	走道
组合的剪力值	221.91	223.20

1.3.2.3 柱端组合的内力设计值

底层柱下端组合的轴压力（仅考虑最不利组合）见表1.14。

以边柱轴力计算为例：

$$N_{边柱} = 1.2N_{Gk} + 1.3N_{ek} = 612.18 + 1.3 \times 143.71 = 799.00 \text{kN·m}$$

$$N_{边柱} = 1.2N_{Gk} - 1.3N_{ek} = 612.18 - 1.3 \times 143.71 = 425.36 \text{kN·m}$$

底层柱下端组合的轴压力设计值（kN） 表 1.14

组合	边柱	中柱
$G+E$	799.00	1079.23
$G-E$	425.36	594.87

底层柱下端截面组合的弯矩设计值计算采用（1.2）式 $M_c=1.5(M_{cG}\pm M_{cE})$，且规则结构不进行扭转耦联计算时，长边乘以 1.05 的增大系数，组合后柱底弯矩列于表 1.15。

底层柱下端组合的弯矩设计值（kN·m）　　　表 1.15

组 合	边柱（考虑增大系数）	中 柱
$1.5(M_{cG}+M_{cE})$	343.21	372.14
$1.5(M_{cG}-M_{cE})$	302.82	394.61

除了框架顶层和柱轴压比小于 0.15 者除外（对于柱轴压比小于 0.15 的情况，包括顶层柱内，因其具有比较大的变形能力，可以不满足上述要求），柱端组合的弯矩设计值按式（1.2）计算。

中柱上端：$\sum M_c=1.5\sum M_b=1.5\times(109.26+196.68)\times1.3=593.35\text{kN}\cdot\text{m}$

边柱上端：$\sum M_c=1.5\sum M_b=1.5\times207.81\times1.3=405.07\text{kN}\cdot\text{m}$

根据 $\sum M_c$，按照底层柱和第二层柱的线刚度进行分配，求得的底层柱上端组合的弯矩设计值见表 1.16。

底层柱上端组合的弯矩设计值（kN·m）　　　表 1.16

组 合	边 柱	中 柱
$\sum M_c\times\dfrac{k_c(1)}{k_c(1)+k_c(2)}$	186.84	275.07
$G+E$	226.21	253.81
$G-E$	147.47	296.33

底层柱上下端的纵向钢筋宜采用按柱上下端组合的弯矩设计值（表 1.16、表 1.15）最不利情况配置。

1.3.2.4 节点核芯区组合的内力设计值

本工程为 8 度区二级框架结构，节点核心区的剪力设计值按照式（1.4）计算，其中 η_{jb} 取 1.35。

对于底层边柱节点（由表 1.12 首层梁端组合的弯矩设计值得）：

$$V_j=\frac{1.35\times326.96\times10^6}{410-40}\times\left(1-\frac{410-40}{3581-450}\right)=1051.99\text{kN}$$

对于底层中柱节点：

$$V_j=\frac{1.35\times(225.89+242.41)\times10^6}{410-40}\times\left(1-\frac{410-40}{3690-450}\right)=1384.26\text{kN}$$

1.4 框架结构的截面抗震验算与抗震构造措施

1.4.1 截面抗震验算步骤

1.4.1.1 框架梁截面抗震验算

1. 框架梁的剪压比限值

限制梁的剪压比是确定梁最小截面尺寸的条件之一。矩形、T 形和 I 形梁的受剪截面应符合下列条件：

当 $h_w/b \leqslant 4$ 时

$$V \leqslant \frac{1}{\gamma_{RE}}(0.25\beta_c f_c b h_0) \tag{1.10}$$

当 $h_w/b \geqslant 6$ 时

$$V \leqslant \frac{1}{\gamma_{RE}}(0.20\beta_c f_c b h_0) \tag{1.11}$$

当 $4 < h_w/b < 6$ 时按线性内插法确定。

式中：V——梁计算截面的剪力设计值；

$\quad\quad\ \beta_c$——混凝土强度影响系数，当混凝土强度等级不大于 C50 时取 1.0；当混凝土强度等级为 C80 时取 0.8；当混凝土强度等级在 C50 和 C80 之间时可按线性内插取用；

$\quad\quad\ f_c$——混凝土轴心抗压强度设计值；

$\quad\quad\ b$——矩形截面的宽度，T 形截面和工字形截面的腹板宽度；

$\quad\quad\ h_0$——梁截面计算方向有效高度；

$\quad\quad\ \gamma_{RE}$——承载力抗震调整系数，取 0.85。

2. 框架梁的受弯承载力

矩形截面或翼缘位于受拉边的 T 形截面梁，其正截面受弯承载力验算：

$$M \leqslant \frac{1}{\gamma_{RE}}\left[\alpha_1 f_c b x\left(h_0 - \frac{x}{2}\right) + f'_y A'_s(h_0 - a'_s) - (\sigma'_{p0} - f'_{py})A'_p(h_0 - a'_p)\right] \tag{1.12}$$

混凝土受压区高度按下式计算：

$$\alpha_1 f_c b x = f_y A_s - f'_y A'_s + f_{py} A_p + (\sigma'_{p0} - f'_{py})A'_p \tag{1.13}$$

混凝土受压区高度 x 尚应符合 $x \leqslant \xi_b h_0$，$x \geqslant 2a'_s$。

当计算中计入纵向受压普通钢筋时，受压区高度应满足 $x \geqslant 2a'_s$ 的条件。当不能满足时，应按下式计算：

$$M \leqslant \frac{1}{\gamma_{RE}}[f_{py}A_p(h - a_p - a'_s) + f_y A_s(h - a_s - a'_s) + (\sigma'_{p0} - f'_{py})A'_p(a'_p - a'_s)] \tag{1.14}$$

式中：γ_{RE}——承载力抗震调整系数，取 0.75。

翼缘位于受压区的 T 形、I 形截面梁，当满足下式条件时，按宽度为 b'_f 的矩形截面计算：

$$f_y A_s + f_{py} A_p = \alpha_1 f_c b'_f h'_f + f'_y A'_s - (\sigma'_{p0} - f'_{py})A'_p \quad （计算 b'_f） \tag{1.15}$$

不满足上述条件时，其正截面受弯承载力用下式验算：

$$M \leqslant \frac{1}{\gamma_{RE}}\left[\alpha_1 f_c b x\left(h_0 - \frac{x}{2}\right) + \alpha_1 f_c (b'_f - b) h'_f\left(h_0 - \frac{h'_f}{2}\right) + \right.$$

$$\left. f'_y A'_s(h_0 - a'_s) - (\sigma'_{p0} - f'_{py})A'_p(h_0 - a'_p)\right] \tag{1.16}$$

混凝土受压区高度按下式计算：

$$\alpha_1 f_c [bx + (b'_f - b)h'_f] = f_y A_s - f'_y A'_s + f_{py} A_p + (\sigma'_{p0} - f'_{py})A'_p \tag{1.17}$$

混凝土受压区高度仍应满足 $x \leqslant \xi_b h_0$，$x \geqslant 2a'_s$ 的要求。

3. 框架梁的受剪承载力

当仅配置箍筋时，矩形、T形和I形框架梁的斜截面受剪承载力应按下式验算：

$$V \leqslant \frac{1}{\gamma_{RE}} \left(0.6\alpha_{cv}f_t bh_0 + f_{yv}\frac{A_{sv}}{s}h_0 \right) \tag{1.18}$$

式中：α_{cv}——截面混凝土受剪承载力系数，一般受弯构件取 0.7；

$\quad\quad f_{yv}$——箍筋抗拉强度设计值；

$\quad\quad A_{sv}$——同一截面箍筋各肢的全部截面面积；

$\quad\quad \gamma_{RE}$——承载力抗震调整系数。

集中荷载较大（包括有多种荷载，其中集中荷载对节点边缘产生的剪力值占总剪力的75%以上的情况）的框架梁，应按下式验算：

$$V \leqslant \frac{1}{\gamma_{RE}} \left(\frac{1.75}{\lambda+1}f_t bh_0 + f_{yv}\frac{A_{sv}}{s}h_0 \right) \tag{1.19}$$

式中：λ——计算截面的剪跨比，可取 $\lambda=a/h_0$，a 为集中荷载作用点至节点边缘的距离；$\lambda<1.5$ 时，取 $\lambda=1.5$；$\lambda>3$ 时，取 $\lambda=3$。

1.4.1.2　框架柱截面抗震验算

1. 框架柱的轴压比限值

轴压比是影响柱延性的重要因素。框架柱的抗震设计一般应限制在大偏心受压破坏范围，以保证柱有一定的延性。轴压比是指柱的平均轴向压应力与混凝土轴心抗压强度设计值的比值：

$$\mu_N = \frac{N}{bhf_c} \tag{1.20}$$

式中：N——有地震作用组合的柱组合轴压力设计值；

$\quad\quad b$、h——柱截面的宽度和高度。

对于 6 度设防烈度的一般建筑，规范允许不进行截面抗震验算，其轴压比计算中的轴向力，可取无地震作用组合的轴力设计值；对于 6 度设防烈度，建造于Ⅳ类场地上较高的的高层建筑，在进行柱的抗震设计时，轴压比计算则应采用考虑地震作用组合的轴向力设计值。规范规定，一、二、三、四级抗震等级的框架结构的框架柱，其轴压比不宜大于表1.17规定的限值。

框架柱的轴压比限值　　　　　　　　　　　　表 1.17

抗 震 等 级			
一	二	三	四
0.65	0.75	0.85	0.90

注：① 表内限值适用于剪跨比 λ 不大于2、混凝土强度等级不高于C60的柱；剪跨比 λ 大于2的柱，其轴压比限值应按表中数值减小 0.05；对剪跨比 λ 小于 1.5 的柱，轴压比限值应专门研究并采取特殊构造措施；

② 沿柱全高采用井字复合箍，且箍筋间距不大于 100mm、肢距不大于 200mm、直径不小于 12mm，或沿柱全高采用复合螺旋箍，且螺距不大于 100mm、肢距不大于 200mm、直径不小于 12mm，或沿柱全高采用连续复合矩形螺旋箍，且螺距不大于 80mm、肢距不大于 200mm、直径不小于 10mm 时，轴压比限值均可按表中数值增加 0.10；

③ 当柱截面中部设置由附加纵向钢筋形成的芯柱，且附加纵向钢筋的总面积不少于柱截面面积的 0.8% 时，其轴压比限值可按表中数值增加 0.15，但箍筋的体积配箍率仍可按轴压比增加 0.10 的要求确定；

④ 柱经采用上述加强措施后，其最终的轴压比限值不应大于 1.05。

2. 框架柱的剪压比限值

规范规定，框架柱的受剪截面应符合下列要求：

剪跨比大于 2 的柱

$$V \leqslant \frac{1}{\gamma_{RE}} (0.2\beta_c f_c b h_0) \tag{1.21}$$

剪跨比不大于 2 的柱

$$V \leqslant \frac{1}{\gamma_{RE}} (0.15\beta_c f_c b h_0) \tag{1.22}$$

式中：V——柱计算截面的剪力设计值；

β_c——混凝土强度影响系数，当混凝土强度等级不大于 C50 时取 1.0；当混凝土强度等级为 C80 时取 0.8；当混凝土强度等级在 C50 和 C80 之间时可按线性内插取用；

f_c——混凝土轴心抗压强度设计值；

b——矩形截面的宽度，T 形截面和工字形截面的腹板宽度；

h_0——柱截面计算方向有效高度。

3. 框架柱的受压承载力

矩形截面偏心受压柱正截面受压承载力应按下式验算：

$$Ne \leqslant \frac{1}{\gamma_{RE}} \left[\alpha_1 f_c b x \left(h_0 - \frac{x}{2} \right) + f_y' A_s' (h_0 - a_s') - (\sigma_{p0}' - f_{py}') A_p' (h_0 - a_p') \right] \tag{1.23}$$

$$e = e_i + h/2 - a \tag{1.24}$$

$$e_i = e_0 + e_a \tag{1.25}$$

$$e_a = M/N \tag{1.26}$$

此时，受压区高度由下式确定：

$$N \leqslant \frac{1}{\gamma_{RE}} \left[\alpha_1 f_c b x + f_y' A_s' - \sigma_s A_s - (\sigma_{p0}' - f_{py}') A_p' - \sigma_p A_p \right] \tag{1.27}$$

式中：γ_{RE}——承载力抗震调整系数，一般取 0.80；轴压比小于 0.15 时，取为 0.75；

M——弯矩设计值。

当 $\xi = x/h_0 \leqslant \xi_b$ 时，为大偏心受压构件，取 $\sigma_s = f_y$、$\sigma_p = f_{py}$；当 $\xi > \xi_b$ 时，为小偏心受压构件，σ_s、σ_p 取实际计算值。

当计算中计入纵向受压普通钢筋时，受压区高度应满足 $x \geqslant 2a_s'$ 的条件；当不能满足时，应按下式计算：

$$Ne_s' \leqslant \frac{1}{\gamma_{RE}} \left[f_{py} A_p (h - a_p - a_s') + f_y A_s (h - a_s - a_s') + (\sigma_{p0}' - f_{py}') A_p' (a_p' - a_s') \right] \tag{1.28}$$

4. 框架柱的受剪承载力

矩形、T 形和 I 形截面的钢筋混凝土偏心受压框架柱，其斜截面受剪承载力按下式验算：

$$V \leqslant \frac{1}{\gamma_{RE}} \left(\frac{1.75}{\lambda+1} f_t b h_0 + f_{yv} \frac{A_{sv}}{s} h_0 + 0.07N \right) \quad (1.29)$$

式中：N——与剪力设计值 V 相应的轴向压力设计值，当 N 大于 $0.3f_c A$ 时，取 $N=0.3f_c A$；

λ——框架柱的计算剪跨比，取 $\lambda=M/(Vh_0)$，此处，M 宜取柱上、下端考虑地震作用组合的弯矩设计值的较大值，V 取与 M 对应的剪力设计值；h_0 为柱截面有效高度。当框架结构中的框架柱的反弯点在柱层高范围内时，可取 $\lambda=H_n/(2h_0)$，此处，H_n 为柱净高；当 $\lambda<1$ 时，取 $\lambda=1$；当 $\lambda>3$ 时，取 $\lambda=3$。

1.4.1.3 框架节点核芯区截面抗震验算

1. 节点核芯区的剪压比限值

为控制节点核芯区的剪应力不致过高，以免过早出现裂缝而导致混凝土碎裂，规范对节点核芯区的剪压比作了限制。一般情况下，节点核芯区的受剪水平截面应符合下列条件：

$$V_j \leqslant \frac{1}{\gamma_{RE}} (0.30 \eta_j \beta_c f_c b_j h_j) \quad (1.30)$$

式中：η_j——正交梁对节点的约束影响系数，当楼板为现浇、梁柱中线重合、四侧各梁截面宽度不小于该侧柱截面宽度的 $1/2$，且正交方向梁高度不小于较高框架梁高度的 $3/4$ 时，可取 $\eta_j=1.5$，对 9 度设防烈度，宜取 $\eta_j=1.25$；当不满足上述约束条件时，应取 $\eta_j=1.0$；

b_j——框架节点核芯区的截面有效验算宽度，当 b_b 不小于 $b_c/2$ 时，可取 $b_j=b_c$；当 b_b 小于 $b_c/2$ 时，可取 $(b_b+0.5h_c)$ 和 b_c 中的较小值；当梁与柱的中线不重合，且偏心距 e_0 不大于 $b_c/4$ 时，可取 $(0.5b_b+0.5b_c+0.25h_c-e_0)$、$(b_b+0.5h_c)$ 和 b_c 三者中的最小值；此处，b_b 为验算方向梁截面宽度，b_c 为该侧柱截面宽度；

h_j——框架节点核芯区的截面高度，可取验算方向的柱截面高度，即 $h_j=h_c$。

2. 节点核芯区的受剪承载力

一般框架梁柱节点的受剪承载力按下式计算：

$$V_j \leqslant \frac{1}{\gamma_{RE}} \left(1.1\eta_j f_t b_j h_j + 0.05\eta_j N \frac{b_j}{b_c} + f_{yv} A_{svj} \frac{h_{b0}-a'_s}{s} \right) \quad (1.31)$$

9 度设防烈度的一级抗震等级框架：

$$V_j \leqslant \frac{1}{\gamma_{RE}} \left(0.9\eta_j f_t b_j h_j + f_{yv} A_{svj} \frac{h_{b0}-a'_s}{s} \right) \quad (1.32)$$

式中：N——对应于考虑地震作用组合剪力设计值的节点上柱底部的轴向力设计值，当 N 为压力时，取轴向压力设计值的较小值，且当 N 大于 $0.5f_c b_c h_c$ 时，取 $N=0.5f_c b_c h_c$；当 N 为拉力时，取 $N=0$；

f_{yv}——箍筋抗拉强度设计值；

f_t——混凝土轴心抗拉强度设计值；

A_{svj}——核芯区有效验算宽度范围内同一截面验算方向箍筋的全部截面面积。

1.4.2　抗震构造措施

钢筋混凝土框架结构房屋的抗震构造措施应根据其房屋高度、抗震设防类别、抗震设防烈度等确定，但存在下列情况时，应对抗震构造措施进行调整：

（1）建筑场地为Ⅰ类时，甲、乙类的建筑应允许仍按本地区抗震设防烈度的要求采取抗震构造措施；对丙类的建筑应允许按本地区抗震设防烈度降一度的要求采取抗震构造措施，但抗震设防烈度为 6 度时仍应按本地区抗震设防烈度的要求采取抗震构造措施；

（2）建筑场地为Ⅲ、Ⅳ类时，对设计基本地震加速度为 0.15g 和 0.30g 的地区，宜分别按抗震设防烈度 8 度（0.20g）和 9 度（0.40g）的要求采取抗震构造措施。

1.4.2.1　框架梁抗震构造措施

1. 框架梁截面

框架梁净跨宜大于梁截面高度的 4 倍，截面高宽比不宜大于 4，截面宽度不宜小于 200mm。采用扁梁的楼、屋盖应现浇，梁中线宜与柱中线重合，扁梁应双向布置，其截面尺寸应符合规范要求，并应满足规范对挠度和裂缝宽度的规定。此外，扁梁不宜用于一级框架结构。

2. 框架梁的纵筋配置

（1）为了避免少筋梁破坏，纵向受拉钢筋的最小配筋率不应小于表 1.18 规定的数值。

框架梁纵向受拉钢筋的最小配筋百分率（%）　　　　　　表 1.18

抗 震 等 级	位　　置	
	支座（取较大值）	跨中（取较大值）
一级	0.4 和 $80f_t/f_y$	0.3 和 $65f_t/f_y$
二级	0.3 和 $65f_t/f_y$	0.25 和 $55f_t/f_y$
三、四级	0.25 和 $55f_t/f_y$	0.2 和 $45f_t/f_y$

（2）梁端截面上纵向受压钢筋与纵向受拉钢筋保持一定的比例，对梁的延性具有较大的影响。其一，一定的受压钢筋可以减小混凝土受压区高度；其二，在地震作用下，梁端可能会出现正弯矩，如果梁底面钢筋过少，梁下部破坏严重，也会影响梁的承载力和变形能力。规范规定，梁端计入受压钢筋作用的混凝土受压区高度与有效高度之比值，一级不应大于 0.25，二、三级不应大于 0.35；梁端截面的底面和顶面纵向钢筋截面面积的比值，除按计算确定外，一级不应小于 0.5，二、三级不应小于 0.3。

（3）为了避免超筋梁破坏，纵向受拉钢筋的配筋率不宜大于 2.5%，且沿梁全长顶面和底面的配筋，一、二级不应少于 2φ14，且分别不应少于梁两端顶面和底面纵向配筋中较大截面面积的 1/4，三、四级不应少于 2φ12。

（4）一、二、三级框架梁中贯通柱的每根纵向钢筋直径，对框架结构不应大于矩形截面柱在该方向截面尺寸的 1/20，或纵向钢筋所在位置圆形截面柱弦长的 1/20。

（5）扁梁锚入柱的梁上部钢筋宜大于其全部截面面积的 60%。

3. 框架梁的箍筋配置

（1）梁端箍筋加密区的长度、箍筋最大间距和最小直径应按表 1.19 采用。当梁端纵向受拉钢筋配筋率大于 2% 时，表中箍筋最小直径应增大 2mm。

梁端箍筋加密区的构造要求　　　　　　　　　　　表 1.19

抗震等级	加密区长度 （取较大值）(mm)	箍筋最大间距 （取最小值）(mm)	箍筋最 小直径(mm)	沿梁全长箍筋 面积配筋率(%)
一	$2h_b$,500	$6d$,$h_b/4$,100	10	$0.3f_t/f_{yv}$
二	$1.5h_b$,500	$8d$,$h_b/4$,100	8	$0.28f_t/f_{yv}$
三	$1.5h_b$,500	$8d$,$h_b/4$,150	8	$0.26f_t/f_{yv}$
四	$1.5h_b$,500	$8d$,$h_b/4$,150	6	$0.26f_t/f_{yv}$

注：① d 为纵向钢筋直径，h_b 为梁截面高度；
　　② 箍筋直径大于 12m，数量不少于 4 肢且肢距小于 150mm 时，一、二级的最大间距应允许适当放宽，但不应大于 150mm。

（2）梁端设置的第一个箍筋距框架节点边缘不应大于 50mm。非加密区箍筋间距不宜大于加密区箍筋间距的 2 倍。沿梁全长箍筋的面积配筋率应按表 1.18 采用。

（3）箍筋加密区范围内的箍筋肢距，一级不宜大于 200mm 和 20 倍箍筋直径的较大值，二、三级不宜大于 250mm 和 20 倍箍筋直径的较大值，四级不宜大于 300mm。

1.4.2.2　框架柱抗震构造措施

1. 框架柱的截面尺寸

为了保证框架柱的抗震性能，规范给出了框架柱合理的截面尺寸限制条件：①矩形截面柱，抗震等级为四级或不超过 2 层时，其最小截面尺寸不宜小于 300mm；一、二、三级抗震等级且层数超过 2 层时，不宜小于 400mm；圆柱的截面直径，抗震等级为四级或不超过 2 层时，不宜小于 350mm；一、二、三级抗震等级且层数超过 2 层时，不宜小于 450mm；②柱的剪跨比宜大于 2；③柱截面长边与短边的边长比不宜大于 3。

2. 框架柱的纵筋配置

（1）柱纵向受力钢筋的最小总配筋率应按表 1.20 采用，同时每一侧配筋率不应小于 0.2%；

柱截面纵向钢筋的最小总配筋率（%）　　　　　　　表 1.20

抗震等级	一	二	三	四
框架中、边柱	1.0	0.8	0.7	0.6
框架角柱	1.1	0.9	0.8	0.7

注：① 钢筋强度标准值小于 400MPa 时，表中数值应增加 0.1；钢筋强度标准值为 400MPa 时，表中数值应增加 0.05；
　　② 混凝土强度等级高于 C60 时，上述数值相应增加 0.1。

（2）柱的纵向钢筋宜对称配置；

（3）截面尺寸大于 400mm 的柱，纵向钢筋间距不宜大于 200mm；

（4）柱总配筋率不应大于 5％；剪跨比不大于 2 的一级框架柱，每侧纵向钢筋配筋率不宜大于 1.2％；

（5）边柱、角柱在地震作用组合产生小偏心受拉时，柱内纵筋总截面面积应比计算值增加 25％；

（6）柱纵向钢筋的绑扎接头应避开柱端的箍筋加密区。

3. 框架柱的箍筋配置

（1）柱箍筋加密区范围

箍筋加密区是提高柱抗剪承载力和改善柱延性的综合构造措施。抗震设计时，根据框架柱的部位和重要性，箍筋加密区需要选用恰当的箍筋形式、箍筋直径、间距和肢距。箍筋加密区的范围应符合下列要求：

① 柱端，取截面高度（圆柱直径）、柱净高的 1/6 和 500mm 三者的最大值；

② 底层柱的下端不小于柱净高的 1/3；

③ 刚性地面上、下各 500mm 高；

④ 剪跨比不大于 2 的柱、因设置填充墙等形成的柱净高与截面高度之比不大于 4 的柱、一级和二级的角柱，取全高；

⑤ 8、9 度框架结构房屋防震缝两侧结构层高相差较大时，防震缝两侧框架柱全高。

（2）柱箍筋加密区的箍筋间距、直径和肢距

框架柱上下端箍筋加密区内的箍筋最大间距和最小直径应按表 1.21 采用。

柱箍筋加密区的构造要求　　　　　　　　　　　表 1.21

抗震等级	箍筋最大间距(mm)	箍筋最小直径(mm)
一	6d 和 100 的较小值	10
二	8d 和 100 的较小值	8
三	8d 和 150（柱根 100）的较小值	8
四	8d 和 150（柱根 100）的较小值	6（柱根 8）

注：① d 为柱纵筋最小直径；柱根系指底层柱下端的箍筋加密区范围；
　　② 剪跨比不大于 2 的柱，箍筋间距应符合一级抗震等级的要求；
　　③ 一级框架柱的箍筋直径大于 12mm 且箍筋肢距小于 150mm 及二级框架柱的箍筋直径不小于 10mm 且箍筋肢距不大于 200mm 时，除底层柱下端外，箍筋最大间距应允许采用 150mm；三级框架柱的截面尺寸不大于 400mm 时，箍筋最小直径应允许采用 6mm；四级框架柱剪跨比不大于 2 时，箍筋直径不应小于 8mm。

柱箍筋加密区内的箍筋肢距，一级不宜大于 200mm；二、三级不宜大于 250mm；四级不宜大于 300mm。此外，至少每隔一根纵向钢筋宜在两个方向有箍筋或拉筋约束；当采用拉筋组合箍时，拉筋宜紧靠纵向钢筋并勾住箍筋。

（3）柱箍筋加密区的箍筋最小配箍率和最小配箍特征值

柱箍筋加密区的体积配箍率应符合下列要求：

$$\rho_v = \frac{\sum a_s l_s}{l_1 l_2 s} \geq \frac{\lambda_v f_c}{f_{yv}} \qquad (1.33)$$

式中：ρ_v——柱箍筋加密区的体积配箍率。一级不应小于 0.8%，二级不应小于 0.6%，三、四级不应小于 0.4%；计算复合箍的体积配筋率时，其非螺旋箍的箍筋体积应乘以折减系数 0.8；

　　　$\sum a_s l_s$——箍筋各段体积（面积×长度）的总和，计算复合箍的体积配箍率时，应扣除重叠部分的箍筋体积；

　　　l_1、l_2——箍筋包围的混凝土核心的两个边长；

　　　s——箍筋的间距；

　　　f_c——混凝土轴心抗压强度设计值，当强度等级低于 C35 时，按 C35 取值；

　　　f_{yv}——箍筋或拉筋抗拉强度设计值；

　　　λ_v——柱最小配箍特征值，宜按表 1.22 采用。

柱箍筋加密区的箍筋最小配箍特征值 　　　　　　表 1.22

抗震等级	箍 筋 形 式	轴 压 比								
		≤0.3	0.4	0.5	0.6	0.7	0.8	0.9	1.0	1.05
一	普通箍、复合箍	0.10	0.11	0.13	0.15	0.17	0.20	0.23	—	—
	螺旋箍、复合或连续复合矩形螺旋箍	0.08	0.09	0.11	0.13	0.15	0.18	0.21	—	—
二	普通箍、复合箍	0.08	0.09	0.11	0.13	0.15	0.17	0.19	0.22	0.24
	螺旋箍、复合或连续复合矩形螺旋箍	0.06	0.07	0.09	0.11	0.13	0.15	0.17	0.20	0.22
三、四	普通箍、复合箍	0.06	0.07	0.09	0.11	0.13	0.15	0.17	0.20	0.22
	螺旋箍、复合或连续复合矩形螺旋箍	0.05	0.06	0.07	0.09	0.11	0.13	0.15	0.18	0.20

注：①普通箍指单个矩形箍筋或单个圆形箍筋；复合箍指由矩形、多边形、圆形箍筋或拉筋组成的箍筋；复合螺旋箍指由螺旋箍与矩形、多边形、圆形箍筋或拉筋组成的箍筋；连续复合矩形螺旋箍指用一根通长钢筋加工而成的箍筋；

　　②剪跨比 λ 不大于 2 的柱宜采用复合螺旋箍或井字复合箍，其体积配箍率不应小于 1.2%；9 度一级时不应小于 1.5%。

（4）柱箍筋非加密区的箍筋配置

柱箍筋非加密区的体积配箍率不宜小于加密区的 50%，且箍筋间距，一、二级框架柱不应大于 10 倍纵向钢筋直径；三、四级框架柱不应大于 15 倍纵向钢筋直径。

1.4.2.3　框架节点核芯区抗震构造措施

框架梁柱节点核芯区箍筋的最大间距和最小直径宜同框架柱端箍筋加密区的要求；一、二、三级框架节点核芯区配箍特征值分别不宜小于 0.12、0.10 和 0.08，且体积配箍率分别不宜小于 0.6%、0.5% 和 0.4%；柱剪跨比不大于 2 的框架节点核芯区配箍特征值不宜小于核芯区上、下柱端配箍特征值中的较大值。

1.4.3　截面抗震验算实例

本例只考虑重力荷载内力和水平地震内力的组合，并在组合时考虑了扭转耦联的地震效应、强柱弱梁和强剪弱弯的内力调整。根据《建筑抗震设计规范》GB 50011，8 度区（0.2g）、Ⅱ类场地、丙类建筑，钢筋混凝土框架结构房屋框架的抗震等级为二级。

1.4.3.1　框架梁截面抗震验算

(1) 梁端组合弯矩设计值

梁端弯矩组合设计值，以首层为例列于表 1.12。

(2) 梁端截面抗震受弯承载力计算参数

混凝土 C20：$f_c=9.60\text{N/mm}^2$；钢筋 HRB400：$f_y=360\text{N/mm}^2$；

相对受压区高度：0.518，$\alpha_s=40\text{mm}$，$\alpha_s'=70\text{mm}$。

(3) 轴线 A－B 间梁（图 1.2）

1) 梁左端截面纵向钢筋计算

截面上部

$$\alpha_s=\frac{M\times\gamma_{RE}}{\alpha_1 f_c b h_0^2}=\frac{326.98\times10^6\times0.75}{1.0\times9.6\times250\times(600-70)^2}=0.3637$$

$$\xi=1-\sqrt{1-2\times\alpha_s}=0.4779<0.518$$

$$A_s=\frac{\alpha_s f_c \xi h_0}{f_y}=\frac{1.0\times9.6\times250\times0.4779\times(600-70)}{360}=1689\text{mm}^2$$

截面下部

$$\alpha_s=\frac{M\times\gamma_{RE}}{\alpha_1 f_c b h_0^2}=\frac{213.14\times10^6\times0.75}{1.0\times9.6\times250\times(600-40)^2}=0.2233$$

$$\xi=1-\sqrt{1-2\times\alpha_s}=0.2416<0.518$$

$$A_s=\frac{\alpha_s f_c \xi h_0}{f_y}=\frac{1.0\times9.6\times250\times0.2416\times(600-40)}{360}=902\text{mm}^2$$

实际配筋：6Φ20（上部）　$A_s=1884\text{mm}^2$　$\rho=1.26\%<2.5\%$

4Φ18（下部）　$A_s=1017\text{mm}^2$　$\rho=0.68\%>0.2\%$

2) 梁右端截面纵向钢筋计算

截面上部

$$\alpha_s=\frac{M\times\gamma_{RE}}{\alpha_1 f_c b h_0^2}=\frac{225.89\times10^6\times0.75}{1.0\times9.6\times250\times(600-70)^2}=0.2513$$

$$\xi=1-\sqrt{1-2\times\alpha_s}=0.2947<0.518$$

$$A_s=\frac{\alpha_s f_c \xi h_0}{f_y}=\frac{1.0\times9.6\times250\times0.2947\times(600-70)}{360}=1041\text{mm}^2$$

截面下部

$$\alpha_s=\frac{M\times\gamma_{RE}}{\alpha_1 f_c b h_0^2}=\frac{58.09\times10^6\times0.75}{1.0\times9.6\times250\times(600-40)^2}=0.0579$$

$$\xi=1-\sqrt{1-2\times\alpha_s}=0.0597<0.518$$

$$A_s=\frac{\alpha_s f_c \xi h_0}{f_y}=\frac{1.0\times9.6\times250\times0.0597\times(600-40)}{360}=223\text{mm}^2$$

实际配筋：6Φ16（上部）　$A_s=1206\text{mm}^2$　$\rho=0.8\%<2.5\%$

2Φ16（下部）　$A_s=402\text{mm}^2$　$\rho=0.27\%>0.2\%$

（4）走道梁

梁左右端纵向钢筋计算

截面上部

$$\alpha_s = \frac{M \times \gamma_{RE}}{\alpha_1 f_c b h_0^2} = \frac{308.76 \times 10^6 \times 0.75}{1.0 \times 9.6 \times 250 \times (600-70)^2} = 0.3435$$

$$\xi = 1 - \sqrt{1 - 2 \times \alpha_s} = 0.4405 < 0.518$$

$$A_s = \frac{\alpha_s f_c \xi h_0}{f_y} = \frac{1.0 \times 9.6 \times 250 \times 0.4405 \times (600-70)}{360} = 1556 mm^2$$

截面下部

$$\alpha_s = \frac{M \times \gamma_{RE}}{\alpha_1 f_c b h_0^2} = \frac{202.40 \times 10^6 \times 0.75}{1.0 \times 9.6 \times 250 \times (600-40)^2} = 0.2017$$

$$\xi = 1 - \sqrt{1 - 2 \times \alpha_s} = 0.2276 < 0.518$$

$$A_s = \frac{\alpha_s f_c \xi h_0}{f_y} = \frac{1.0 \times 9.6 \times 250 \times 0.2276 \times (600-40)}{360} = 850 mm^2$$

实际配筋：2Φ16+4Φ20（上部） $A_s = 1658 mm^2$ $\rho = 1.11\% < 2.5\%$

2Φ16+2Φ20（下部） $A_s = 1030 mm^2$ $\rho = 0.69\% > 0.2\%$

1.4.3.2 梁端组合的剪力设计值和截面抗震承载力验算

（1）梁端组合的剪力设计值

本工程为 8 度区框架，抗震等级为二级，梁端组合的剪力设计值应按式（1.6）调整。

大梁：$q_k = 44.12 kN/m$，$V_{Gb} = 0.5 \times q_k \times l_n = 0.5 \times 44.12 \times (5.4-0.45) = 109.197 kN$

走道梁：$q_k = 46.96 kN/m$，$V_{Gb} = 0.5 \times q_k \times l_n = 0.5 \times 46.96 \times (3.0-0.45) = 59.847 kN$

本工程底层梁端组合剪力设计值列于表 1.13。

（2）梁端截面抗震受剪承载力验算（左（右）大梁）

梁截面验算（式（1.11））：

$$\frac{1}{\gamma_{RE}}(0.2\beta_c f_c b h_0) = \frac{1}{0.85}(0.2 \times 1.0 \times 9.6 \times 250 \times (600-40)) = 316.24 kN > 211.96 kN$$

梁受剪承载力配筋计算（式（1.18））：

$$V_b \leq \frac{1}{\gamma_{RE}}\left[0.6\alpha_c f_t h_0 + f_{yv}\frac{A_{sv}}{s}h_0\right]$$

$$211.91 \leq \frac{1}{0.85}\left[0.6 \times 0.7 \times 1.1 \times 250 \times 560 + 300 \times \frac{A_{sv}}{s} \times 560\right]$$

$$\frac{A_{sv}}{s} \geq 1.10 mm^2/mm$$

选取Φ8@200，$\frac{A_{sv}}{s} = 1.26 mm^2/mm$ 满足最小配筋要求。

1.4.3.3 柱端截面抗震受弯承载力验算

（1）边柱

柱子轴压比验算（式（1.20））：

$$\lambda_N = \frac{N}{f_c bh} = \frac{799.00 \times 10^3}{14.3 \times 450 \times 450} = 0.28 < [\lambda_N] = 0.75$$

柱端截面抗震受弯承载力验算：

$$\frac{l_c}{i} = \frac{4.2}{0.289 \times 0.45} = 24.22 > 34 - 12\left(\frac{M_1}{M_2}\right)$$

$$= 34 - 12 \times \left(\frac{226.21}{343.21}\right) = 26.10$$

考虑轴向压力在挠曲杆件中产生的附加弯矩影响：

$$M = C_m \eta_{ns} M_2$$

$$C_m = 0.7 + 0.3\frac{M_1}{M_2} = 0.7 + 0.3 \times \left(\frac{226.2}{343.21}\right) = 0.8977$$

$$\eta_{ns} = 1 + \frac{1}{1300 e_i / h_0}\left(\frac{l_0}{h}\right)^2 \xi_c$$

$$\xi_c = \frac{0.5 f_c A}{N \gamma_{RE}} = \frac{0.5 \times 14.3 \times 450^2}{799.00 \times 10^3 \times 0.8} = 2.27 > 1.0$$

$$\eta_{ns} = 1 + \frac{1}{1300 e_i / h_0}\left(\frac{l_0}{h}\right)^2 \xi_c = 1.061$$

取 $M = M_2 = 302.82$kN·m（表 1.15）

按柱子的上下端最大弯矩进行设计（表 1.14）：

$G + E$ 组合

$$x = \frac{N \gamma_{RE}}{\alpha_1 f_c b} = \frac{799.00 \times 10^3 \times 0.8}{1.0 \times 14.3 \times 450} = 99.33 < \xi_b h_0 = 0.518 \times (450 - 40) = 212.08$$

为大偏心受压：

$$e_0 = \frac{M}{N} = \frac{343.21}{799.00} = 429.55\text{mm}$$

$$e_a = \max(20\text{mm}, h/30) = \max(20\text{mm}, 450/30) = 20\text{mm}$$

$$A_s' = \frac{\gamma_{RE} Ne - \alpha_1 f_c bx(h_0 - x/2)}{f_y'(h_0 - a_s')}$$

$$= \frac{0.8 \times 799.00 \times 10^3 \times 634.55 - 1.0 \times 24.3 \times 450 \times 99.33 \times (410 - 40 - 99.33/2)}{360 \times (450 - 40 - 40)}$$

$$= 1315\text{mm}^2$$

$G - E$ 组合

$$x = \frac{N \gamma_{RE}}{\alpha_1 f_c b} = \frac{425.36 \times 10^3 \times 0.8}{1.0 \times 14.3 \times 450} = 52.88 < \xi_b h_0 = 0.518 \times (450 - 40) = 212.08$$

为大偏心受压：

$$e_0 = \frac{M}{N} = \frac{302.82}{425.36} = 711.91\text{mm}$$

$$e_a = \max(20\text{mm}, h/30) = \max(20\text{mm}, 450/30) = 20\text{mm}$$

$$A_s' = \frac{\gamma_{RE}Ne - \alpha_1 f_c bx(h_0 - x/2)}{f_y'(h_0 - \alpha_s')}$$

$$= \frac{0.8 \times 425.36 \times 10^3 \times 926.91 - 1.0 \times 14.3 \times 450 \times 52.88 \times (410 - 40 - 52.88/2)}{360 \times (450 - 40 - 40)}$$

$$= 1260 \text{mm}^2$$

截面单边配筋：4Φ22，总配筋 12Φ22，$A_s = 1520\text{mm}^2$，$\rho_c = 0.75\% > 0.2\%$

（2）中柱

柱子轴压比验算（式（1.20））：

$$\lambda_N = \frac{N}{f_c bh} = \frac{1079.23 \times 10^3}{14.3 \times 450 \times 450} = 0.37 < [\lambda_N] = 0.75$$

柱端截面抗震受弯承载力验算：

$$\frac{l_c}{i} = \frac{4.2 \times 10^3}{0.289 \times 0.45} = 32.31 > 34 - 12\left(\frac{M_1}{M_2}\right)$$

$$= 34 - 12 \times \left(\frac{296.33}{394.61}\right) = 24.99$$

考虑轴向压力在挠曲杆件中产生的附加弯矩影响，计算步骤同前。

按柱子的上下端最大弯矩进行设计（表 1.14）：

$G + E$ 组合

$$x = \frac{N\gamma_{RE}}{\alpha_1 f_c b} = \frac{1079.23 \times 10^3 \times 0.8}{1.0 \times 14.3 \times 450} = 134.17 < \xi_b h_0 = 0.518 \times (450 - 40) = 212.38$$

为大偏心受压：

$$e_0 = \frac{M}{N} = \frac{372.14 \times 10^3}{1079.23} = 344.82 \text{mm}$$

$$e_a = \max(20\text{mm}, h/30) = \max(20\text{mm}, 450/30) = 20\text{mm}$$

$$A_s' = \frac{\gamma_{RE}Ne - \alpha_1 f_c bx(h_0 - x/2)}{f_y'(h_0 - \alpha_s')}$$

$$= \frac{0.8 \times 1079.23 \times 10^3 \times 549.82 - 1.0 \times 14.3 \times 450 \times 134.17 \times (410 - 40 - 134.17/2)}{360 \times (450 - 40 - 40)}$$

$$= 1600 \text{mm}^2$$

$G - E$ 组合

$$x = \frac{N\gamma_{RE}}{\alpha_1 f_c b} = \frac{594.87 \times 10^3 \times 0.8}{1.0 \times 14.3 \times 450} = 73.95 < \xi_b h_0 = 0.518 \times (450 - 40) = 212.38$$

为大偏心受压：

$$e_0 = \frac{M}{N} = \frac{394.61 \times 10^3}{594.87} = 663.35 \text{mm}$$

$$e_a = \max(20\text{mm}, h/30) = \max(20\text{mm}, 450/30) = 20\text{mm}$$

$$A_s' = \frac{\gamma_{RE}Ne - \alpha_1 f_c bx(h_0 - x/2)}{f_y'(h_0 - \alpha_s')}$$

$$= \frac{0.8 \times 594.87 \times 10^3 \times 868.55 - 1.0 \times 14.3 \times 450 \times 73.95 \times (450 - 40 - 73.95/2)}{360 \times (450 - 40 - 40)}$$

$$= 1770 \text{mm}^2$$

截面单边配筋：4Φ25，总配筋 12Φ25，$A_s = 1964 \text{mm}^2$，$\rho_c = 0.97\% > 0.2\%$

1.4.3.4　框架柱截面抗震受剪承载力验算

（1）柱端组合的剪力设计值

本工程为 8 度区二级框架，柱端截面组合的剪力设计值按下式计算（表 1.15、表 1.16）：

边柱：$V = 1.3 \times (226.21 + 343.21)/3.75 = 197.40 \text{kN}$

中柱：$V = 1.3 \times (394.61 + 296.33)/3.75 = 239.53 \text{kN}$

（2）柱端截面抗震受剪承载力验算

1）边柱

截面验算（式（1.21））：

$$V = 197.20 < \frac{0.2\beta_c f_c b h_0}{\gamma_{RE}} = \frac{0.2 \times 1.0 \times 14.3 \times 450 \times 410 \times 10^{-3}}{0.8} = 659.59 \text{kN}$$

配筋计算（式（1.29））：

$$\lambda = \frac{H_n}{2h_0} = \frac{3.75}{2 \times 0.41} = 4.57 > 3 \text{ 取 } \lambda = 3$$

$0.3 f_c A = 0.3 \times 14.3 \times 450 \times 450 = 868.73 \text{kN} > 799.00 \text{kN}$，取 $N = 799.00 \text{kN}$

$$\lambda \leq \frac{1}{\gamma_{RE}}\left(\frac{1.75}{\lambda+1} f_t b h_0 + f_{yv} \frac{A_{sv}}{s} h_0 + 0.07N\right)$$

$$\frac{A_{sv}}{s} \geq \frac{V\lambda_{RE} - \frac{1.75}{\lambda+1} f_t b h_0 - 0.07N}{f_{yv} h_0}$$

$$\frac{A_{sv}}{s} \geq \frac{197.40 \times 10^3 \times 0.85 - \frac{1.75}{3+1} \times 1.43 \times 450 \times 410 - 0.07 \times 799.00}{300 \times 410} = 0.425 \text{mm}^2/\text{mm}$$

加密区箍筋取 4Φ8@100mm，$A_{SV}/s = 2.01 \text{mm}^2/\text{mm}$，满足构造要求。

2）中柱

截面验算（式（1.21））：

$$V = 239.53 < \frac{0.2\beta_c f_c b h_0}{\gamma_{RE}} = \frac{0.2 \times 1.0 \times 14.3 \times 450 \times 410 \times 10^{-3}}{0.85} = 620.79 \text{kN}$$

配筋计算（式（1.29））：

$$\lambda = \frac{H_n}{2h_0} = \frac{3.75}{2 \times 0.41} = 4.57 > 3 \text{ 取 } \lambda = 3$$

$0.3 f_c A = 0.3 \times 14.3 \times 450 \times 450 = 868.73 \text{kN} < 1079.23 \text{kN}$，取 $N = 868.7 \text{kN}$

$$\lambda \leq \frac{1}{\gamma_{RE}}\left(\frac{1.75}{\lambda+1} f_t b h_0 + f_{yv} \frac{A_{sv}}{s} h_0 + 0.07N\right)$$

$$\frac{A_{sv}}{s} \geq \frac{V\lambda_{RE} - \frac{1.75}{\lambda+1} f_t b h_0 - 0.07N}{f_{yv} h_0}$$

$$\frac{A_{sv}}{s} \geq \frac{239.53 \times 10^3 \times 0.85 - \frac{1.75}{3+1} \times 1.43 \times 450 \times 410 - 0.07 \times 868.7 \times 10^3}{300 \times 410} = 0.22 \text{mm}^2/\text{mm}$$

加密区箍筋取 4Φ8@100mm，$A_{sv}/s=2.01\text{mm}^2/\text{mm}$，满足构造和最小配筋率要求。

1.4.3.5　框架节点核芯区截面抗震验算

（1）节点核心区组合剪力设计值

本工程为 8 度区二级框架结构，节点核心区的剪力设计值按照下式计算：

$$V_j=\frac{1.35\sum M_b}{h_{b0}-a'_s}\left(1-\frac{h_{b0}-a'_s}{H_c-h_b}\right)$$

对于底层边柱节点：

$$V_j=\frac{1.35\times326.96\times10^6}{410-40}\times\left(1-\frac{410-40}{3581-450}\right)=1051.99\text{kN}$$

对于底层中柱节点：

$$V_j=\frac{1.35\times(225.89+242.41)\times10^6}{410-40}\times\left(1-\frac{410-40}{3690-450}\right)=1384.26\text{kN}$$

（2）节点核心区截面抗震受剪承载力设计值验算

1）边节点

截面验算（式（1.30））：

$$V_j=1051.99<\frac{1}{\gamma_{RE}}(0.3\eta_j\beta_c f_c b_j h_j)=\frac{1}{0.85}\times(0.3\times1.5\times1.0\times14.3\times450\times450)$$

$$=1533.04\text{kN}$$

配筋计算：

$$V_j\leqslant\frac{1}{\gamma_{RE}}\left(1.1\eta_j f_c b_j h_j+0.05\eta_j N\frac{b_j}{h_j}+f_{yv}A_{svj}\frac{h_{b0}-a'_s}{s}\right)$$

$$\frac{A_{svj}}{s}=\frac{V_j\gamma_{RE}-1.1\eta_j f_c b_j h_j+0.05\eta_j N\frac{b_j}{h_j}}{f_{yv}(h_{b0}-a'_s)}$$

$$\frac{A_{svj}}{s}=\frac{1051.99\times0.85\times10^3-1.1\times1.5\times1.43\times450\times450+0.05\times1.5\times144.8\times10^3\times\frac{450}{450}}{300\times(410-40)}$$

$$=3.76\text{mm}^2/\text{mm}$$

选取 4Φ8@100，$\dfrac{A_{svj}}{s}=3.14\text{mm}^2/\text{mm}$ 满足要求，同时满足构造和最小配筋率的要求。

2）中节点

截面验算（式（1.30））：

$$V_j=1384.24<\frac{1}{\gamma_{RE}}(0.3\eta_j\beta_c f_c b_j h_j)=\frac{1}{0.85}\times(0.3\times1.5\times1.0\times14.3\times450\times450)$$

$$=1533.04\text{kN}$$

配筋计算：

$$V_j\leqslant\frac{1}{\gamma_{RE}}\left(1.1\eta_j f_c b_j h_j+0.05\eta_j N\frac{b_j}{h_j}+f_{yv}A_{svj}\frac{h_{b0}-a'_s}{s}\right)$$

$$\frac{A_{svj}}{s}=\frac{V_j\gamma_{RE}-1.1\eta_j f_c b_j h_j+0.05\eta_j N\frac{b_j}{h_j}}{f_{yv}(h_{b0}-a'_s)}$$

$$\frac{A_{svj}}{s}=\frac{1384.26\times0.85\times10^3-1.1\times1.5\times1.43\times450\times450+0.05\times1.5\times144.8\times10^3\times\frac{450}{450}}{300\times(410-40)}$$

$$=6.39\text{mm}^2/\text{mm}$$

选取 $6\Phi12@100$，$\dfrac{A_{svj}}{s}=6.786\text{mm}^2/\text{mm}$ 满足要求，同时满足构造和最小配筋率的要求。

1.5　框架结构的抗震变形验算

1.5.1　框架结构抗震变形计算步骤

1. 多遇地震作用下层间弹性位移验算

钢筋混凝土框架结构应进行多遇地震作用下的抗震变形验算，其楼层内最大的弹性层间位移应符合下式要求：

$$\Delta u_e\leqslant[\theta_e]h \tag{1.34}$$

式中：Δu_e——多遇地震作用标准值产生的楼层内最大的弹性层间位移。计算时，除弯曲变形为主的高层建筑外，可不扣除结构整体弯曲变形；应计入扭转变形，各作用分项系数均采用 1.0；钢筋混凝土结构构件的截面刚度可采用弹性刚度。

　　　　$[\theta_e]$——弹性层间位移角限值，框架结构可采用 1/550。

　　　　h——计算楼层层高。

多遇地震作用下采用底部剪力法计算框架结构的弹性层间位移基本步骤是：

（1）计算梁、柱线刚度，并采用 D 值法计算柱侧移刚度 D_j 及 $\sum\limits_{j=1}^{n}D_j$；

（2）采用底部剪力法计算结构总水平地震作用标准值 F_{Ek}；

（3）计算第 i 楼层的水平地震剪力 V_i，并计算弹性层间位移：

$$\Delta u_e=\frac{V_i}{\sum\limits_{j=1}^{n}D_j} \tag{1.35}$$

（4）按式（1.34）进行最大弹性层间位移验算。

2. 罕遇地震作用下薄弱层弹塑性位移验算

7～9 度时楼层屈服强度系数小于 0.5 的钢筋混凝土框架结构、甲类建筑和 9 度时乙类建筑中的钢筋混凝土框架结构，应进行罕遇地震作用下薄弱层的弹塑性变形验算。7 度 Ⅲ、Ⅳ 类场地和 8 度时乙类建筑中的钢筋混凝土框架结构宜进行罕遇地震作用下薄弱层的弹塑性变形验算。

不超过 12 层且刚度无突变的钢筋混凝土框架结构，可采用下述简化方法进行薄弱层弹塑性变形验算。

$$\Delta u_p = \eta_p \Delta u_e \tag{1.36}$$

或
$$\Delta u_p = \mu \Delta u_y = \frac{\eta_p}{\xi_y} \Delta u_y \tag{1.37}$$

$$\Delta u_p \leqslant [\theta_p] h \tag{1.38}$$

式中：Δu_p——弹塑性层间位移；

$\quad\quad \Delta u_y$——层间屈服位移；

$\quad\quad \mu$——楼层延性系数；

$\quad\quad \Delta u_e$——罕遇地震作用下按弹性分析的层间位移；

$\quad\quad \eta_p$——弹塑性层间位移增大系数，当薄弱层（部位）的屈服强度系数不小于相邻层（部位）该系数平均值的 0.8 时，可按表 1.23 采用；当不大于该平均值的 0.5 时，可按表内相应数值的 1.5 倍采用；其他情况可采用内插法取值；

$\quad\quad \xi_y$——楼层屈服强度系数；

$\quad\quad [\theta_p]$——弹塑性层间位移角限值，框架结构可采用 1/50；对钢筋混凝土框架结构，当轴压比小于 0.40 时，可提高 10%；当柱子全高的箍筋构造比抗震规范中规定的最小配箍特征值大 30% 时，可提高 20%，但累计不超过 25%；

$\quad\quad h$——薄弱层楼层高度。

弹塑性层间位移增大系数　　　　　　　　　　表 1.23

结构类型	总层数 n 或部位	ξ_y		
		0.5	0.4	0.3
多层均匀框架结构	2～4	1.30	1.40	1.60
	5～7	1.50	1.65	1.80
	8～12	1.80	2.00	2.20

钢筋混凝土框架结构薄弱层的位置，对楼层屈服强度系数沿高度分布均匀的结构，可取底层；对楼层屈服强度系数沿高度分布不均匀的结构，可取该系数最小的楼层（部位）和相对较小的楼层，一般不超过 2～3 处。楼层屈服强度系数系指按构件实际配筋和材料强度标准值计算的楼层受剪承载力与按罕遇地震作用标准值计算的楼层弹性地震剪力的比值，即：

$$\xi_y = \frac{V_y}{V_e} \tag{1.39}$$

式中：V_y——按构件实际配筋和材料强度标准值计算的楼层受剪承载力；

$\quad\quad V_e$——罕遇地震作用下楼层弹性地震剪力。

罕遇地震作用下采用底部剪力法计算框架结构的弹塑性层间位移基本步骤是：

（1）按梁、柱实际配筋计算各构件极限抗弯承载力，并确定各楼层的屈服承载力 V_{yi}；

（2）计算罕遇地震作用下结构总水平地震作用标准值 F_{Ek}，并计算各楼层的弹性地震剪力 V_{ei} 和层间弹性位移 Δu_e；

（3）计算各楼层的屈服强度系数 $\xi_{yi}=V_{yi}/V_{ei}$，并找出薄弱层；

（4）计算薄弱层的层间弹塑性位移 $\Delta u_p=\eta_p\Delta u_e$，并验算薄弱层的层间弹塑性位移。

1.5.2　抗震变形验算实例

1. 框架结构层间弹性变形验算

在多遇水平地震作用下，框架的弹性变形计算结果列于表 1.24，可见，该建筑多遇水平地震作用的变形验算满足要求。

框架结构层间弹性变形验算　　　　表 1.24

层　号	V_{Eki}(kN)	K_i(N/mm)	Δu_{ei}(mm)	$\Delta u_{ei}/H_i$	$[\theta_e]$
4	925.05	567833.74	1.63	0.0005	
3	1898.48	567833.74	3.34	0.0009	1/550
2	2564.52	567833.74	4.52	0.0013	
1	2963.00	451947.99	6.56	0.0016	

2. 框架结构层间弹塑性变形验算

（1）罕遇地震作用下的层间弹性地震剪力

罕遇地震作用下的层间弹性地震剪力，应考虑地震特征周期增加 0.05s。这样的改进，适当提高了结构的抗震安全性，也比较符合近年来得到大量的地震加速度资料的统计值。

罕遇地震，8 度（0.2g），场地类别为 II 类，则根据我国现行抗震规范有 $\alpha_{max}=0.90$，$T_g=0.40+0.05=0.45s$。

$$\alpha_1=\left(\frac{T_g}{T_1}\right)^\gamma\eta_2\alpha_{max}=(0.45/0.52)^{0.9}\times1.0\times0.9=0.7902$$

因 $T_1=0.52s<1.4T_g=0.63s$，则不需要考虑顶部附加地震作用。

基底总剪力 $F_{Ek}=\alpha_1G_{eq}=0.7902\times0.85\times27600=18538kN$

楼层地震作用标准值 $F_i=\dfrac{G_iH_i}{\sum\limits_{i=1}^nG_iH_i}F_{Ek}$，则各楼层层间剪力计算结果就见表 1.25。

罕遇地震作用下层间弹性地震剪力标准值　　　　表 1.25

层号	4	3	2	1
V_i(kN)	5787.51	11877.74	16044.75	18537.82

（2）楼层屈服强度系数

中框架梁柱配筋如图 1.3 所示。计算结构楼层或者构件的屈服强度系数时，实际承载力应取截面的实际配筋和材料强度标准值计算，钢筋混凝土梁柱的正截面受弯承载力计算如图 1.4 所示。采取节点失效法确定框架的破坏机制，计算框架各层的屈服强度系数。钢筋混凝土梁柱正截面受弯实际承载力计算公式如下：

30

梁：$M_{byk}^a = A_{sb}^a \cdot f_{yk} \cdot (h_{b0} - \alpha_s')$

柱：$M_{cyk}^a = A_{sc}^a f_{yk}(h_{c0} - \alpha_s') + 0.5 N_G h_e (1 - N_G/f_{ck}b_c h_c)$（柱轴向满足 $N_G/f_{ck}b_c h_c \leqslant$
0.5）

式中：N_G——对应于重力荷载代表值的柱轴压力（分项系数取1.0）。

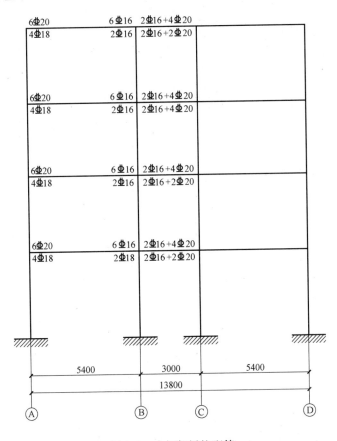

图 1.3　中框架梁柱配筋

以 A 轴线（图 1.2），第四层节点为例：

$$M_{byk}^a = A_{sb}^a \cdot f_{yk} \cdot (h_{b0} - \alpha_s') = 6 \times 314.2 \times 400 \times (600 - 40 - 70) \times 10^{-6}$$
$$= 369.50 \text{kN} \cdot \text{m}$$

$$M_{byk}^a = A_{sb}^a \cdot f_{yk} \cdot (h_{b0} - \alpha_s') = 4 \times 254.5 \times 400 \times (600 - 40 - 70) \times 10^{-6}$$
$$= 199.528 \text{kN} \cdot \text{m}$$

$$M_{cyk}^a = A_{sc}^a f_{yk}(h_{c0} - \alpha_s') + 0.5 N_G h_e (1 - N_G/f_{ck}b_c h_c)$$
$$= 1520 \times 400 \times (450 - 40 - 40) \times 10^{-6} + 0.5 \times 141.61 \times 450$$
$$\times 10^{-3} \times \left(1 - \frac{141.6 \times 10^3}{1 \times 14.3 \times 450 \times 450 \times 10^{-6}}\right) = 255.26410 \text{kN} \cdot \text{m}$$

地震作用的随机性带来了框架结构破坏形式的不确定性，要精确地计算楼层受剪承载力是很困难的，目前常采用"拟弱柱化法"进行简化计算，即无论是"强梁弱柱型"还是"强柱弱梁型"框架，均假定各楼层柱端达到截面抗弯承载力，即柱端形成塑性铰。计算时，首先要求出各柱端的抗弯承载力，再求各柱的抗剪承载力，然后将各柱的抗剪承载力

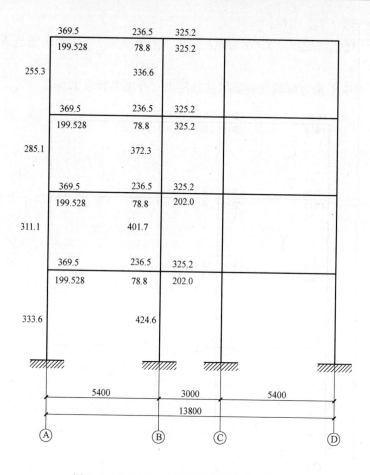

图 1.4　中框架梁柱实际受弯承载力计算结果

叠加而求得楼层总受剪承载力。

忽略同层柱上下端轴力差异，统一采用楼层柱子底部轴力。该框架形状规则，结构对称，采用拟弱柱法计算结构的抗剪承载力：

第 i 层 m 柱的受剪承载力 $V_{y(m)}$：$V_{y(m)} = \dfrac{M^{上}_{cyk(m)} + M^{下}_{cyk(m)}}{H_{i(m)}}$

式中：$M^{上}_{cyk(m)}$，$M^{下}_{cyk(m)}$——第 i 层 m 柱上下端的受弯承载力。

各楼层屈服强度系数：$\xi_{y(i)} = V_{y(i)} / V_{ei}$

式中：V_{ei}——罕遇地震作用标准值产生的楼层弹性地震剪力（表 1.25）。

计算结果见表 1.26。

框架各个楼层屈服强度系数计算结果　　　　　　　　　　　　　　　表 1.26

层号	柱编号（图 1.2）	V_{yi}(kN)	V_{ni}(kN)	V_{ei}(kN)	ξ_{yi}
4	A	141.81339	657.61423	5787.5053	0.2273
	B	186.99372			
	C	186.99372			
	D	141.81339			

层号	柱编号(图 1.2)	V_{yi}(kN)	V_{ni}(kN)	V_{ei}(kN)	ξ_{yi}
3	A	158.41227			
	B	206.86013	730.54480	11877.7416	0.1230
	C	206.86013			
	D	158.41227			
2	A	172.85445			
	B	223.14534	791.99958	16044.7455	0.0987
	C	223.14534			
	D	172.85445			
1	A	185.32293			
	B	235.87082	842.38751	18537.8247	0.0909
	C	235.87082			
	D	185.32293			

（3）薄弱层层间弹塑性变形验算

根据表 1.26，该框架结构的薄弱层为首层。根据《建筑抗震设计规范》GB 50011—2010 第 5.5.4 条取用位移增大系数，表 5.5.4 中提供最小 $\xi_y=0.3$，可取 $\eta_p=1.6$（直接按照最小值取值）。

$$\Delta u_p = \eta_p \Delta u_e = 1.6 \times 18537.82 \times 399431.8 = 74.3 \text{mm}$$

薄弱层层间弹塑性位移角验算：

$$\Delta u_p / H = \frac{74.3}{4200} = \frac{1}{56.5} < [\theta_p] = \frac{1}{50}，满足要求。$$

参 考 文 献

[1] 中华人民共和国国家标准. 建筑结构荷载规范（GB 50009—2012）[S]. 北京：中国建筑工业出版社. 2012.

[2] 中华人民共和国国家标准. 建筑抗震设计规范（GB 50011—2010）[S]. 北京：中国建筑工业出版社. 2010.

第2章 钢筋混凝土抗震墙
结构抗震设计实例

2.1 抗震墙结构抗震体系特点与布置原则

2.1.1 抗震墙结构抗震体系特点

1. 合理设置结构屈服机制

抗震墙结构是由钢筋混凝土墙体承受竖向荷载和水平荷载的结构体系，具有整体性能好、抗侧刚度大和抗震性能好等优点，特别适合于20～30层的多高层居住建筑。钢筋混凝土抗震墙结构的抗震性能取决于墙肢的延性、连梁的延性以及连梁的刚度和强度。最理想的情况是连梁先于墙肢屈服，且连梁具有足够的延性，待墙肢底部出铰以后形成机构。数量众多的连梁端部塑性铰既可较多地吸收地震能量，又能继续传递弯矩与剪力，而且对墙肢形成约束弯矩，使其保持足够的刚度和承载力。墙肢底部的塑性铰也具有延性，这样的抗震墙结构延性最好。

若连梁的刚度及抗弯承载力较高时，连梁可能不屈服，这时抗震墙与整体悬臂墙类似，首先在墙底出现塑性铰并形成机构。只要墙肢不过早剪坏，这种破坏仍然属于有延性的弯曲破坏。但是与前者相比，耗能集中在墙肢底部铰上，这种破坏结构不如前者多铰破坏机构好。

当连梁先遭剪切破坏时，会使墙肢丧失约束而形成单独墙肢。此时，墙肢中的轴力减小，弯矩加大，墙的侧向刚度大大降低。但是，如果能保持墙肢处于良好的工作状态，那么结构仍可继续承载，直到墙肢屈服形成机构。只要墙肢塑性铰具有延性，则这种破坏也是属于延性的弯曲破坏，但同样没有多铰破坏机构好。

墙肢剪坏是一种脆性破坏，因而没有延性或者延性很小，应予避免。值得注意的是，设计中往往由于疏忽，将连梁设计过强而引起墙肢破坏。应注意，如果连梁较强而形成整体墙，则应与悬臂墙相类似加强塑性铰区的设计。

由此可见，按"强墙弱梁"原则设计抗震墙结构，并按"强剪弱弯"原则设计墙肢和连梁，可以得到较为理想的延性抗震墙结构。

2. 适用的最大高度

我国《建筑抗震设计规范》对钢筋混凝土抗震墙结构房屋适用的最大高度进行了限制，如表2.1所示。平面和竖向均不规则的结构，适用的最大高度应适当降低。

钢筋混凝土抗震墙结构房屋适用的最大高度 (m)　　　　　　表 2.1

	烈　　　度				
	6	7	8(0.2g)	8(0.3g)	9
全部落地	140	120	100	80	60
部分框支	120	100	80	50	不应采用

注：① 房屋高度指室外地面至主要屋面板顶的高度（不考虑局部突出屋顶部分）；
　　② 部分框支抗震墙结构指首层或底部两层框支抗震墙结构，不包括仅个别框支墙的情况；
　　③ 乙类建筑可按本地区抗震设防烈度确定；
　　④ 超过表内高度的房屋，应进行专门研究和论证，采取有效的加强措施。

2.1.2　抗震墙结构体系布置原则

1. 抗震墙的平面布置

抗震墙结构中全部竖向荷载和水平力都由钢筋混凝土抗震墙承受，所以抗震墙应沿结构平面主要轴线方向布置。一般情况下，采用矩形、L 形、T 形平面时，抗震墙沿两个正交的主轴方向布置；三角形及 Y 形平面时，可沿三个方向布置；正多边形、圆形和弧形平面时，则可沿径向及环向布置。

单片抗震墙的长度不宜过大。一方面，由于抗震墙的长度很大，使得结构周期过短，地震作用增大；另一方面，抗震墙应当是高细的，呈受弯工作状态，由受弯承载力决定破坏状态，使得抗震墙具有足够延性；而抗震墙太长，形成低矮抗震墙，就会由受剪承载力控制破坏状态，抗震墙呈脆性，对抗震不利。所以，同一轴上的连续抗震墙过长时，应该用楼板（不设连梁）或细弱的连梁分成若干个墙段，每一个墙段相当于一片独立的抗震墙，墙段的高宽比不应小于 2。每一墙段可以是单片墙、小开口墙或联肢墙，具有若干个墙肢。每一墙肢的长度不应大于 8m，以保证墙肢也是受弯承载力控制，而且靠近中和轴的竖向分布钢筋在破坏时能充分发挥其作用。

在抗震墙结构中，如果抗震墙的数量设置太多，则会增加结构刚度，使得地震作用增大。因此，抗震墙的数量在方案阶段就要合理地确定。判断抗震墙结构合理刚度可以由基本周期考虑，宜使抗震墙结构的基本周期控制在 $T_1 = (0.04 \sim 0.05)n$（T_1 为结构基本周期，n 为总层数）。

2. 抗震墙的竖向布置

钢筋混凝土抗震墙结构的抗震墙沿竖向应连续，不应中断。当顶层取消部分抗震墙而设置大房间时，其余抗震墙在构造上应予以加强；当底层取消部分抗震墙时，应设置转换层，并按专门规定进行结构设计。为避免刚度突变，抗震墙的厚度应按阶段变化，每次厚度减少宜为 50～100mm，使抗震墙刚度均匀、连续改变。厚度改变和混凝土强度等级以及墙的配筋率的改变宜错开楼层。

抗震墙的洞口宜上下对齐，成列布置，使抗震墙形成明确的墙肢和连梁。成列开洞的规则抗震墙传力途径合理，受力明确，地震中不容易因为复杂应力而产生震害；错洞墙洞口上、下不对齐，受力复杂，洞口边容易产生显著的应力集中，因而配筋量大增，而且地震中因应力集中产生震害。

抗震墙相邻洞口之间以及洞口与墙边缘之间要避免小墙肢。试验表明：墙肢宽度与厚度之比小于 3 的小墙肢在反复荷载作用下，比大墙肢早开裂，即使加强配筋，也难以防止小墙肢的较早破坏。在设计抗震墙时，墙肢宽度不宜小于 $3b_w$（b_w 为墙厚），不应小于 500mm。采用刀把形抗震墙会使抗震墙受力复杂，应力局部集中，而且竖向地震作用会产生较大的影响，应十分慎重。

3. 抗震墙的厚度

抗震墙厚度的要求，主要是为了使墙体有足够的稳定性。《建筑抗震设计规范》（GB 50011—2010）第 6.4.1 条规定了抗震墙厚度的具体要求。《高层建筑钢筋混凝土结构技术规程》（JGJ 3—2010）不再规定墙厚与层高或剪力墙无支长度比值的限制要求，而是规定了墙体厚度应符合该规程附录 D 的墙体稳定验算等其他要求，具体见 7.2.1 条。设计时可利用计算机软件进行墙体稳定验算。初步选定墙厚时可按《建筑抗震设计规范》（GB 50011—2010）的 6.4.1 条及《高层建筑钢筋混凝土结构技术规程》（JGJ 3—2010）的 7.2.1 条文说明确定。

抗震墙厚度与层高的关系是由墙体在重力荷载作用下不产生扭曲的要求来决定的。抗震墙可以看作支承在相邻楼板上的压弯板，如果太薄，容易在外界干扰下丧失稳定。当采用装配式楼板时，抗震墙截面将被楼板端部支承面覆盖一部分，如果覆盖面过大，抗震墙在楼层处被削弱太多，整体性较差。因此，楼板端部深入墙体后，覆盖抗震墙的截面面积不应大于 40%。如果预制楼板深入墙身 30mm，抗震墙最小厚度也不宜小于 160mm。

2.2　抗震墙结构的抗震内力计算

2.2.1　抗震墙结构抗震内力计算步骤

1. 抗震墙结构抗震计算假定

在水平荷载作用下抗震墙结构内力和侧移的计算，是个复杂的超静定问题。为了简化计算，可将其简化成平面结构，并采用如下假设：

（1）抗震墙结构的墙体，在其自身平面内刚度为无限大，平面外刚度很小，可忽略不计。

（2）楼板在其自身平面内的刚度为无限大，使各墙体之间通过楼板共同工作。

根据第一个假设，可将空间的抗震墙结构划分为若干片平行的平面墙体，共同抵抗该方向的水平地震作用。

在计算平面墙体内力和侧移时，为了符合实际情况，《建筑抗震设计规范》（GB 50011—2010）第 6.2.13 条及条文说明规定：抗震墙应计入端部翼墙共同工作。翼缘的有效长度，每侧由墙面算起，可取相邻抗震墙净距的一半、至门窗洞口的墙长及抗震墙总高的 15%（或 7.5%）中的最小值（表 2.2）。

T形、L形截面抗震墙翼缘有效长度　　　　　　　表 2.2

项　次	考虑情况	T形截面	L形截面
1	按相邻抗震墙净距	$t+\frac{1}{2}(l_{01}+l_{02})$	$t+\frac{1}{2}l_{01}$
2	按至门窗洞口的墙长	$t+a_1+a_2$	$t+a_1$
3	按抗震墙总高度考虑	$0.15H$	$0.075H$

注：① l_{01}、l_{02}——分别为左、右相邻抗震墙的净距；

　　② t——抗震墙厚度；

　　③ a_1、a_2——分别为左、右洞口至抗震墙墙面的距离；

　　④ H——抗震墙总高度。

根据第二个假设，各片抗震墙之间通过楼板连系，使它们协同工作。如果不考虑抗震墙结构的扭转，则各片抗震墙在同一层楼板标高处的侧移相等。因为各片抗震墙变形曲线相似（壁式框架除外），所以总水平荷载将按各片抗震墙刚度大小分配给各片墙。各片抗震墙的水平荷载沿高度分布与总水平荷载相似。

第 k 片抗震墙所分配的水平荷载可按下式计算：

$$q_k(x)=\frac{EI_{wek}}{\sum EI_{wek}}q(k) \tag{2.1}$$

式中：$q_k(x)$——第 k 片所分配的水平荷载（kN/m）；

　　　　$q(x)$——作用在抗震墙结构上的总水平荷载（kN/m）；

　　　　EI_{wek}——第 k 片墙等效刚度（kN·m²）；

　　　$\sum EI_{wek}$——各片墙等效刚度之和（kN·m²）。

这样，通过上面的简化，就把一个复杂的空间剪力墙结构计算问题简化为一片墙的计算问题了。简化后仅讨论单片墙在分配荷载作用下的内力和侧移计算即可。

如图 2.1 所示，单片墙根据洞口大小、形状和位置不同，分成整体墙、整体小开口墙、双肢墙、多肢墙及壁式框架。

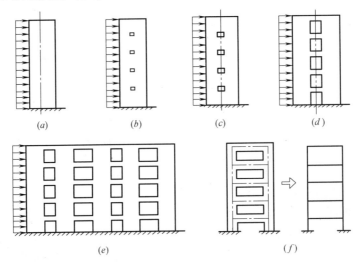

图 2.1　抗震墙分类

（a）、（b）整体墙；（c）整体小开口墙；（d）双肢墙；（e）多肢墙；（f）壁式框架

2. 整体墙的计算方法

整体墙包括没有洞口和洞口很小的墙。前者称为实体墙（图 2.1a），后者称之为小开口整体截面墙（图 2.1b）。所谓小开口整截面墙，是指洞口与墙总面积之比不大于 16％，而洞口的净距及洞口至墙边的距离均大于洞口长边尺寸的墙。

1）内力计算

在水平荷载作用下整体墙受力特点与竖直的悬臂构件相同，截面上正应力呈直线分布（图 2.2）。因此，可按整体悬臂墙的公式计算其内力，并可按材料力学公式计算其应力。

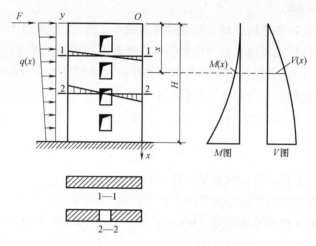

图 2.2　整体墙在水平荷载作用下正应力分布

2）侧移计算

在水平荷载作用下整体墙侧移计算，同样可按材料力学公式计算，但考虑到抗震墙宽度一般都比较大，故除考虑弯曲变形外，尚应考虑剪切变形的影响。此外，对于开洞的整体墙，还应考虑墙开洞对截面面积及刚度削弱的影响。

整体墙顶点的侧移可按下式计算：

$$\Delta=\begin{cases} \dfrac{11}{120}\dfrac{q_{\max}H^4}{EI_{\mathrm{w}}}\left(1+\dfrac{3.64\mu EI_{\mathrm{w}}}{H^2GA_{\mathrm{w}}}\right)（倒三角分布荷载）\\[2mm] \dfrac{1}{8}\dfrac{qH^4}{EI_{\mathrm{w}}}\left(1+\dfrac{4\mu EI_{\mathrm{w}}}{H^2GA_{\mathrm{w}}}\right)（均布荷载）\\[2mm] \dfrac{1}{3}\dfrac{FH^3}{EI_{\mathrm{w}}}\left(1+\dfrac{3\mu EI_{\mathrm{w}}}{H^2GA_{\mathrm{w}}}\right)（顶部集中荷载） \end{cases} \tag{2.2}$$

式中：$q_{\max}$——倒三角分布荷载最大值；

$\quad\ \ q$——均布荷载；

$\quad\ \ F$——顶部集中荷载；

$\quad\ \ H$——抗震墙总高度；

$\quad\ \ \mu$——剪应力不均匀系数：矩形截面，$\mu=1.2$；I 形截面，μ 值取抗震墙全截面与腹板截面之比；T 形截面，按表 2.3 采用；

$\quad\ \ E$——混凝土弹性模量；

G——混凝土剪切模量，取 $G=0.42E$；

A_w——无洞口抗震墙的截面面积，对于小开口整截面墙，取折算截面面积：

$$A_w=\left(1-1.25\sqrt{\frac{A_{op}}{A_f}}\right)A \tag{2.3}$$

A——抗震墙截面毛面积；

A_{op}——墙面洞口面积（立面）；

A_f——墙面总面积；

I_w——抗震墙截面惯性矩，对小开口整截面墙取折算惯性矩：

$$I_w=\frac{\sum I_i h_i}{\sum h_i} \tag{2.4}$$

I_i——墙的竖向各段（有洞和无洞各段）截面惯性矩；

h_i——相应各段的高度（图 2.2）。

T 形截面剪应力不均匀系数 μ　　　　　　　　　　表 2.3

H/t ＼ B/t	2	4	6	8	10	12
2	1.383	1.496	1.521	1.511	1.483	1.445
5	1.441	1.876	2.287	2.682	3.061	3.424
6	1.362	1.097	2.033	2.367	2.698	3.026
8	1.313	1.572	1.838	2.106	2.374	2.641
10	1.283	1.489	1.707	1.927	2.148	2.370
12	1.264	1.432	1.614	1.800	1.988	2.178
15	1.245	1.374	1.519	1.669	1.820	1.973
20	1.228	1.317	1.422	1.534	1.648	1.763
30	1.214	1.264	1.328	1.399	1.473	1.549
40	1.208	1.240	1.284	1.334	1.387	1.442

为便于计算，将式（2.2）写成下面形式

$$\Delta=\begin{cases}\dfrac{11}{120}\dfrac{q_{max}H^4}{EI_{we}} & \text{（倒三角形分布）}\\[2mm] \dfrac{1}{8}\dfrac{qH^4}{EI_{we}} & \text{（均布荷载）}\\[2mm] \dfrac{1}{3}\dfrac{FH^3}{EI_{we}} & \text{（顶部集中荷载）}\end{cases} \tag{2.5}$$

式（2.5）是将式（2.2）抗震墙顶点位移以弯曲变形的形式表示的顶点位移表达式。其中，EI_{we} 称为等效刚度，它是根据顶点位移相等的原则，将抗震墙的刚度折算成承受同样荷载的悬臂直杆只考虑弯曲变形时的刚度。比较式（2.2）和式（2.5）可见，等效刚度为：

$$EI_{we} = \begin{cases} \dfrac{EI_w}{1+\dfrac{3.64\mu EI_w}{H^2 GA_w}} & \text{（倒三角分布荷载）} \\[4ex] \dfrac{EI_w}{1+\dfrac{4\mu EI_w}{H^2 GA_w}} & \text{（均布荷载）} \\[4ex] \dfrac{EI_w}{1+\dfrac{3\mu EI_w}{H^2 GA_w}} & \text{（顶部集中荷载）} \end{cases} \qquad (2.6)$$

3. 整体小开口墙的计算方法

整体小开口墙的洞口沿墙高成列布置，洞口面积超过抗震墙总面积的 16%，但洞口仍属于较小的抗震墙。根据模型试验和光弹试验表明：在水平荷载作用下，整体小开口墙的受力特征仍接近整体墙。截面受力后仍保持平面，截面上的正应力分布基本上保持直线分布，在墙肢截面内仅出现较小的局部弯曲。因此，这种墙的内力和侧移仍可按材料力学公式计算，但需考虑局部弯曲应力的影响。

1) 判别条件

《钢筋混凝土高层建筑结构设计与施工规程》（JGJ 3—91）规定，当符合下面条件时可按整体小开口墙计算：

$$\lambda_1 \geqslant 10 \quad \text{和} \quad \frac{I_n}{I_0} \leqslant Z \qquad (2.7a)$$

或
$$\lambda_1 \geqslant 10 \quad \text{和} \quad \frac{I_n}{I_0} \leqslant Z_j \qquad (2.7b)$$

式（2.7a）适用于各墙肢比较均匀的情形；而式（2.7b）则适用于各墙肢相差较大的情形，这时，应分别对每一墙肢按式（2.7b）的第二个公式进行检查。

式中：λ_1——墙肢的整体参数，按下式计算：

$$\lambda_1 = H \sqrt{\frac{12L^2 I_{b0} I_0}{h l_0^3 I_n (I_1 + I_2)}} \qquad \text{（双肢墙）} \qquad (2.8a)$$

$$\lambda_1 = H \sqrt{\frac{12}{Th \sum\limits_{j=1}^{m-1} \dfrac{I_{b0j} L_j^2}{l_{0j}^3}}} \qquad \text{（多肢墙）} \qquad (2.8b)$$

m——墙肢数；

L——双肢墙截面形心轴之间的距离；

I_{b0}——连梁考虑剪切变形影响的截面等效惯性矩：

$$I_{b0} = \frac{I_b}{1 + \dfrac{12\mu EI_b}{A_b G l_0^2}} \qquad (2.9)$$

I_b——连梁惯性矩；

l_0——连梁计算跨度，取洞口宽度加梁高的 1/2；

I_0——双肢墙组合截面惯性矩；

H——层高；

I_n——墙体组合截面惯性矩与各墙肢惯性矩之和的差，$I_n = I_0 - \sum I_j = \sum A_j y_j^2$，对于双肢墙，$I_n = A_1^2 y_1^2 + A_2^2 y_2^2$；

A_1、A_2——第 1 墙肢和第 2 墙肢的截面积；

y_1、y_2——抗震墙组合截面形心轴与第 1 和第 2 墙肢截面形心轴之间距离；

T——轴向变形影响系数，墙肢数目 $m = 3 \sim 4$ 时，$T = 0.80$；$m = 5 \sim 7$ 时，$m = 0.85$；$m \geqslant 8$ 时，$T = 0.90$；

I_j——第 j 墙肢惯性矩；

l_{0j}——第 j 连梁计算跨度；

Z——系数，与联肢墙墙整体参数 λ_1 和房屋层数 n 有关，可按式（2.10a）或式（2.10b）计算，也可以由表 2.4 或表 2.5 查得；

$$Z = \frac{1}{k}\left(1 - \frac{3}{2n}\right) \qquad \text{（倒三角形分布荷载）} \qquad (2.10a)$$

$$Z = \frac{1}{k}\left(1 - \frac{2}{n}\right) \qquad \text{（水平均布荷载）} \qquad (2.10b)$$

k——系数，由表 2.4 或表 2.5 查得；

N——房屋层数；

Z_j——第 j 墙肢系数，可按式（2.11a）或式（2.11b）计算，其中，k 可由 2.4 或表 2.5 查得，其他符号意义同前。

$$Z_j = \frac{1}{k}\left(1 - \frac{1.5 A_j \sum I_j}{n I_j \sum A_j}\right) \qquad \text{（倒三角形分布）} \qquad (2.11a)$$

$$Z_j = \frac{1}{k}\left(1 - \frac{2 A_j \sum I_j}{n I_j \sum A_j}\right) \qquad \text{（水平均布荷载）} \qquad (2.11b)$$

水平倒三角荷载作用下的系数 Z 及 k 值 　　　　　　　　　表 2.4

n / λ_1	8		10		12		16		20	
	k	Z	k	Z	k	Z	k	Z	k	Z
10	0.9153	0.887	0.9065	0.938	0.8980	0.974	0.8881	1.000	0.8819	1.000
12	0.9372	0.867	0.9292	0.915	0.9212	0.950	0.9118	0.994	0.9057	1.000
14	0.9523	0.853	0.9449	0.901	0.9376	0.933	0.9287	0.976	0.9228	1.000
16	0.9631	0.844	0.9563	0.889	0.9496	0.924	0.9412	0.963	0.9355	0.989
18	0.9710	0.837	0.9648	0.881	0.9587	0.913	0.9508	0.953	0.9454	0.978
20	0.9769	0.832	0.9713	0.875	0.9657	0.906	0.9583	0.945	0.9532	0.970
22	0.9815	0.828	0.9764	0.871	0.9713	0.901	0.9644	0.939	0.9595	0.964
24	0.9851	0.825	0.9804	0.867	0.9758	0.897	0.9693	0.935	0.9646	0.959
26	0.9875	0.822	0.9835	0.864	0.9795	0.893	0.9728	0.931	0.9678	0.956
28	0.9908	0.820	0.9873	0.861	0.9838	0.889	0.9760	0.928	0.9710	0.953
30	0.9928	0.818	0.9905	0.858	0.9882	0.885	0.9790	0.925	0.9742	0.949

水平均布荷载作用下的系数 Z 及 k 值　　　　　表 2.5

n	8		10		12		16		20	
λ_1	k	Z	k	Z	k	Z	k	Z	k	Z
10	0.9022	0.832	0.8902	0.897	0.8811	0.945	0.8684	1.000	0.8599	1.000
12	0.9263	0.810	0.9148	0.974	0.9006	0.926	0.8948	0.978	0.8888	1.000
14	0.9413	0.797	0.9321	0.858	0.9247	0.901	0.9139	0.957	0.9063	0.993
16	0.9528	0.788	0.9447	0.847	0.9381	0.888	0.9281	0.943	0.9210	0.977
18	0.9613	0.781	0.9542	0.838	0.9483	0.879	0.9392	0.932	0.9325	0.965
20	0.9677	0.775	0.9651	0.832	0.9562	0.871	0.9478	0.923	0.9417	0.956

2）内力计算

图 2.3 表示在水平荷载作用下整体小开口墙的弯矩图和剪力图。假设在距原点 x 处作截面 I—I，并取该截面以上部分为隔离体。现分析截面 I—I 受力情况（图 2.4），该截面受总弯矩 M_q 和总剪力 V_q。

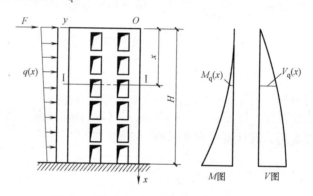

图 2.3　整体小开口墙的弯矩图和剪力图

为了便于求出各墙肢截面内力，现将总弯矩 M_q 分解成两部分：一部分为产生整体弯曲的弯矩 M_{q1}；另一部分为产生局部弯曲的弯矩 M_{q2}。由它们在截面产生的正应力图形，分别见图 2.4 (c)、(d)。

由弯矩 M_{q1} 在各墙肢上产生的轴力 N_j（图 2.4c），可按材料力学公式求得：

$$N_j = \frac{M_{q1}y_j}{I_0}A_j \qquad (j=1,2,3\cdots,m)$$　(2.12)

式中：y_j——由抗震墙组合截面形心至第 j 墙肢截面形心的距离；

I_0——抗震墙组合截面的惯性矩；

A_j——第 j 墙肢截面面积。

由弯矩 M_{q1} 在各墙肢上产生的弯矩 M_{j1}（图 2.4c），可按下面方法求得：

根据平衡条件　　　　$M_{q1} = \sum M_{j1} + \sum N_j y_j$　(2.13)

将式（2.12）代入式（2.13），并经简化后得：

$$\sum M_{j1} = M_{q1}\left[\frac{I_0 - \sum A_j y_j^2}{I_0}\right]$$　(2.14)

令　　　　　　　　$I_0 - \sum A_j y_j^2 = \sum I_j$　(2.15)

则

$$\sum M_{j1} = M_{q1} \frac{\sum I_j}{I_0} \qquad (2.16)$$

进而

$$M_{j1} = \frac{I_j}{\sum I_j} \sum M_{j1} = \frac{I_j}{I_0} M_{q1} \qquad (2.17)$$

由 M_{q2} 在第 j 墙肢截面上所产生的弯矩（图 2.4d），可按下式计算：

$$M_{j2} = \frac{I_j}{\sum I_j} \sum M_{q2} \qquad (2.18)$$

第 j 墙肢截面上所受到总弯矩为：

$$M_j = M_{j1} + M_{j2} = \frac{I_j}{I_0} M_{q1} + \frac{I_j}{\sum I_j} \sum M_{q2} \qquad (2.19)$$

根据对整体小开口抗震墙模型试验和理论分析可知，产生整体弯曲的弯矩占总弯矩的 85%，即 $M_{q1} = k M_q = 0.85 M_q$（图 2.4$c$），而产生局部弯曲的弯矩占总弯矩的 15%，即 $M_{q2} = (1-k) M_q = 0.15 M_q$（图 2.4$d$）。于是整体小开口墙第 j 墙肢截面上的弯矩为：

$$M_j = 0.85 M_q \frac{I_j}{I_0} + 0.15 \sum M_q \frac{I_j}{\sum I_j} \qquad (2.20)$$

《高层建筑混凝土结构技术规程》（JGJ 3—2010）规定，第 j 墙肢截面上的剪力为：

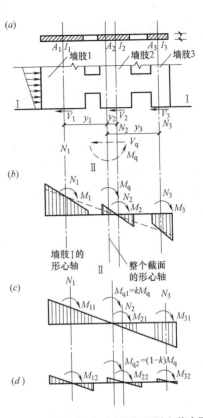

(a) (b) (c) (d)

图 2.4　整体小开口墙的弯矩图和剪力图

$$V_j = \frac{1}{2} \left(\frac{A_j}{\sum A_j} + \frac{I_j}{\sum I_j} \right) V_q \qquad (2.21)$$

在不等肢墙中，如果部分小墙肢不满足式（2.7b）的要求，则表明该墙肢在较多的层间会出现反弯点（图 2.5）。这时，如果仍然按照式（2.17）计算墙肢底部截面弯矩，将使弯矩值太小而不安全。因此，可以先按式（2.17）求出墙肢中部截面弯矩 $M_j^{中}$，再按下式计算小墙肢底部截面的弯矩：

$$M_j^{底} = M_j^{中} + V_j \frac{h}{2} \qquad (2.22)$$

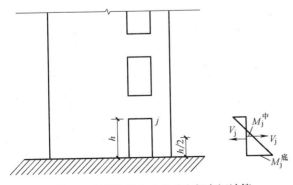

图 2.5　不等肢墙中小墙肢底部弯矩计算

3）位移计算

整体小开口墙的顶点侧移，可按整体墙公式（2.2）计算，但考虑到洞口对墙体等效刚度有所减小，因此，在采用式（2.6）计算等效刚度时，式中 I_w 和 A_w 分别按下式计算：

$$I_w = 0.8 I_0$$
$$A_w = \sum A_j \qquad (2.23)$$

式中：各符号意义同前。

2.2.2　抗震内力计算实例

1. 工程概况和计算基本条件

某住宅项目为 10 层钢筋混凝土剪力墙结构，层高 3.3m，窗洞口高度为 1.5m。窗台高度为 1m，剪力墙厚度为 200mm，混凝土等级为 C30，墙体洞口布置及尺寸如图 2.6 所示。各层重力荷载代表值为 3200kN，设防烈度为 7 度（0.15g），场地为 Ⅱ 类第二组，结构基本自震周期为 0.6s。图 2.6 所示的一榀剪力墙承受各层水平地震作用的 30%，承担的竖向荷载代表值为 2950kN/m^2。该剪力墙由窗洞口分为三个墙肢，试计算各墙肢在其底部截面的内力。

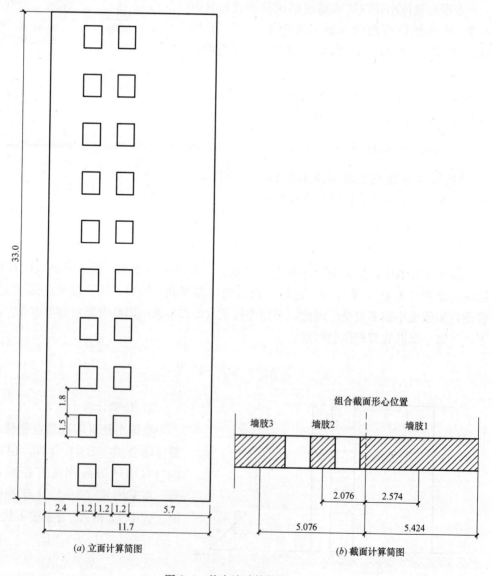

图 2.6　剪力墙计算简图

2. 判定剪力墙类型

1）墙截面特征计算

计算各墙肢截面面积及惯性矩：

$$A_1 = 5.7 \times 0.2 = 1.14 \text{m}^2$$

$$I_1 = \frac{1}{12} \times 5.7^3 \times 0.2 = 3.087 \text{m}^4$$

$$A_2 = 1.2 \times 0.2 = 0.24 \text{m}^2$$

$$I_2 = \frac{1}{12} \times 1.2^3 \times 0.2 = 0.029 \text{m}^4$$

$$A_3 = 2.4 \times 0.2 = 0.48 \text{m}^2$$

$$I_3 = \frac{1}{12} \times 2.4^3 \times 0.2 = 0.23 \text{m}^4$$

确定组合截面形心位置：

墙肢 1 截面形心：$x_1 = 5.7 \div 2 = 2.85 \text{m}$

墙肢 2 截面形心：$x_2 = 5.7 + 1.2 \div 2 + 1.2 = 7.5 \text{m}$

墙肢 3 截面形心：$x_3 = 5.7 + 1.2 + 1.2 + 1.2 + 2.4 \div 2 = 10.5 \text{m}$

$$\sum A_i x_i = A_1 x_1 + A_2 x_2 + A_3 x_3$$

$$= 1.14 \times 2.85 + 0.24 \times 2.85 + 0.48 \times 2.85 = 10.089 \text{m}^3$$

剪力墙总截面面积：$\sum A_i = 1.14 + 0.24 + 0.48 = 1.86 \text{m}^2$

组合截面形心位置：$x_0 = \dfrac{\sum A_i y_i}{\sum A_i} = \dfrac{10.089}{1.86} = 5.424 \text{m}$

各墙肢至组合截面形心的距离：

墙肢 1：$y_1 = 5.424 - 2.85 = 2.574 \text{m}$

墙肢 2：$y_2 = 5.7 - 5.424 + 1.2 + 1.2 \div 2 = 2.076 \text{m}$

墙肢 3：$y_3 = 2.076 + 0.6 + 1.2 + 2.4 \div 2 = 5.076 \text{m}$

计算剪力墙组合截面惯性矩：

$$\sum I_i = 3.087 + 0.029 + 0.23 = 3.346 \text{m}^4$$

$$I_0 = \sum I_i + \sum A_i y_i^2 = 3.346 + 1.14 \times 2.574^2 + 0.24 \times 2.076^2 + 0.48 \times 5.076^2 = 24.3 \text{m}^4$$

连梁截面特性计算（由图 2.6，连梁高 1.8m）：

$$I_b = \frac{1}{12} \times 0.2 \times 1.8^3 = 0.0972 \text{m}^4$$

$$A_b = 0.2 \times 1.8 = 0.36 \text{m}^2$$

$$l_{01} = l_{02} = 1.2 + 1.8 \div 2 = 2.1 \text{m}$$

2）抗震墙的刚度计算

连梁等效惯性矩：

$$I_{b01} = I_{b02} = \frac{I_b}{1 + \dfrac{12\mu E I_b}{A_b G l_{0i}^2}} = \frac{0.0972}{1 + \dfrac{12 \times 1.2 \times 0.0972}{0.36 \times 0.42 \times 2.1^2}} = 0.0313 \text{m}^4$$

墙肢整体系数（式（2.8b））：

$$L_1 = 1.2 + 1.2 + 0.6 = 3m$$
$$L_2 = 5.7 \div 2 + 1.2 + 0.6 = 4.65m$$

$$\lambda_1 = H\sqrt{\frac{12}{Th\sum_{i=1}^{m}I_i} \times \sum_{j=1}^{m-1}\frac{I_{b0j}L_j^2}{l_{0j}^3}} = 33\sqrt{\frac{12}{0.8 \times 3.3 \times 3.346} \times \frac{0.0313 \times (3^2 + 4.56^2)}{2.1^3}}$$

$$= 12.37$$

即

$$\lambda_1 > 10$$

$$I_n = I_0 - \sum I_i = 24.3 - 3.346 = 20.954m^4$$

由 $\lambda = 12.37$，$n = 10$ 查表 2.4 并线性插值得到：

$$Z = 0.915 - 0.37 \times (0.915 - 0.901) \div 2 = 0.912$$

$$\frac{I_n}{I_0} = \frac{20.954}{24.3} = 0.862 < Z = 0.912$$

故根据式（2.7b），该剪力墙属于整体小开口剪力墙。

对于三个墙肢，分别验算是否属于小墙肢。

由 $\lambda = 12.37$，$n = 10$ 查表 2.4 并线性插值得到：

$$k = 0.929 + 0.37 \times (0.9449 - 0.929) \div 2 = 0.932$$

根据式（2.11a）：

$$Z_1 = \frac{1}{k}\left(1 - \frac{1.5A_1\sum I_i}{nI_1\sum A_i}\right) = \frac{1}{0.932} \times \left(1 - \frac{1.5 \times 1.14 \times 3.346}{10 \times 3.087 \times 1.86}\right) = 0.984 > \frac{I_n}{I_0} = 0.862$$

$$Z_2 = \frac{1}{k}\left(1 - \frac{1.5A_2\sum I_i}{nI_2\sum A_i}\right) = \frac{1}{0.932} \times \left(1 - \frac{1.5 \times 0.24 \times 3.346}{10 \times 0.029 \times 1.86}\right) = -0.923 < \frac{I_n}{I_0} = 0.862$$

$$Z_3 = \frac{1}{k}\left(1 - \frac{1.5A_3\sum I_i}{nI_3\sum A_i}\right) = \frac{1}{0.932} \times \left(1 - \frac{1.5 \times 0.48 \times 3.346}{10 \times 0.23 \times 1.86}\right) = 0.570 < \frac{I_n}{I_0} = 0.862$$

根据式（2.7b）的第二个公式可以判定，第 1 墙肢非小墙肢，第 2、3 墙肢为小墙肢。

等效刚度计算（式（2.6））：

$$EI_{eq} = \frac{EI_w}{1 + \dfrac{3.64\mu EI_w}{H^2GA_w}}$$

对于整体小开口剪力墙 $I_w = 0.8I_0$，$A_w = \sum A_i$（式（2.23）），所以

$$EI_{eq} = \frac{0.8EI_0}{1 + \dfrac{3.64\mu EI_0 \times 0.8}{H^2G\sum A_i}} = \frac{0.8 \times 3 \times 10^7 \times 24.3}{1 + \dfrac{3.64 \times 1.2 \times 24.3 \times 0.8}{33^2 \times 0.42 \times 1.86}} = 530.3 \times 10^6 kN \cdot m^2$$

3. 多遇水平地震作用标准值计算

总重力荷载代表值计算：

$$G_E = \sum G_i = 3200 \times 10 = 32000kN$$

7 度（0.15g）设防，根据《建筑抗震设计规范》，$\alpha_{max} = 0.12$

Ⅱ类场地，第二组，场地特征周期，$T_g = 0.4s$

由于 $T_g = 0.4s < T_1 = 0.6s < 5T_g = 2s$

则，$\alpha_1 = \left(\dfrac{T_g}{T_1}\right)^{0.9} \alpha_{max} = \left(\dfrac{0.4}{0.6}\right)^{0.9} \times 0.12 = 0.0833$

结构总水平地震作用：

$$F_{Ek} = \partial_1 G_{eq} = \partial_1 \times 0.85 \times G_E = 0.0833 \times 0.85 \times 32000 = 2266kN$$

计算各楼层水平地震力：

$$F_i = \frac{G_i H_i}{\sum G_i H_i} F_{Ek}$$

其中，$\sum G_i H_i = G_i \times 3.3 \times (1 + 2 + \cdots + 9 + 10) = 181.5 G_i$

由此计算各层水平地震作用如表 2.6 所示。

各层水平地震作用（kN）　　　　　　表 2.6

楼层	1	2	3	4	5	6	7	8	9	10
地震作用	41.17	82.33	123.50	164.67	205.84	247.00	288.17	329.35	370.52	411.69

4. 抗震墙抗震内力计算

首层底部总弯矩：

$M_{0总} = \sum F_i H_i = 3.3 \times (41.17 \times 1 + 82.33 \times 2 + \cdots + 370.52 \times 9 + 411.69 \times 10)$

$\qquad = 52304kN \cdot m$

首层底部总剪力：

$$V_{0总} = \sum F_i = 2266kN$$

根据已知条件，该剪力墙承担的弯矩和剪力：

$$M_0 = 0.3 M_{0总} = 15691.2kN \cdot m, V_0 = 0.3 V_{0总} = 679.8kN$$

该剪力墙首层墙肢底部截面总弯矩：

$$M_q^底 = M_0 - V_0 \times 1 = 15691.2 - 679.8 \times 1 = 15011.4kN \cdot m$$

该剪力墙首层墙肢中间截面总弯矩：

$$M_q^中 = M_0 - V_0 \times \left(1 + \frac{1.5}{2}\right) = 15691.2 - 679.8 \times 1.75 = 14501.6kN \cdot m$$

计算首层各墙肢底部截面弯矩（式（2.20））：

$M_1 = 0.85 M_q \dfrac{I_1}{I_0} + 0.15 M_q \dfrac{I_1}{\sum I_i} = 0.85 \times 15011.4 \times \dfrac{3.087}{24.3} + 0.15 \times 15011.4 \times \dfrac{3.087}{3.346}$

$\qquad = 3698.4kN \cdot m$

$M_2 = 0.85 M_q \dfrac{I_2}{I_0} + 0.15 M_q \dfrac{I_2}{\sum I_i} = 0.85 \times 15011.4 \times \dfrac{0.029}{24.3} + 0.15 \times 15011.4 \times \dfrac{0.029}{3.346}$

$\qquad = 34.74kN \cdot m$

$M_3 = 0.85 M_q \dfrac{I_3}{I_0} + 0.15 M_q \dfrac{I_3}{\sum I_i} = 0.85 \times 15011.4 \times \dfrac{0.23}{24.3} + 0.15 \times 15011.4 \times \dfrac{0.23}{3.346}$

$\qquad = 275.6kN \cdot m$

计算首层各墙肢底部截面轴力（式（2.12））：

$$N_1 = \frac{M_{q1} y_1}{I_0} A_1 = \frac{0.85 \times 15011.4 \times 2.574}{24.3} \times 1.14 = 1504.8 \text{kN}$$

$$N_2 = \frac{M_{q1} y_2}{I_0} A_2 = \frac{0.85 \times 15011.4 \times 2.076}{24.3} \times 0.24 = 261.6 \text{kN}$$

$$N_3 = \frac{M_{q1} y_3}{I_0} A_3 = \frac{0.85 \times 15011.4 \times 4.566}{24.3} \times 0.48 = 1150.8 \text{kN}$$

计算首层各墙肢底部截面剪力：

$$V_1 = \frac{A_1}{\sum A_i} V_0 = \frac{1.14}{1.86} \times 679.8 = 416.6 \text{kN}$$

$$V_2 = \frac{A_2}{\sum A_i} V_0 = \frac{0.24}{1.86} \times 679.8 = 87.72 \text{kN}$$

$$V_3 = \frac{A_1}{\sum A_i} V_0 = \frac{0.48}{1.86} \times 679.8 = 175.4 \text{kN}$$

对于第 2、3 墙肢，计算小墙肢底部截面弯矩（式（2.22））：

$$M_2^{\text{中}} = 0.85 \times 14501.6 \times \frac{0.029}{24.3} + 0.15 \times 14501.6 \times \frac{0.029}{3.346} = 33.56 \text{kN} \cdot \text{m}$$

$$M_2^{\text{底}} = M_2^{\text{中}} + 0.5 \times V_2 h_0 = 33.56 + 0.5 \times 87.72 \times 1.5 = 99.35 \text{kN} \cdot \text{m}$$

$$M_3^{\text{中}} = 0.85 \times 14501.6 \times \frac{0.23}{24.3} + 0.15 \times 14501.6 \times \frac{0.23}{3.346} = 266.2 \text{kN} \cdot \text{m}$$

$$M_3^{\text{底}} = M_3^{\text{中}} + 0.5 \times V_3 h_0 = 266.2 + 0.5 \times 175.4 \times 1.5 = 397.7 \text{kN} \cdot \text{m}$$

2.3　抗震墙结构的内力设计与调整

2.3.1　抗震墙结构内力设计与调整步骤

1. 抗震墙底部加强部位截面剪力设计值调整

为避免脆性的剪切破坏，应按照强剪弱弯的要求设计抗震墙墙肢。规范规定，抗震墙底部加强部位墙肢截面组合的剪力设计值，一、二、三级抗震等级时应按下式调整，四级抗震等级及无地震作用组合时可不调整：

$$V = \eta_{vw} V_w \tag{2.24}$$

9 度时尚应符合

$$V = 1.1 \frac{M_{wua}}{M_w} V_w \tag{2.25}$$

式中：V——抗震墙墙肢底部加强部位截面组合的剪力设计值；

V_w——抗震墙墙肢底部加强部位截面组合的剪力计算值；

M_{wua}——考虑承载力抗震调整系数后的抗震墙墙肢正截面受弯承载力，应按实际配筋面积和材料强度标准值和轴向力设计值确定，有翼墙时应计入两侧各 1 倍翼墙厚度范围内的纵向钢筋；

M_w——抗震墙墙肢截面组合的弯矩设计值；

η_{vw}——抗震墙剪力增大系数，一级为1.6，二级为1.4，三级为1.2。

2. 抗震墙非底部加强部位截面弯矩设计值调整

为了迫使塑性铰发生在抗震墙的底部，以增加结构的变形和耗能能力，应加强抗震墙上部的受弯承载力，同时对底部加强区采取提高延性的措施。为此，规范规定，一级抗震墙中的底部加强部位，应按墙肢底部截面组合弯矩设计值采用；其他部位，墙肢截面的组合弯矩设计值应乘以增大系数，其值可采用1.2。

3. 抗震墙连梁端部截面的剪力设计值调整

为了实现连梁的强剪弱弯、推迟剪切破坏，连梁要求按"强剪弱弯"进行设计。规范规定，抗震墙中的连梁，其端部截面组合的剪力设计值应按下式进行调整：

$$V_b = \eta_{vb}(M_b^l + M_b^r)/l_n + V_{Gb} \tag{2.26}$$

9度时尚应符合

$$V_b = 1.1(M_{bua}^l + M_{bua}^r)/l_n + V_{Gb} \tag{2.27}$$

式中： V_b——连梁端截面组合的剪力设计值；

l_n——连梁的净跨；

V_{Gb}——连梁在重力荷载代表值（9度时高层建筑还应包括竖向地震作用标准值）作用下，按简支梁分析的梁端截面剪力设计值；

M_b^l、M_b^r——梁左、右端截面顺时针或逆时针方向考虑地震作用组合的弯矩设计值，对一级抗震等级且两端弯矩均为负弯矩时，绝对值较小一端的弯矩应取零；

M_{bua}^l、M_{bua}^r——连梁梁左、右端截面顺时针或逆时针方向实配的受弯承载力所对应的弯矩值，应按实配钢筋面积（计入受压钢筋）和材料强度标准值并考虑承载力抗震调整系数计算；

η_{vb}——梁端剪力增大系数，一级取1.3，二级取1.2，三级取1.1。

4. 双肢抗震墙截面设计的内力取值

在竖向荷载与地震作用共同作用下，双肢抗震墙应避免小偏心受拉。当墙肢出现拉力时，该墙肢刚度开始退化，拉力越大退化越多。当截面为大偏心受拉，且拉应力不大于混凝土的抗拉强度设计值时，另一墙肢的组合剪力设计值及组合弯矩设计值应乘以增大系数1.25。计算时应考虑来自不同方向的地震作用。

截面承受的拉力应满足以下条件：

$$N_i = N - \sum V \tag{2.28}$$

$$N_i \leqslant A f_t \tag{2.29}$$

式中： N——由重力荷载代表值引起的墙肢轴压力；

N_i——截面承受的拉力；

$\sum V$——截面以上连梁由于地震作用引起的剪力之和；

A——墙肢截面面积；

f_t——墙肢混凝土抗拉强度设计值。

2.3.2 内力设计与调整实例

对本章 2.2 节工程中墙肢 2 底部剪力及一层连梁剪力进行调整。

结构总高度 $H=33\text{m}$，根据《建筑结构抗震设计规范》，剪力墙结构抗震等级为三级，因此底部剪力增大系数 $\eta_w=1.2$，所以经调整后墙肢 2 底部剪力为：

$$\eta_w V_2=1.2\times87.72=105.26\text{kN}$$

计算连梁所受剪力：

一层墙肢内力

$$M_0^1=0.3\times3.3\times(82.33\times1+123.50\times2+\cdots+411.69\times9)=13450\text{kN}\cdot\text{m}$$

$$V_0^1=0.3\times(2266-41.11)=667.4\text{kN}$$

$$M_q^1=M_0^1-V_0^1\times1=13450-667.4\times1=12782\text{kN}\cdot\text{m}$$

$$N_2^1=\frac{0.85\times12782\times2.076}{24.3}\times0.24=222.8\text{kN}$$

二层墙肢内力

$$M_0^2=0.3\times3.3\times(123.50\times1+164.67\times2+\cdots+411.69\times8)=11248.8\text{kN}\cdot\text{m}$$

$$V_0^2=0.3\times(2266-41.17-82.33)=642.75\text{kN}$$

$$M_q^2=M_0^1-V_0^1\times1=11248.8-647.75\times1=10606.1\text{kN}\cdot\text{m}$$

$$N_2^2=\frac{0.85\times10606.1\times2.076}{24.3}\times0.24=184.8\text{kN}$$

一层连梁剪力

$$V_b=N_2^1-N_2^2=222.8-184.8=38\text{kN}$$

对于三级抗震等级剪力墙 $\eta_w=1.1$，故连梁剪力调整后为 $\eta_w V_2=1.1\times38=41.8\text{kN}$。

2.4 抗震墙结构的截面抗震验算与抗震构造措施

2.4.1 截面抗震验算步骤

1. 抗震墙墙肢正截面承载力验算

1) 矩形、T 形和工形截面偏心受压抗震墙的正截面承载力验算

抗震墙墙肢在竖向荷载和水平荷载作用下属偏心受力构件，它与普通偏心受力柱的区别在于截面高度大、宽度小、有均匀的分布钢筋。因此，截面设计时应考虑分布钢筋的影响并进行平面外的稳定验算。

偏心受压墙肢可分为大偏压和小偏压两种情况。当发生大偏压破坏时，位于受压区和受拉区的分布钢筋都可能屈服。但在受压区，考虑到分布钢筋直径小，受压易屈曲，因此设计中可不考虑其作用。受拉区靠近中和轴附近的分布钢筋，其拉应力较小，可不考虑，而设计中仅考虑距受压区边缘 $1.5x$（x 为截面受压区高度）以外的受拉分布钢筋屈服。

当发生小偏压破坏时，墙肢截面大部分或全部受压，因此可认为所有分布钢筋均受压易屈曲或部分受拉但应变很小而忽略其作用，故设计时可不考虑分布筋的作用，即小偏压墙肢的计算方法与小偏压柱完全相同，但需验算墙体平面外的稳定。大、小偏压墙肢的判别可采用与大、小偏压柱完全相同的判别方法。

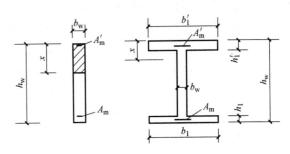

图 2.7 抗震墙墙肢截面

建立在上述分析基础上，矩形、T 形、工形偏心受压墙肢的正截面受压承载力可按下列公式计算（图 2.7）：

$$N \leqslant \frac{1}{\gamma_{RE}}(A_s' f_y' - A_s \sigma_s - N_{sw} + N_c) \tag{2.30}$$

$$M \leqslant \frac{1}{\gamma_{RE}}\left[A_s' f_y'(h_{w0} - a_s') - M_{sw} + M_c - N\left(h_{w0} - \frac{h_w}{2}\right)\right] \tag{2.31}$$

当 $x > h_f'$ 时

$$N_c = \alpha_1 f_c b_w x + \alpha_1 f_c (b_f' - b_w) h_f' \tag{2.32}$$

$$M_c = \alpha_1 f_c b_w x\left(h_{w0} - \frac{x}{2}\right) + \alpha_1 f_c (b_f' - b_w) h_f'\left(h_{w0} - \frac{h_f'}{2}\right) \tag{2.33}$$

当 $x \leqslant h_f'$ 时

$$N_c = \alpha_1 f_c b_f' x \tag{2.34}$$

$$M_c = \alpha_1 f_c b_f' x\left(h_{w0} - \frac{x}{2}\right) \tag{2.35}$$

当 $x \leqslant \xi_b h_{w0}$ 时

$$\sigma_s = f_y \tag{2.36}$$

$$N_{sw} = (h_{w0} - 1.5x) b_w f_{yw} \rho_w \tag{2.37}$$

$$M_{sw} = \frac{1}{2}(h_{w0} - 1.5x)^2 b_w f_{yw} \rho_w \tag{2.38}$$

当 $x > \xi_b h_{w0}$ 时

$$\sigma_s = \frac{f_y}{\xi_b - 0.8}\left(\frac{x}{h_{w0}} - \beta_1\right) \tag{2.39}$$

$$N_{sw} = 0 \tag{2.40}$$

$$M_{sw} = 0 \tag{2.41}$$

$$\xi_b = \frac{\beta_1}{1 + \dfrac{f_y}{E_s \varepsilon_{cu}}} \tag{2.42}$$

式中： γ_{RE} ——承载力抗震调整系数，取 0.85；

$\quad\quad N_c$ ——受压区混凝土受压合力；

$\quad\quad M_c$ ——受压区混凝土受压合力对端部受拉钢筋合力点的力矩；

$\quad\quad \sigma_s$ ——受拉区钢筋应力；

N_{sw}——受拉区分布钢筋受拉合力；

M_{sw}——受拉区分布钢筋受拉合力对端部受拉钢筋合力点的力矩；

f_y、f'_y、f_{yw}——抗震墙端部受拉、受压钢筋和墙体竖向分布钢筋强度设计值；

α_1、β_1——计算系数，当混凝土强度等级不超过 C50 时分别取 1.0 和 0.8；

f_c——混凝土轴向抗压强度设计值；

e_0——偏心距，$e_0 = M/N$；

h_{w0}——抗震墙截面有效高度，$h_{w0} = h_w - a'_s$；

a'_s——抗震墙受压区端部钢筋合力点到受压区边缘的距离；

ρ_w——抗震墙竖向分布钢筋配筋率；

ξ_b——界限相对受压区高度；

ε_{cu}——混凝土极限压应变。

2）矩形截面大偏心受拉抗震墙的正截面承载力验算

矩形截面大偏心受拉墙肢的正截面承载力可按下列近似公式验算：

$$N \leqslant \frac{1}{\gamma_{RE}} \frac{1}{\dfrac{1}{N_{0u}} + \dfrac{e_0}{M_{wu}}} \tag{2.43}$$

$$N_{0u} = 2A_s f_y + A_{sw} f_{yw} \tag{2.44}$$

$$M_u = A_s f_y (h_{w0} - a'_s) + A_{sw} f_{yw} \frac{h_{w0} - a'_s}{2} \tag{2.45}$$

式中：N——抗震墙墙肢承受的组合拉力设计值；

e_0——轴向力作用点至截面重心的距离；

A_s——抗震墙墙端竖向配筋面积；

A_{sw}——抗震墙腹板竖向分布钢筋的全部截面面积；

N_{0u}——抗震墙的轴心受拉承载力值；

M_u——抗震墙的正截面受弯承载力值。

2. 抗震墙墙肢斜截面承载力验算

1）墙肢截面的剪压比限值

墙肢截面的剪压比是截面的平均剪应力与混凝土轴心抗压强度的比值。剪跨比大于 2.0 的抗震墙，其截面组合的剪力设计值应符合下式要求：

$$V \leqslant \frac{1}{\gamma_{RE}} (0.20 f_c b_w h_w) \tag{2.46}$$

当剪跨比不大于 2.0 时应满足下式：

$$V \leqslant \frac{1}{\gamma_{RE}} (0.15 f_c b_w h_w) \tag{2.47}$$

式中：V——墙肢端部截面组合的剪力设计值；

b_w——抗震墙厚度；

h_w——抗震墙截面长度；

γ_{RE}——抗震承载力调整系数，取 0.85。

2）偏心受压抗震墙的斜截面受剪承载力验算

偏心受压墙肢斜截面受剪承载力按下列公式验算：

$$V_{\mathrm{w}} \leqslant \frac{1}{\gamma_{\mathrm{RE}}} \left[\frac{1}{\lambda - 0.5} \left(0.4 f_{\mathrm{t}} b_{\mathrm{w}} h_{\mathrm{w0}} + 0.1 N \frac{A_{\mathrm{w}}}{A} \right) + 0.8 f_{\mathrm{yh}} \frac{A_{\mathrm{sh}}}{s} h_{\mathrm{w0}} \right] \tag{2.48}$$

式中：b_{w}——抗震墙墙肢承受的组合剪力设计值；

N——考虑重力荷载代表值的抗震墙轴向压力值，当 $N > 0.2 f_{\mathrm{c}} b_{\mathrm{w}} h_{\mathrm{w}}$ 时，取 $N = 0.2 f_{\mathrm{c}} b_{\mathrm{w}} h_{\mathrm{w}}$；

A——抗震墙全截面面积；

A_{w}——抗震墙墙肢腹板面积，矩形截面时，取 $A_{\mathrm{w}} = A$；

λ——计算截面处的剪跨比，$\lambda = M_{\mathrm{w}}/(V_{\mathrm{w}} h_{\mathrm{w0}})$，当 $\lambda < 1.5$ 时，取 $\lambda = 1.5$，当 $\lambda > 2.2$ 时，取 $\lambda = 2.2$；此处 M_{w} 为与 V_{w} 相应的弯矩值，当计算截面与墙底之间的距离小于 $0.5 h_{\mathrm{w}}$ 时，λ 应按距墙底 $0.5 h_{\mathrm{w}}$ 处的弯矩值与剪力值计算；

A_{sh}——配置在同一截面内的水平分布钢筋截面面积之和；

f_{yh}——水平分布钢筋抗拉强度设计值；

s——水平分布钢筋间距。

3）偏心受拉抗震墙的斜截面受剪承载力验算

偏心受拉墙肢斜截面受剪承载力按下列公式计算：

$$V_{\mathrm{w}} \leqslant \frac{1}{\gamma_{\mathrm{RE}}} \left[\frac{1}{\lambda - 0.5} \left(0.5 f_{\mathrm{t}} b_{\mathrm{w}} h_{\mathrm{w0}} - 0.1 N \frac{A_{\mathrm{w}}}{A} \right) + 0.8 f_{\mathrm{yh}} \frac{A_{\mathrm{sh}}}{s} h_{\mathrm{w0}} \right] \tag{2.49}$$

上式右端方括号内的计算值小于 $0.8 f_{\mathrm{yh}} \frac{A_{\mathrm{sh}}}{s} h_{\mathrm{w0}}$ 时，取 $0.8 f_{\mathrm{yh}} \frac{A_{\mathrm{sh}}}{s} h_{\mathrm{w0}}$。

3. 连梁正截面受弯承载力验算

连梁截面受弯验算可按双筋截面验算，受压区很小，通常用受拉钢筋对受压钢筋取矩，就可得到受弯承载力，即

$$M \leqslant \frac{1}{\gamma_{\mathrm{RE}}} f_{\mathrm{y}} A_{\mathrm{s}} (h_{\mathrm{b0}} - a_{\mathrm{s}}') \tag{2.50}$$

4. 连梁斜截面受剪承载力验算

1）连梁截面的剪压比限值

规范对有地震作用组合时，连梁的截面尺寸应满足下列要求：

跨高比大于 2.5 时

$$V_{\mathrm{b}} \leqslant \frac{1}{\gamma_{\mathrm{RE}}} (0.2 f_{\mathrm{c}} b_{\mathrm{b}} h_{\mathrm{b}}) \tag{2.51}$$

跨高比不大于 2.5 时

$$V_{\mathrm{b}} \leqslant \frac{1}{\gamma_{\mathrm{RE}}} (0.15 f_{\mathrm{c}} b_{\mathrm{b}} h_{\mathrm{b}}) \tag{2.52}$$

式中：V_{b}——连梁剪力设计值；

b_{b}——连梁截面宽度；

h_b——连梁截面高度。

2）连梁斜截面的受剪承载力验算

连梁有地震作用组合时的斜截面受剪承载力，应按下列公式验算：

跨高比大于 2.5 时

$$V \leqslant \frac{1}{\gamma_{RE}} \left(0.42 f_t b_b h_{b0} + f_{yv} \frac{A_{sv}}{s} h_{b0} \right)$$ (2.53)

跨高比不大于 2.5 时

$$V \leqslant \frac{1}{\gamma_{RE}} \left(0.38 f_t b_b h_{b0} + 0.9 f_{yv} \frac{A_{sv}}{s} h_{b0} \right)$$ (2.54)

式中：b_b 和 h_{b0}——连梁截面的宽度和有效高度。

管道通过连梁预留洞口宜位于连梁中部，洞口的加强设计同框架的要求。当不能满足要求时，连梁与抗震墙的连接应按铰接考虑。

5. 抗震墙施工缝的受剪验算

抗震墙的施工，是分层浇筑混凝土的，因而层间留有水平施工缝。规范规定，按一级抗震等级设计的抗震墙，要防止水平施工缝处发生滑移。考虑了摩擦力的有利影响后，要验算通过水平施工缝的竖向钢筋是否足以抵抗水平剪力。已配置的端部和分布竖向钢筋不够时，可设置附加插筋，附加插筋在上、下层抗震墙中都要有足够的锚固长度。

一级抗震等级的剪力墙，其水平施工缝处的受剪承载力应符合下列规定：

当 N 为轴向压力时，

$$V_w \leqslant \frac{1}{\gamma_{RE}} (0.6 f_y A_s + 0.8 N)$$ (2.55)

当 N 为轴向拉力时，

$$V_w \leqslant \frac{1}{\gamma_{RE}} (0.6 f_y A_s - 0.8 N)$$ (2.56)

式中：V_w——水平施工缝处考虑地震作用组合的剪力设计值；

N——考虑地震作用组合的水平施工缝处的轴向力设计值；

A_s——抗震墙水平施工缝处全部竖向钢筋截面面积，包括竖向分布钢筋、附加竖向插筋以及边缘构件（不包括两侧翼墙）纵向钢筋的总截面面积；

f_y——竖向钢筋抗拉强度设计值。

2.4.2　抗震构造措施

1. 抗震墙的厚度及墙肢长度

抗震墙厚度的要求，主要是为了使墙体有足够的稳定性。试验研究表明，有约束边缘构件的矩形截面抗震墙与无约束边缘构件的矩形截面抗震墙相比，极限承载力约提高 40%，极限层间位移角约增加一倍，对地震能量的消耗能力增大 20% 左右，且有利于墙板的稳定。对一、二级抗震墙底部加强部位，当无端柱或翼墙时，墙厚需适当增加。

《建筑抗震设计规范》（GB 50011—2010）第 6.4.1 条对抗震墙的厚度规定为：一、

二级不应小于 160mm 且不宜小于层高或无支长度的 1/20，三、四级不应小于 140mm 且不宜小于层高或无支长度的 1/25。无端柱或翼墙时，一、二级不宜小于层高或无支长度的 1/16，三、四级不宜小于层高或无支长度的 1/20。

底部加强部位的墙厚，一、二级不应小于 200mm 且不宜小于层高或无支长度的 1/16，三、四级不应小于 160mm 且不宜小于层高或无支长度的 1/20；无端柱或翼墙时，一、二级不宜小于层高或无支长度的 1/12，三、四级不宜小于层高或无支长度的 1/16。

抗震墙的墙肢长度不大于墙厚的 3 倍时，应按柱的有关要求进行设计，矩形墙肢的厚度不大于 300mm 时，尚宜全高加密箍筋。

2. 抗震墙的分布钢筋

抗震墙分布钢筋的作用是多方面的：抗剪、抗弯、减少收缩裂缝等。试验研究还表明，分布筋过少，抗震墙会由于纵向钢筋拉断而破坏，需要给出抗震墙分布钢筋最小配筋率。另外，由于泵送混凝土组分中的粗骨料减少等，使得混凝土的收缩量增大，为了控制因温度和收缩等产生的裂缝，新的建筑抗震设计规范较"89 规范"在二、三、四级抗震墙的分布钢筋配筋率有所增加。具体规定为：

1）抗震墙钢筋布置要求

抗震墙厚度大于 140mm 时，竖向和横向分布钢筋应双排布置；双排分布钢筋间拉筋的间距不宜大于 600mm，直径不应小于 6mm；在底部加强部位，边缘构件以外的拉筋间距应适当加密。

2）抗震墙竖向、横向分布钢筋的配置

A. 一、二、三级抗震墙的竖向和横向分布钢筋最小配筋率均不应小于 0.25%，四级抗震墙不应小于 0.20%；钢筋间距不宜大于 300mm，直径不应小于 8mm。

B. 高度小于 24m 且剪压比很小的四级抗震墙，其竖向分布筋的最小配筋率应允许按 0.15% 采用。

C. 部分框支抗震墙结构的抗震墙底部加强部位，竖向及横向分布钢筋的最小配筋率均不应小于 0.3%，钢筋间距不宜大于 200mm。

D. 抗震墙竖向、横向分布钢筋的直径不宜大于墙厚的 1/10，且不应小于 8mm；竖向钢筋直径不宜小于 10mm。

3. 抗震墙的轴压比限值

随着建筑结构高度的增加，抗震墙底部加强部位的轴压比也随之增加，统计表明，实际工程中抗震墙在重力荷载代表值作用下的轴压比已超过 0.6。

影响压弯构件的延性或屈服后变形能力的因素有：截面尺寸、混凝土强度等级、纵向配筋、轴压比、箍筋量等，其主要因素是轴压比和配箍特征值。抗震墙的墙肢试验研究也表明，轴压比超过一定值，很难成为延性抗震墙。

《建筑抗震设计规范》规定的轴压比限值适用于各种结构类型抗震墙的墙肢。9 度一级墙最严，限值为 0.4；7、8 度一级墙次之，限值为 0.5；二、三级墙的限值为 0.6。当抗震墙的墙肢长度小于墙厚的 3 倍时，在重力荷载代表值作用下的轴压比，一、二级限值仍按上述要求，三级限值为 0.6，且均应按柱的要求进行设计。

4. 连梁

连梁是对抗震墙结构抗震性能影响比较大的构件，一般连梁的跨高比小，容易出现剪切斜裂缝。为了防止斜裂缝出现后的脆性破坏，除了减少其名义剪应力、并加大其箍筋配置外，可设水平缝形式多连梁。顶层连梁的纵向钢筋伸入墙的锚固长度范围内应设置箍筋，其箍筋间距可采用 150mm，箍筋直径应与连梁的箍筋直径相同。

5. 抗震墙的边缘构件（略）

2.4.3　截面抗震验算实例

试对图 2.6 底层墙肢 2 及一层连梁进行截面抗震验算。

墙肢截面验算（式（2.46））：墙肢尺寸 200mm × 1200mm，取截面有效高度为 1000mm。

$$\gamma_{Eh}\eta_w V_2 = 1.3 \times 1.2 \times 87.72 = 136.8\text{kN}$$

$$\frac{1}{\gamma_{RE}}(0.20\beta_c f_c b_w h_{w0}) = \frac{1}{0.85}(0.20 \times 1 \times 14.3 \times 200 \times 1000) = 672.9\text{kN}$$

故满足式（2.46），即该墙肢截面满足要求。

1. 斜截面受剪承载力验算

墙肢 2 分担的重力荷载：$N_{2G} = q \cdot A_2 = 2950 \times 0.24 = 708\text{kN}$

考虑水平地震作用在墙肢 2 中所产生的轴力，墙肢 2 最小压力：

$$N = N_{2G} - \gamma_{Eh}N_2 = 708 - 1.3 \times 261.6 = 367.9\text{kN}$$

$$N < 0.2 f_c b_w h_w = 0.2 \times 14.3 \times 200 \times 1200 = 686.4\text{kN}$$

按照式（2.48）进行斜截面受剪承载力验算：

$$\gamma_{Eh}\eta_w V_2 = 1.3 \times 1.2 \times 87.72 = 136.8\text{kN}$$

$$\lambda = \frac{\gamma_{Eh}M_2}{\gamma_{Eh}\eta_w V_2 h_{w0}} = \frac{1.3 \times 34.74}{136.8 \times 1} = 0.33 < 1.5, \text{取} \lambda = 1.5$$

假设纵横向分布钢筋均为 $\Phi 8@200\text{mm}$。

$$\frac{1}{\gamma_{RE}}\left[\frac{1}{\lambda - 0.5}(0.4 f_t b_w h_{w0} + 0.1N\frac{A_w}{A}) + 0.8 f_{yh}\frac{A_{sh}}{s}h_{w0}\right]$$

$$= \frac{1}{0.85}\left[\frac{1}{1.5 - 0.5}(0.4 \times 1.43 \times 200 \times 1000 + 0.1 \times 367.9 \times 10^3 \times 1) + 0.8 \times 360 \times \frac{2 \times 50.3}{200} \times 1000\right]$$

$$= 348.3\text{kN}$$

故满足式（2.48），即该墙肢斜截面受剪承载力满足要求。

2. 正截面偏心受压承载力验算

由于墙肢 2 纵横向分布钢筋均为 $\Phi 8@200\text{mm}$，则

$$A_{sw} = 2 \times 50.3 \times 6 = 603.6\text{mm}^2$$

设剪力墙纵向受力钢筋等级为 HRB400，则 $\xi_b = 0.55$

计算受压区高度：

$$x = \frac{(\gamma_{RE}N + A_{sw}f_{yw})h_{w0}}{f_c b_w h_{w0} + 1.5 A_{sw}f_{yw}} = \frac{(0.85 \times 367.9 \times 10^3 + 603.6 \times 360) \times 1000}{14.3 \times 200 \times 1000 + 1.5 \times 606.3 \times 360}$$

$$= 166.3mm < \xi_b h_{w0} = 0.518 \times 1000 = 518mm$$

故该墙肢截面属于大偏心构件。

$$M_{sw} = \frac{1}{2}(h_{w0} - 1.5x)^2 \frac{A_{sw}f_{yw}}{h_{w0}} = \frac{1}{2}(1000 - 1.5 \times 166.3)^2 \times \frac{603.6 \times 360}{1000}$$

$$= 61.20 \times 10^6 kN \cdot m$$

$$M_c = \alpha_1 f_c b_w x\left(h_{w0} - \frac{x}{2}\right) = 1.0 \times 14.3 \times 200 \times 166.3 \times (1000 - 0.5 \times 166.3)$$

$$= 436.1 \times 10^6 kN \cdot m$$

$$A_s = A_s' = \frac{\gamma_{RE}\left[M_2 + N\left(h_{w0} - \frac{h_w}{2}\right)\right] + M_{sw} - M_c}{f_y(h_{w0} - a_s')}$$

$$= \frac{0.85 \times \left[34.74 \times 10^6 + 348.3 \times 10^3 \times \left(1000 - \frac{1200}{2}\right)\right] + 61.20 \times 10^6 - 436.1 \times 10^6}{360 \times (1000 - 200)} < 0$$

故该墙肢仅需要按照构造配筋即可：

$$A_s = A_s' = 0.0025A_c = 0.0025 \times 200 \times 400 = 200mm^2$$

但钢筋间距不宜大于 300mm，直径不应小于 8mm。

因此，配筋 6Φ8，面积为 301.2mm^2。

3. 连梁承载力验算

连梁截面验算：

$$\frac{l_b}{h_b} = \frac{1.2}{1.8} = 0.67 < 2.5$$

故连梁应满足 $\gamma_{Eh}\eta_w V_b \leq \frac{1}{\gamma_{RE}}(0.15\beta_c f_c b_w h_{w0})$

$$\gamma_{Eh}\eta_w V_b = 1.3 \times 1.1 \times 38 = 54.34kN$$

$$\frac{1}{\gamma_{RE}}(0.15\beta_c f_c b_w h_{b0}) = \frac{1}{0.85}(0.15 \times 1 \times 14.3 \times 200 \times 1600) = 807.5kN$$

所以连梁截面满足要求。

斜截面受剪承载力验算（式（2.54））：

$$\gamma_{Eh}\eta_w V_b \leq \frac{1}{\gamma_{RE}}\left(0.38f_t b_b h_{b0} + 0.9f_{yv}\frac{A_{sv}}{s}h_{b0}\right)$$

连梁箍筋按照《高层建筑混凝土结构技术规程》的规定，采用Φ8@150mm。

$$\frac{1}{\gamma_{RE}}\left(0.38f_t b_b h_{b0} + 0.9f_{yv}\frac{A_{sv}}{s}h_{b0}\right)$$

$$= \frac{1}{0.85}\left(0.38 \times 1.43 \times 200 \times 1600 + 0.9 \times 360 \times \frac{2 \times 50.3}{150} \times 1600\right) = 613.6kN$$

所以连梁斜截面受剪承载力验算通过。

连梁正截面验算：

连梁弯矩：

$$M_b = V_b \cdot \frac{l_b}{2} = 54.34 \times 0.5 \times 1.2 = 32.6 \text{kN} \cdot \text{m}$$

由于连梁弯矩较小，可按构造要求进行配筋

$$\rho_{min} = \max(0.25, 55 f_t / f_y)\% = 0.26\%$$

所以连梁最小配筋面积为 $\rho_{min} \cdot A = 0.26\% \times 200 \times 1600 = 832 \text{mm}^2$

故可配置上下各两根 $\Phi 18$ 的钢筋。

参 考 文 献

［1］ 中华人民共和国国家标准. 建筑结构荷载规范（GB 50009—2012）［S］. 北京：中国建筑工业出版社. 2012.

［2］ 中华人民共和国国家标准. 建筑抗震设计规范（GB 50011—2010）［S］. 北京：中国建筑工业出版社. 2010.

［3］ 中华人民共和国行业标准. 高层建筑混凝土结构技术规程（JGJ 3—2010）［S］. 北京：中国建筑工业出版社. 2011.

［4］ 史庆轩、梁兴文. 高层建筑结构设计［M］. 北京：科学出版社. 2013.

第3章　砌体结构抗震设计实例

在历次地震中，砌体结构房屋的破坏占有较大比例。结合砌体结构的特点可知，砌体结构的抗震设计需要考虑水平地震作用。

3.1　多层砌体结构房屋结构特点与抗震概念设计

3.1.1　结构特点

从结构的承重方案角度，按荷载传递路线的不同，砌体结构房屋可以概括为四种不同的类型：纵墙承重方案、横墙承重方案、纵横墙承重方案和内框架承重方案。

1. 纵墙承重方案

对于要求有较大空间的房屋或隔墙位置经常变化的房屋，通常无内横墙或横墙间距很大，因而由纵墙直接承受楼面、屋面荷载的结构布置方案即为纵墙承重方案。如图 3.1 所示，其荷载传递路线为：屋（楼）盖荷载→纵墙→基础→地基。

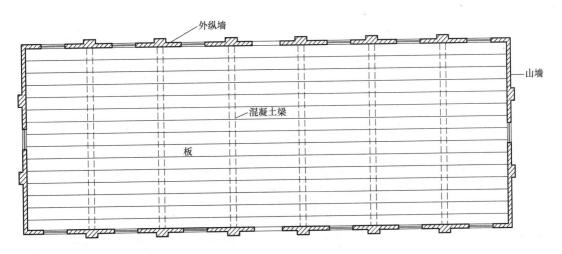

图 3.1　纵墙承重方案房屋

纵墙承重方案的特点是：①纵墙是主要的承重墙，因此横墙的间距可以很大，这种承重方案的房屋空间可以很大，有利于结构灵活布置。②由于纵墙承受的荷载较大，所以设在纵墙上的洞口的大小和位置受到限制。③由于横墙布置较少，房屋的横向刚度较小，整体性较差，在地震区应用受到一定限制。

2. 横墙承重方案

当房屋开间较小，横墙间距较小，主要由横墙承受屋（楼）面荷载的结构布置方案称为横墙承重方案。这种房屋较为规则，一般为宿舍、办公楼等。如图3.2为某宿舍的结构布置，其荷载传递路线为：屋（楼）盖荷载→横墙→基础→地基。

横墙承重方案的特点是：①结构主要由横墙承重，纵墙相对次要，因此设在纵墙上的门窗洞口大小和位置限制较少。②由于横墙的数量多、间距小，再加上圈梁、构造柱、纵墙等拉结，房屋的空间刚度大、整体性好，抗震性能优于纵墙承重方案。③横墙承重方案所用墙体材料较多。

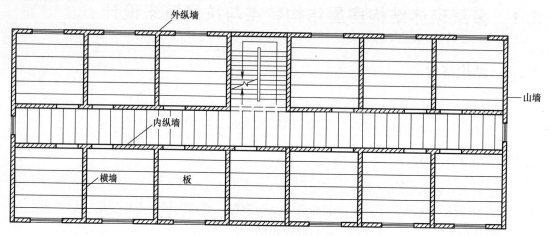

图3.2 横墙承重方案房屋

3. 纵横墙承重方案

当建筑物要求房间的大小变化较多，同时要求结构的抗震性能较好，可将二者结合，采用纵横墙承重方案。如图3.3所示，其荷载传递路线为：

$$屋（楼）面板→\begin{array}{c}梁→纵墙\\横墙或纵墙\end{array}→基础→地基$$

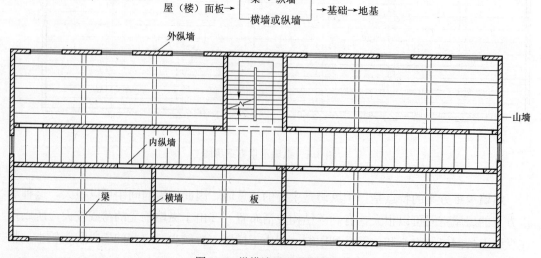

图3.3 纵横墙承重方案房屋

4. 内框架承重方案

对于工业厂房的车间和底层为商店上部为住宅的建筑，可采用外墙与内柱同时承重的方案。如图 3.4 所示为某工业厂房的平面布置，其荷载传递路线为：

$$\text{屋（楼）面板} \rightarrow \left[\begin{matrix} \text{外纵墙} \rightarrow \text{外纵墙基础} \\ \text{柱} \rightarrow \text{柱基础} \end{matrix}\right] \rightarrow \text{基础} \rightarrow \text{地基}$$

内框架承重方案的特点是：①墙和柱都是主要承重构件，因此取消了承重内墙，由柱代替，故在使用上可以取得较大的室内空间而不增加梁的跨度。②由于砖墙和混凝土柱的压缩性不同，容易产生不均匀沉降。③由于横墙较少，房屋的刚度较差，因而抗震性较差。

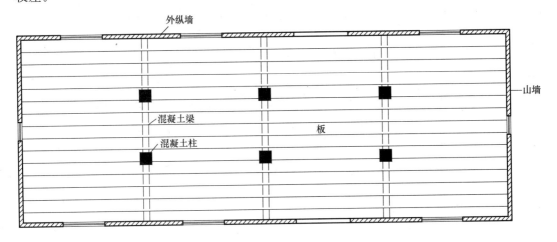

图 3.4 内框架承重方案房屋

对于有抗震设防的房屋，一般采用纵横墙承重方案。因此下面结合纵横墙承重方案房屋，介绍多层砌体房屋的结构特点：

① 从材料角度，砌体结构所用的砌块和砂浆均为脆性材料，有一定的抗压性能，抗拉性能却很低，因此砌体结构的抗拉、抗剪、抗弯能力均不是很高。墙体的拉力、剪力、弯矩主要是由地震作用引起的，因此抗震设计是砌体结构设计的重要问题。抗震设计也决定了砌体结构房屋的高度与墙体布置。

② 砌体结构房屋的自重较大，地基易发生不均匀沉降，而房屋基础通常采用的墙下条形基础和柱下独立基础，对沉降的调节能力有限，因此墙体常常容易因地基的不均匀沉降而开裂。

③ 砌体结构通常采用钢筋混凝土楼、屋盖，由于混凝土材料与砌体材料的热胀系数存在差异，会在墙体中产生较大的温度应力，也会常常造成墙体开裂。

3.1.2 抗震概念设计

结构设计的同时注意结构的抗震性能，进行有效的概念设计，能有效减少结构的地震作用并提高房屋的抗震承载力，因此抗震概念设计对砌体结构尤其重要。结构抗震设计按三水准、两阶段进行设计：第一阶段，对绝大多数结构进行多遇地震作用下的结构和构件承载力验算和结构弹性变形验算，对各类结构按规范规定采取抗震措施；第二阶段，一些规范规定的结构需要进行罕遇地震下的弹性变形验算。对于砌体结构，只需进行第一阶段验算，在第二阶段，在罕遇地震作用下，按规范进行抗震构造措施。

下面从建筑体型、结构布置、楼盖设计、构造柱以及圈梁等方面具体叙述结构的抗震设计原则：

1. 建筑体型和结构布置

房屋平面和立面布置要尽量规则，减少平面凹凸曲折和立面上的高低错落，这样可以减少应力集中与由刚度中心和质量中心不重合引起的扭转效应。房屋纵横墙的布置应均匀对称，房屋抗震横墙的间距要满足抗震规范的规定，如表 3.1 所示。结合砌体结构房屋的特点，房屋的高度要根据抗震等级满足规范要求。随着房屋高宽比的增大，地震作用效应将增大，由整体弯曲在墙体中产生的附加应力也将增大，因此要根据规范要求限制高宽比，如表 3.2 所示。

房屋抗震横墙的间距　　　　　　　表 3.1

房屋类别		烈度			
		6	7	8	9
多层砌体房屋	现浇或装配式钢筋混凝土楼、屋盖 装配式钢筋混凝土楼、屋盖木屋盖	15 11 9	15 11 9	11 9 4	7 4 —
底部框架-抗震墙砌体房屋	上部各层	同多层砌体房屋			—
	底层或底部两层	18	15	11	—

房屋最大高宽比　　　　　　　表 3.2

烈度	6	7	8	9
最大高宽比	2.5	2.5	2.0	1.5

另外，由于砌体结构房屋中墙体为主要承重构件，因此墙体的局部尺寸要满足规范的要求，如表 3.3 所示。

房屋的局部尺寸限值（m）　　　　　表 3.3

部　位	6 度	7 度	8 度	9 度
承重窗间墙最小宽度	1.0	1.0	1.2	1.5
承重墙尽端至门窗洞边的最小距离	1.0	1.0	1.2	1.5
非承重外墙尽端至门窗洞边最小距离	1.0	1.0	1.0	1.0
内墙阳角至门窗洞边最小距离	1.0	1.0	1.5	2.0
无锚固女儿墙（非出入口处）的最大高度	0.5	0.5	0.5	0.0

2. 楼盖

地震作用集中于楼盖处，并通过楼盖分配给各墙体，因此楼盖在水平方向应有足够的承载力和刚度。楼盖的开洞不能太大，对于横墙较少、跨度较大的房屋宜采用现浇钢筋混凝土楼盖。

3. 构造柱

构造柱可以在很大程度上提高墙体的整体性与抗震能力，近年来的试验研究表明，在砖砌体交接处设置钢筋混凝土构造柱后，墙体的刚度增大不多，而抗剪能力可大大提高，延性可提高3～4倍。

构造柱的设置位置、间距、截面尺寸应满足《建筑抗震设计规范》的要求，如表3.4所示。

多层砖砌体房屋构造柱设置要求　　　　　　　　　表3.4

房屋层数				设置部位	
6度	7度	8度	9度		
四、五	三、四	二、三		楼、电梯间四角，楼梯斜梯段上下端对应的墙体处；	隔12m或单元横墙与外纵墙交接处；楼梯间对应的另一侧内横墙与外纵墙交接处
六	五	四	二	外墙四角和对应转角错层部位横墙与外纵墙交接处；	隔开间横墙与外墙交接处；山墙与内纵墙交接处
七	≥六	≥五	≥三	大房间内外墙交接处；较大洞口两侧	内墙(轴线)与外墙交接处；内墙的局部较小墙垛处；内纵墙与横墙(轴线)交接处

4. 圈梁

圈梁可加强墙体间以及墙体与楼盖间的连接，在水平方向将装配式楼屋盖连成整体，因而增强了房屋的整体性和空间刚度。

多层砖砌体房屋、多层混凝土砌块房屋以及底部框架-抗震墙房屋的圈梁均应按《建筑抗震设计规范》的要求设置，如表3.5所示。

多层砖砌体房屋钢筋混凝土圈梁设置要求　　　　　　表3.5

墙　类	烈　　度		
	6、7	8	9
外墙和内纵墙	屋盖处及每层楼盖处	屋盖处及每层楼盖处	屋盖处及每层楼盖处
内横墙	同上；屋盖处间距不应大于4.5m；楼盖处间距不应大于7.2m；构造柱对应部位	同上；各层所有横墙且间距不应大于4.5m；构造柱对应部位	同上；各层所有横墙

3.2　工程概况

某五层办公楼，平面如图3.5所示，立面如图3.6所示。该房屋为纵横墙承重体系。开间3.6m，一至五层层高3.3m，进深5.7m，走道宽2.1m。楼盖及屋盖采用现浇钢筋混凝土板，厚100mm，梁截面为200mm×450mm，一层墙墙厚为370mm，二层到五层墙厚240mm，墙体为双面抹灰。墙体材料为MU15普通烧结砖，一层用M7.5水泥砂浆，二到五层用 M7.5 混合砂浆。采用钢门窗,重为 0.3kN/m^2。抗震设防烈度为 7 度 (0.1g),场地土类别Ⅱ类,设计地震分组为Ⅰ组。施工质量控制等级为 B 级,安全等级为二级。

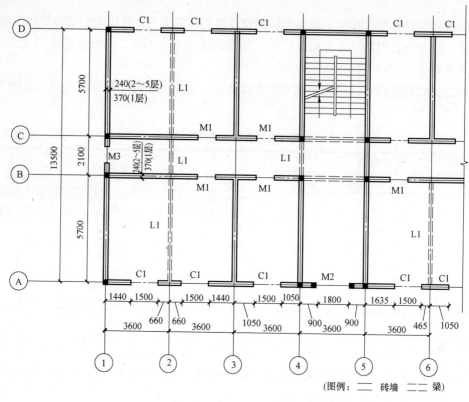

图 3.5 办公楼平面图

图 3.6 办公楼立面图

3.3 设计思路、设计依据和计算基本假定

设计思路:分三个阶段进行设计,方案设计阶段,初步设计阶段,施工图设计阶段。

① 方案设计阶段：根据建筑功能要求，进行结构概念设计，进行结构布置，并初估截面尺寸。

② 初步设计阶段：进行荷载计算，根据结构模型，计算结构内力，并计算结构承载力，进行验算，并适当的修改结构布置和截面尺寸。

③ 施工图设计阶段：根据初步设计阶段的结果，并根据规范进行构造设计，画结构施工图。

设计依据：《建筑结构荷载规范》(GB 50009—2012)《建筑抗震设计规范》(GB 50011—2010)《砌体结构设计规范》(GB 50003—2011)

计算基本假定：①该砌体房屋沿高度的重量和刚度分布比较均匀，因此结构水平地震作用采用底部剪力法计算。②刚性楼盖假定：由于该砌体房屋采用整体式钢筋混凝土屋盖，且横墙间距 $s<32\mathrm{m}$，故采用刚性楼盖假定。

3.4 水平地震作用和层间剪力计算

3.4.1 重力荷载计算

（1）屋面

恒荷载：防水层＋找平层＋保温层　　　　2.1kN/m²

100 厚钢筋混凝土板　　　　$25\times0.1=2.5\mathrm{kN/m^2}$

总计：4.6kN/m²

活荷载：0.5kN/m²

（2）楼面

恒荷载：铺地砖楼面　　　　1.7kN/m²

100 厚钢筋混凝土板　　　　$25\times0.1=2.5\mathrm{kN/m^2}$

总计：4.2kN/m²

活荷载：2.0kN/m²

（3）墙体

370 厚墙：$19\times0.37=7.03\mathrm{kN/m^2}$

双面抹灰：$20\times0.03=0.6\mathrm{kN/m^2}$

总计：7.63kN/m²

240 厚墙：$19\times0.24=4.56\mathrm{kN/m^2}$

双面抹灰：$20\times0.03=0.6\mathrm{kN/m^2}$

总计：5.16kN/m²

3.4.2　重力荷载代表值计算

屋面荷载：屋面活荷载组合值系数取为 0.5，则屋面均布荷载为：$4.6+0.5 \times 0.5 = 4.85 \text{kN/m}^2$；屋面总荷载为：$(39.6+0.24) \times (13.5+0.24) \times 4.85 = 2655 \text{kN}$

楼面荷载：楼面活荷载组合值系数取为 0.5，则楼面均布荷载为：$4.2+0.5 \times 2.0 = 5.2 \text{kN/m}^2$；楼面总荷载为：$(39.6+0.24) \times (13.5+0.24) \times 5.2 = 2846 \text{kN}$

1 层山墙重：山墙高度，从基础顶面至一层楼板中心，为：$3.3+0.6-0.05 = 3.85 \text{m}$，则有：$[(13.5-0.5) \times 3.85-1.2 \times 2.4] \times 7.63 \times 2+1.2 \times 2.4 \times 0.3 \times 2 = 722 \text{kN}$

1 层横墙重：

$$(5.7-0.5) \times 3.85 \times 7.63 \times 14 = 2139 \text{kN}$$

1 层外纵墙重：

$[(39.6+0.24) \times 3.85-9 \times 1.5 \times 2-2 \times 1.8 \times 2.4] \times 7.63+(9 \times 1.5 \times 2+2 \times 1.8 \times 2.4) \times 0.3+[(39.6+0.24) \times 3.85-11 \times 1.5 \times 2] \times 7.63+(11 \times 1.5 \times 2) \times 0.3 = 1794 \text{kN}$

1 层内纵墙重：

$[(39.6-0.5) \times 3.85-6 \times 1 \times 2.4-2 \times 3.23 \times 3.85] \times 7.63+(6 \times 1 \times 2.4) \times 0.3+$
$[(39.6-0.5) \times 3.85-7 \times 1 \times 2.4-2 \times 3.23 \times 3.85] \times 7.63+(7 \times 1 \times 2.4) \times 0.3 = 1689 \text{kN}$

2～5 层山墙重：

$$[(13.5-0.24) \times 3.3-1.2 \times 2] \times 5.16 \times 2+1.2 \times 2 \times 0.3 \times 2 = 428 \text{kN}$$

2～5 层横墙重：

$$(5.7-0.24) \times 3.85 \times 5.16 \times 14 = 1519 \text{kN}$$

2～5 层外纵墙重：

$$[(39.6+0.24) \times 3.3-11 \times 1.5 \times 2] \times 5.16 \times 2+(11 \times 1.5 \times 2) \times 0.3 \times 2 = 1036 \text{kN}$$

2～5 层内纵墙重：

$[(39.6-0.24) \times 3.3-8 \times 1 \times 2.4] \times 5.16+(8 \times 1 \times 2.4) \times 0.3+$
$[(39.6-0.24) \times 3.3-7 \times 1 \times 2.4-2 \times 3.23 \times 3.85] \times 5.16+(7 \times 1 \times 2.4) \times 0.3 = 1054 \text{kN}$

重力荷载代表值取楼屋盖重力荷载代表值加相邻上、下层墙体重力荷载代表值的一半，则

$$G_5 = 2655+0.5 \times (428+1519+1036+1054) = 4674 \text{kN}$$
$$G_4 = G_3 = G_2 = 2846+(428+1519+1036+1054) = 6883 \text{kN}$$
$$G_1 = 2846+0.5 \times 4037+(722+2139+1794+1689) = 8037 \text{kN}$$

总重力荷载代表值为：

$$G = \sum_{i=1}^{5} G_i = 4674+3 \times 6883+8037 = 33360 \text{kN}$$

3.4.3　水平地震作用与层间剪力计算

等效重力荷载代表值为：

$$G_{eq}=0.85G=0.85\times33360=28356\text{kN}$$

总水平地震剪力为 $F_{Ek}=\alpha_{max}G_{eq}$，按规范 α_{max} 取 0.08 则

$$F_{Ek}=0.08\times28356=2269\text{kN}$$

各层水平地震作用力沿高度分布为（图 3.7）：

$$F_1=\frac{G_1H_1}{\sum\limits_{j=1}^{5}G_jH_j}F_{Ek}=\frac{8037\times3.9\times2269}{8037\times3.9+6883\times7.2+6883\times10.5+6883\times13.8+4674\times17.1}$$

$$=\frac{31344\times2269}{328084}=217\text{kN}$$

$$F_2=\frac{6883\times7.2\times2269}{328084}=343\text{kN}$$

$$F_3=\frac{6883\times10.5\times2269}{328084}=500\text{kN}$$

$$F_4=\frac{6883\times13.8\times2269}{328084}=656\text{kN}$$

$$F_5=\frac{4674\times17.1\times2269}{328084}=553\text{kN}$$

各层水平层间剪力为（图 3.8）：

$$V_1=F_1+F_2+F_3+F_4+F_5=2269\text{kN}$$

$$V_2=F_2+F_3+F_4+F_5=2052\text{kN}$$

$$V_3=F_3+F_4+F_5=1710\text{kN}$$

$$V_4=F_4+F_5=1210\text{kN}$$

$$V_5=F_5=553\text{kN}$$

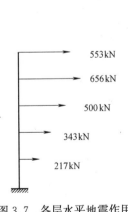

图 3.7 各层水平地震作用

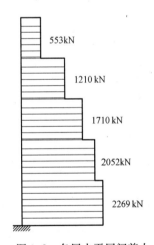

图 3.8 各层水平层间剪力

3.5 楼层水平剪力在各抗侧力墙体间的分配

《建筑抗震设计规范》规定，现浇和装配整体式混凝土楼、屋盖等刚性楼、屋盖，宜

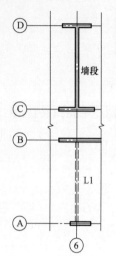

图 3.9　6 轴线墙体

按抗侧力构件等效刚度的比例分配。本例属于现浇混凝土刚性楼盖，因此按各墙体等效刚度进行抗侧力的分配，本例中横向各墙体的高宽比均不大于 1，故等效刚度只计及剪切刚度，而剪切刚度与各墙段的截面面积成正比，因此，本例中横墙抗侧力按截面面积进行分配。纵墙高宽比接近 1，也按截面面积进行剪力分配。

3.5.1　横向墙体抗侧力分配

一层墙体厚 370mm，二层墙体厚 240mm。本例取二层墙体为例，取 6 轴线横墙进行计算，如图 3.9 所示。

二层全部横向抗侧力墙体截面面积为：
$$A_2=(13.5+0.24-1.2)\times0.24\times2$$
$$+(5.7+0.24)\times0.24\times14=26m^2$$

轴线 6 横墙截面面积为：
$$A_{26}=(5.7+0.24)\times0.24=1.4m^2$$

《建筑抗震设计规范》5.4.1 条规定，仅计算水平地震作用时，水平地震作用分项系数取为 1.3；当风荷载不起控制作用时，风荷载组合值系数取 0，因此轴线 6 横墙剪力设计值为：

$$V_{26}=\frac{1.4}{26}\times2052\times1.3=146kN$$

3.5.2　纵向墙体抗侧力分配

选取 C 轴线墙体，如图 3.10 所示。

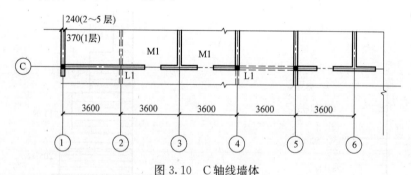

图 3.10　C 轴线墙体

二层全部纵向抗侧力墙体截面面积为：
$$A_2=(39.6+0.24-11\times1.5)\times0.24\times2+$$
$$[(39.6+0.24)\times2-15\times1-2\times(3.6-0.24)]\times0.24=25m^2$$

轴线 C 纵墙截面面积为：
$$A_{2C}=(39.6+0.24-7\times1-3.36\times2)\times0.24=6.3m^2$$

《建筑抗震设计规范》5.4.1 条规定，仅计算水平地震作用时，水平地震作用分项系数取为 1.3；当风荷载不起控制作用时，风荷载组合值系数取 0，因此轴线 C 纵墙剪力设计值为：

$$V_{2C} = \frac{6.3}{25} \times 2052 \times 1.3 = 666\text{kN}$$

3.6 墙体截面抗剪承载力计算

3.6.1 轴线6横墙抗剪承载力计算

每米所承担的竖向荷载为：

$$N = 4.85 \times 3.6 + 5.2 \times 3.6 \times 3 + 5.16 \times 3.3 \times 3.5 = 133\text{kN}$$

由于计算地震作用时将各层墙体均分到上下楼盖，因此此处计算竖向荷载时取二层墙体的一半。

轴线6横墙截面的平均压应力为：

$$\sigma_0 = \frac{133000}{240 \times 1000} = 0.55\text{N/mm}^2$$

采用 M7.5 级砂浆，$f_v = 0.14\text{N/mm}^2$，$\sigma_0/f_v = 0.55/0.14 = 3.9$，查《建筑抗震设计规范》（GB 50011—2010）表 7.2.6（砌体强度的正应力影响系数 ξ_N），得 $\xi_N = 1.36$

得：$f_{vE} = \xi_N f_v = 1.36 \times 0.14 = 0.19\text{N/mm}^2$

$\gamma_{RE} = 1.0$

$A = A_{26} = 1.4\text{m}^2$

抗剪承载力为：$\dfrac{f_{vE}A}{\gamma_{RE}} = \dfrac{0.19 \times 1.4 \times 10^6}{1.0} = 266000\text{N} = 266\text{kN} > 146\text{kN}$

满足要求。

3.6.2 轴线C纵墙抗剪承载力计算

纵墙所承担的竖向荷载为：

$N = (39.84 \times 3.3 - 7 \times 1 \times 2.4 - 3.36 \times 3.3 \times 2) \times 5.16 \times 3.5 + 7 \times 1 \times 2.4 \times 0.3 \times 3.5 +$

$3.6 \times 5.7 \times 4.85 \times 0.25 \times 11 + 3.6 \times 5.7 \times 5.16 \times 0.25 \times 11 \times 3 +$

$39.84 \times 2.1 \times 0.5 \times (4.85 + 5.16 \times 3) = 3686\text{kN}$

轴线C纵墙截面的平均压应力为：

$$\sigma_0 = \frac{3868000}{(39.84 - 7 \times 1 - 3.36 \times 2) \times 0.24 \times 10^6} = 0.62\text{N/mm}^2$$

采用 M7.5 级砂浆，$f_v = 0.14\text{N/mm}^2$，$\sigma_0/f_v = 0.62/0.14 = 4.4$，同理查得 $\xi_N = 1.41$

得：$f_{vE} = \xi_N f_v = 1.41 \times 0.14 = 0.2\text{N/mm}^2$

$\gamma_{RE} = 1.0$

$A = A_{2C} = 6.3\text{m}^2$

抗剪承载力为：$\dfrac{f_{vE}A}{\gamma_{RE}} = \dfrac{0.2 \times 6.3 \times 10^6}{1.0} = 1260000\text{N} = 1260\text{kN} > 666\text{kN}$

满足要求。

对于有构造柱的墙体，《砌体结构设计规范》规定：墙段中部基本均匀的设置构造柱，且构造柱的截面不小于 240mm×240mm（当墙厚 190mm 时，亦可采用 240mm×190mm），构造柱间距不大于 4m 时，可计及墙段中部构造柱对墙体受剪承载力的提高作用，并按下式进行验算：

$$V \leqslant \frac{1}{\gamma_{RE}} \left[\eta_c f_{vE}(A-A_c) + \xi_c f_t A_c + 0.08 f_{yc} A_{sc} + \xi_s f_{yh} A_{sh} \right] \tag{3.1}$$

式中：A_c——中部构造柱的横截面面积（对横墙和内纵墙，$A_c > 0.15A$ 时，取 $0.15A$；对外纵墙，$A_c > 0.25A$ 时，取 $0.25A$）；

f_t——中部构造柱的混凝土轴心抗拉强度设计值；

A_{sc}——中部构造柱的纵向钢筋截面总面积，配筋率不应小于 0.6%，大于 1.4% 时取 1.4%；

f_{yh}、f_{yc}——分别为墙体水平钢筋、构造柱纵向钢筋的抗拉强度设计值；

ξ_c——中部构造柱参与工作系数，居中设一根时取 0.5，多于一根时取 0.4；

η_c——墙体约束修正系数，一般情况取 1.0，构造柱间距不大于 3.0m 时取 1.1；

A_{sh}——层间墙体竖向截面的总水平纵向钢筋面积，其配筋率不应小于 0.07% 且不大于 0.17%，水平纵向钢筋配筋率小于 0.07% 时取 0。

3.7　房屋抗震构造措施

3.7.1　构造柱的布置

《建筑抗震设计规范》规定，构造柱最小截面可采用 180mm×240mm，纵向钢筋宜采用 4φ12，箍筋间距不宜大于 250mm，且在柱上下端应适当加密；6、7 度时超过六层、8 度时超过五层和 9 度时，构造柱纵向钢筋宜采用 4φ14，箍筋间距不应大于 200mm；房屋四角的构造柱应适当加大截面及配筋。

本例构造柱布置如图 3.11 所示。构造柱的尺寸：一层 370mm×370mm，二到五层 240mm×240mm，纵向钢筋采用 4φ14，箍筋间距 100mm。

本例基础采用墙下钢筋混凝土条形基础，构造柱不另设基础，构造柱内的钢筋伸入条形基础内。

构造柱与墙连接处应砌成马牙槎，沿墙高每隔 500mm 设 2φ6 水平钢筋和 φ4 分布短筋平面内点焊组成的拉结网片或 φ4 点焊钢筋网片，每边介入墙内不宜小于 1m。6、7 度时底部 1/3 楼层、8 度时底部 1/2 楼层、9 度时全部楼层，上述拉结钢筋网片应沿墙体水平通长设置。拉结筋具体构造按《建筑物抗震构造详图》砌体部分设置，拉结筋水平布置如图 3.12 所示。

3.7.2　圈梁布置

《建筑抗震设计规范》规定：①圈梁应闭合，遇有洞口时圈梁应上下搭接。圈梁宜与预制板设在同一标高处或紧靠板底；②圈梁的截面高度不应小于 120mm，配筋应符合表 3.6 要求。

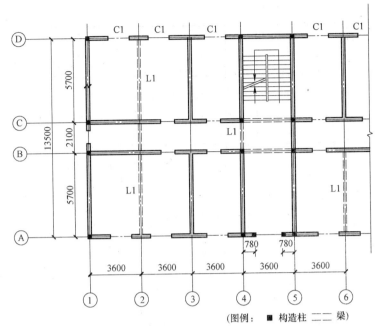

图 3.11 办公楼构造柱布置

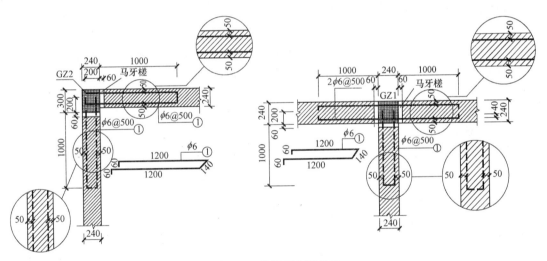

图 3.12 拉结筋水平布置

多层砌体房屋现浇钢筋混凝土圈梁配筋要求　　　　　　　表 3.6

配　筋	烈　度		
	6、7	8	9
最小纵筋	$4\phi10$	$4\phi12$	$4\phi14$
箍筋最大间距(mm)	250	200	150

现浇或装配整体式钢筋混凝土楼、屋盖与墙体有可靠连接的房屋,应允许不另设圈梁,但楼板沿抗震墙体周边均应加强配筋与相应构造柱钢筋的连接,以确保连接可靠。

本例中,沿各层设置圈梁,圈梁尺寸为 240mm×200mm。布置如图 3.13 所示。

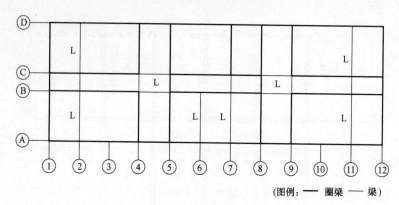

(图例：—— 圈梁　—— 梁)

图 3.13　房屋圈梁布置

参 考 文 献

［1］　中华人民共和国国家标准. 砌体结构设计规范 GB 50003—2011［S］. 北京：中国建筑工业出版
　　　社. 2012.

［2］　中华人民共和国国家标准. 建筑结构荷载规范 GB 50009—2012［S］. 北京：中国建筑工业出版
　　　社. 2012.

［3］　中华人民共和国国家标准. 建筑抗震设计规范 GB 50011—2010［S］. 北京：中国建筑工业出版
　　　社. 2010.

［4］　丁大钧主编，丁大钧，金芷生，蓝宗建. 简明砖石结构［M］. 上海：上海科学技术出版社. 1981.

［5］　蓝宗建主编. 砌体结构［M］. 北京：中国建筑工业出版社. 2013.

第4章 多层钢框架结构房屋抗震设计实例

4.1 多层钢框架结构房屋特点与抗震设计概念

我国《民用建筑设计通则》（GB 50352—2005）将住宅建筑依层数划分：一层至三层为低层住宅，四层至六层为多层住宅，七层至九层为中高层住宅，十层及十层以上为高层住宅。除住宅建筑之外的民用建筑高度不大于 24m 者为单层建筑和多层建筑，大于 24m 者为高层建筑（不包括建筑高度大于 24m 的单层公共建筑）；建筑高度大于 100m 的民用建筑为超高层建筑。

框架结构是由梁与柱组成，沿纵横向方向均采用框架承担水平荷载和竖向荷载的结构体系。这类结构的抗侧力能力主要取决于梁柱构件和节点的强度与延性，故节点常采用刚性连接节点。框架结构的优点是杆件类型少，构造简单，易于标准化，施工周期短，建筑平面布置灵活，可以提供较大的使用空间，而且框架体系各部分刚度分布均匀，有较大的延性，自振周期较长，抗震性能好。但框架体系各部分刚度比较小，侧向刚度位移大，因此限制了框架结构的建造高度。

抗震概念设计是指正确地解决总体方案、材料使用和细部构造，以达到合理抗震设计的目的。对于多层钢框架结构房屋抗震设计的一般规定如下：

4.1.1 钢结构民用房屋适用的结构类型和最大高度

根据国内外震害调查和工程设计经验，为使结构达到安全、适用和经济的要求，钢结构房屋不宜建得太高。房屋适用的最大高度与结构类型、设防烈度和场地类别有关。表4.1 为《建筑抗震设计规范》（GB 50011—2010）规定的钢结构民用房屋适用的最大高度，平面和竖向均不规则或建造于Ⅳ类场地的结构，适用的最大高度应适当降低。

钢结构民用房屋适用的最大高度（单位：m）　　　　表4.1

结构类型	设防烈度		
	6、7	8	9
框架	110	90	50
框架-支撑(抗震墙板)	220	200	140
筒体(框筒、筒中筒、桁架筒、束筒)和巨型桁架	300	260	180

注：① 房屋高度是指室外地面到主要屋面板板顶的高度（不包括局部突出屋顶部分）；
　　② 超过表内高度的房屋应进行专门研究和论证，采取有效的加强措施。

4.1.2 房屋最大高宽比的限制

影响结构宏观性能的另一个因素是结构高宽比，即房屋总高度与平面最小宽度的比值。随着高宽比的增大，结构的侧向变形也相应增加，结构的侧向变形能力也要相对增强，倾覆力矩也增大。因此，《建筑抗震设计规范》（GB 50011—2010）规定，钢结构民用房屋的最大高宽比不宜超过表 4.2 的限定。

钢结构民用房屋适用的最大高宽比　　　　　　　　　　　　表 4.2

烈　度	6、7	8	9
最大高宽比	6.5	6.0	5.5

注：计算高宽比的高度应从室外地面算起。

4.1.3　防震缝的设置

　　多层结构的结构平面布置、竖向布置应遵守抗震概念设计中结构布置规则性的原则，一般可不设防震缝。设计中如果出现平面不规则或者竖向不规则的情况时，可按实际需要在适当部位设置防震缝，根据设防烈度、结构类型等情况留有足够的宽度，其缝宽应不小于相应钢筋混凝土结构房屋的 1.5 倍，其两侧上部结构应完全分开。

4.1.4　结构体系的选用和布置

　　一般地，多层钢结构房屋（不超过 12 层）采用框架结构、框架-支撑结构或其他结构类型。采用框架-支撑结构时，支撑框架两个方向的布置均宜基本对称，支撑框架之间楼盖的长宽比不宜大于 3；其支撑形式宜采用中心支撑，也可采用偏心支撑、屈曲约束支撑等消能支撑。中心支撑框架宜采用人字形支撑或单斜杆支撑，不宜采用 K 形支撑；支撑的轴线宜交汇于梁柱构件轴线的交点，偏离交点时的偏心距不应超过支撑杆件的宽度，并应计入由此产生的附加弯矩。当中心支撑采用只能受拉的单斜杆体系时，应同时设置不同倾斜方向的两组斜杆，且每组中不同方向单斜杆的截面面积在水平方向的投影面积之差不应大于 10%。

4.1.5　楼盖的设置

　　钢结构的楼盖宜采用压型钢板现浇钢筋混凝土组合楼板或非组合楼板。一般地，多层钢结构房屋（不超过 12 层）可采用装配整体式钢筋混凝土楼板，亦可采用装配式楼板或者其他轻型楼盖。采用压型钢板混凝土组合楼板和现浇钢筋混凝土楼板时，应与钢梁有可靠连接。采用装配式、装配整体式或轻型楼板时，应将楼板预埋件与钢梁焊接，或采取其他保证楼盖整体性的措施。

4.1.6　地下室的设置

　　钢结构房屋设置地下室时，框架-支撑（抗震墙板）结构中竖向连续布置的支撑（抗震墙板）应延伸至基础；框架柱至少延伸至地下一层。超过 12 层的钢结构应设置地下室，其基础埋置深度，当采用天然地基时不宜小于房屋总高度的 1/15；当采用桩基时，桩承台埋深不宜小于房屋总高度的 1/20。

4.2 抗震设防步骤

抗震设防简单地说，就是为达到抗震效果而在工程建设时对建筑物进行的抗震设计和采取的抗震措施。抗震措施是指除地震作用计算和抗力计算以外的抗震设计内容，包括抗震构造措施。《建筑抗震设计规范》（GB 50011—2010）规定，抗震设防烈度在 6 度及以上地区的建筑，必须进行抗震设防。抗震设防通常通过三个环节来达到：确定抗震设防要求，即确定建筑物必须达到的抗御地震灾害的能力；抗震设计，采取基础、结构等抗震措施，达到抗震设防要求；抗震施工，严格按照抗震设计施工，保证建筑质量。上述三个环节是相辅相成、密不可分的，都必须认真进行。

4.2.1 抗震设防类别及抗震措施

建筑工程分为特殊设防类、重点设防类、标准设防类、适度设防类四个抗震设防类别。

（1）特殊设防类（甲类），指使用上有特殊设施，涉及国家公共安全的重大建筑工程和地震时可能发生严重次生灾害等特别重大灾害后果，需要进行特殊设防的建筑。此类建筑应按本地区抗震设防烈度提高一度的要求加强其抗震措施，抗震设防烈度为 9 度时应按比 9 度更高的要求采取抗震措施。同时，应按批准的地震安全性评价结果且高于本地区抗震设防烈度的要求确定其地震作用。

（2）重点设防类（乙类），指地震时使用功能不能中断或需尽快恢复的生命线相关建筑，以及地震时可能导致大量人员伤亡等重大灾害后果，需要提高设防标准的建筑。此类建筑应按高于本地区抗震设防烈度一度的要求加强其抗震措施，抗震设防烈度为 9 度时应按比 9 度更高的要求采取抗震措施；地基基础的抗震措施应符合有关规定。同时，应按本地区抗震设防烈度确定其地震作用。

（3）标准设防类（丙类），指大量的除（1）、（2）、（4）款以外按标准要求进行设防的建筑。此类建筑应按本地区抗震设防烈度确定其抗震措施和地震作用，达到"在遭遇高于当地抗震设防烈度的预估罕遇地震影响时不致倒塌或发生危及生命安全的严重破坏"的抗震设防目标。

（4）适度设防类（丁类），指使用上人员稀少且震损不致产生次生灾害、允许在一定条件下适度降低要求的建筑。此类建筑允许比本地区抗震设防烈度的要求适当降低其抗震措施，但抗震设防烈度为 6 度时不应降低。一般情况下，仍应按本地区抗震设防烈度确定其地震作用。

4.2.2 抗震设防目标

抗震设防目标是指建筑结构遭遇不同水准的地震影响时，对结构、构件、使用功能、设备的损坏程度及人身安全的总要求。建筑设防目标要求建筑物在使用期间，对不同频率和强度的地震，应具有不同的抵抗能力。对一般较小的地震，发生的可能性大，故又称多遇地震，这时要求结构不受损坏，在技术上和经济上都可以做到；而对于罕遇的强烈地震，由于发生的可能性小，但地震作用大，在此强震作用下要保证结构完全不损坏，技术难度大，经济投入也大，是不合算的，如果允许结构有损坏，但不倒塌，则经济上是合理的。因此，中国的《建筑抗震设计规范》（GB 50011—2010）中根据这些原则将抗震目标与三种烈度相应分为三个水准，具体描述如下：第一水准，当遭受低于本地区抗震设防烈度的多遇地震（或称小震）影响时，建筑物一般不受损坏或不需修理仍可继续使用；第二水准，当遭受本地区规定设防烈度的地震（或称中震）影响时，建筑物可能产生一定的损坏，经一般修理或不需修理仍可继续使用；第三水准，当遭受高于本地区规定设防烈度的预估的罕遇地震（或称大震）影响时，建筑可能产生重大破坏，但不致倒塌或发生危及生命的严重破坏。通常将其概括为"小震不坏，中震可修、大震不倒"。其中，上面提到的小震、基本烈度、大震之间的大致关系为，小震比基本烈度低 1.55 度，大震比基本烈度高 1 度左右。

结构物在强烈地震中不损坏一般是不可能的，抗震设防的底线是建筑物不倒塌，只要不倒塌就可以大大减少生命财产的损失，减轻灾害。一般在设防烈度小于 6 度地区，地震作用对建筑物的损坏程度较小，可不予考虑抗震设防；在 9 度以上地区，即使采取很多措施，仍难以保证安全，故在抗震设防烈度大于 9 度地区的抗震设计应按有关专门规定执行，所以《建筑抗震设计规范》（GB 50011—2010）适用于 6～9 度地区。

4.2.3　二阶段设计方法

《建筑抗震设计规范》（GB 50011—2010）采用二阶段设计方法实现上述三个水准的设防要求。

第一阶段设计是按小震作用效应和其他荷载效应的基本组合验算结构构件的承载能力，以及在小震作用下验算结构的弹性变形。具体地说就是在方案布置符合抗震设计原则的前提下，以众值烈度（小震）下的地震作用值作为设防指标，假定结构和构件处于弹性工作状态，计算结构的地震作用效应（内力和变形），验算结构构件抗震承载力，并采取必要的抗震措施。这样既满足了在第一水准下具有必要的承载力（小震不坏），同时又满足了第二水准的设防要求（损坏可修）。另外，对于框架结构和框架-剪力墙结构等较柔的结构，还要验算众值烈度下的弹性层间位移，以控制其侧向变形在小震作用下不致过大。对大多数的结构，可只进行第一阶段设计，而通过概念设计和抗震构造措施满足第三水准的设计要求。

第二阶段设计是弹塑性变形验算。对特殊要求的建筑和地震时易倒塌的结构，除进行第一阶段设计外，还要按大震作用进行薄弱部位的弹塑性层间变形验算和采取相应的构造措施，实现第三水准（大震不倒）的设防要求。首先是根据实际设计截面寻找结构的薄弱层或薄弱部位（层间位移较大的楼层或首先屈服的部位），然后计算和控制其在大震作用下的弹塑性层间位移，并采取提高结构变形能力的构造措施，达到大震不倒的目的。

4.3～4.8 节举例说明多层钢框架结构房屋抗震计算过程。

4.3　工程概况

1. 工程名称：××商场多层钢框架结构设计；

2. 建筑面积：$10560m^2$；

3. 结构形式：钢框架结构；

4. 总层数为五层，无地下室；

5. 抗震设防烈度 8 度，设计基本加速度值为 0.20g；

6. 建筑场地 II 类，第一组，基本风压 $w_0 = 0.40kN/m^2$，基本雪压 $S_0 = 0.30kN/m^2$；

7. 地面粗糙度 B 类，属甲类建筑；

8. 层高：首层 4.2m，标准层 3.6m；

9. 钢材等级：Q235、Q345 型钢或焊接工字形；

10. 基础形式：柱下独立基础；

11. 地质条件：天然地基，以粉质黏土为持力层，基础埋深 3.0m，地基承载力的特征值 $f_{ak} = 200kPa$；

12. 建筑物等级：二级；

13. 耐火等级：二级。

本设计的首层平面图如图 4.1 所示。

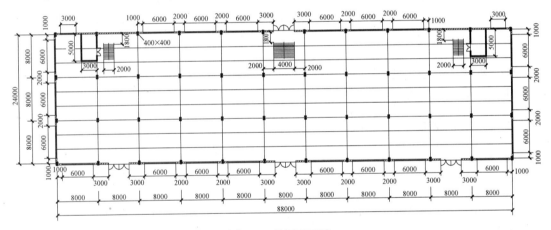

图 4.1 首层平面图

4.4 设计思路、设计依据和计算基本假定

根据房屋使用功能及建筑设计的要求，结构体系选为钢框架支撑体系，即横向为框架结构体系，纵向为支撑体系。框架梁柱均选用工字形截面，采用 Q235 钢。框架柱与框架梁刚接，主梁与次梁铰接。楼板为压型钢板现浇混凝土组合，即楼板选用 Q235 钢压型钢板型号为 YX-75-230-690，其上浇 C20 混凝土 80mm。柱脚采用埋入式柱脚，柱下为钢筋混凝土独立基础。

本设计主要依据以下现行国家规范及规程设计：《建筑结构荷载规范》GB 50009—2012、《钢结构设计规范》GB 50017—2003、《建筑抗震设计规范》GB 50011—2010、《混凝土结构设计规范》GB 50010—2010、《高层民用建筑钢结构技术规程》JGJ 99—98、《钢-混凝土组合结构设计规程》DL/T 5085—1999 等。

本章主要针对该结构进行抗震计算，对于前期计算只给出结果。该结构在竖向地震作用下，效应不明显，故忽略竖向地震作用下的效应。在水平地震作用下，采用底部剪力法计算各楼层剪力、各层层间位移、梁端柱端弯矩；然后将水平地震作用效应和竖向荷载作用效应进行内力组合，对构件进行抗震设计及验算；最后进行节点连接抗震设计。

该结构平面布置比较规则，横向框架的刚度及荷载分布都比较均匀，近似采用平面框架模型进行内力及位移分析，对其计算模型的简化采用以下两点假定：

1）整个框架结构可以划分为若干个平面框架，单榀框架除承受所负荷的垂直荷载外还可抵抗自身平面内的水平荷载，但在平面外刚度很小，可以忽略；

2）平面框架之间通过楼板连接，楼板在自身平面内的刚度可视为无穷大，因此各榀平面框架在相同楼层处具有相同的侧移。

4.5　地震作用计算和地震作用效应计算

4.5.1　构件截面尺寸

1. 框架梁的截面尺寸

横向框架梁选用 HM588×300×12×20，纵向框架主梁选用 HM488×300×11×18，纵向框架次梁选用 HM488×300×11×18。

2. 框架柱的截面尺寸

框架柱选用 HM400×400×13×21。

4.5.2　荷载计算

1. 屋面

恒荷载，$4.6kN/m^2$；活荷载，$0.5kN/m^2$；雪荷载，$0.3kN/m^2$。

2. 楼面

恒荷载，$6.3kN/m^2$；活荷载，$3.5kN/m^2$。

3. 其他

风荷载，$0.40kN/m^2$；横向钢梁自重，$1.5kN/m$；纵向钢梁自重，$1.3kN/m$；钢柱自重，$1.7kN/m$。

4.5.3　计算简图

取④轴横向框架作为计算单元，则第五层荷载 q_1，包括恒载 $4.6×8=36.8kN/m$，活载 $0.5×8=4.0kN/m$；一到四层荷载 q_2，包括恒载 $6.3×8=50.4kN/m$，活载 $3.5×8=$

28.0kN/m。

计算简图如图4.2所示。

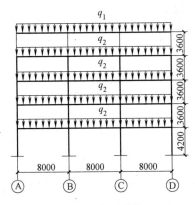

图4.2 计算简图（单位：mm）

4.5.4 竖向荷载作用下结构内力

该结构在竖向荷载作用下的弯矩如图4.3所示，剪力轴力如表4.3～表4.7所示，计算过程从略。

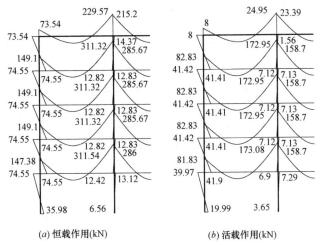

(a) 恒载作用(kN)   (b) 活载作用(kN)

图4.3 竖向荷载作用下的弯矩图

恒载作用下梁端剪力（kN）   表4.3

楼 层	荷载引起剪力		弯矩引起剪力		总剪力		
	AB跨	BC跨	AB跨	BC跨	AB跨		BC跨
	$V_{qA}=V_{qB}$	$V_{qB}=V_{qC}$	$V_{mA}=-V_{mB}$	$V_{mB}=V_{mC}$	V_A	V_B	$V_B=V_C$
5	147.20	147.20	−19.50	0.00	127.70	166.70	147.20
4	201.60	201.60	−20.28	0.00	181.32	221.88	201.60
3	201.60	201.60	−20.28	0.00	181.32	221.88	201.60
2	201.60	201.60	−20.28	0.00	181.32	221.88	201.60
1	201.60	201.60	−20.52	0.00	181.08	222.12	201.60

活载作用下梁端剪力 (kN)　　　　　表 4.4

楼　层	荷载引起剪力		弯矩引起剪力		总剪力		
	AB跨	BC跨	AB跨	BC跨	AB跨		BC跨
	$V_{qA}=V_{qB}$	$V_{qB}=V_{qC}$	$V_{mA}=-V_{mB}$	$V_{mB}=V_{mC}$	V_A	V_B	$V_B=V_C$
5	16.00	16.00	−2.12	0.00	13.88	18.12	16.00
4	112.00	112.00	−11.27	0.00	100.73	123.27	112.00
3	112.00	112.00	−11.27	0.00	100.73	123.27	112.00
2	112.00	112.00	−11.27	0.00	100.73	123.27	112.00
1	112.00	112.00	−11.40	0.00	100.60	123.40	112.00

恒载作用下 A 柱轴力 (kN)　　　　　表 4.5

楼　层	柱　位	V_A	纵梁重	横梁重	柱自重	柱轴力
5	柱顶	127.7	10.4	6	0	144.1
	柱底	127.7	10.4	6	6.1	150.2
4	柱顶	181.32	10.4	6	0	347.92
	柱底	181.32	10.4	6	6.1	354.02
3	柱顶	181.32	10.4	6	0	551.74
	柱底	181.32	10.4	6	6.1	557.84
2	柱顶	181.32	10.4	6	0	755.56
	柱底	181.32	10.4	6	6.1	761.66
1	柱顶	181.08	10.4	6	0	959.14
	柱底	181.08	10.4	6	7.1	966.24

恒载作用下 B 柱轴力 (kN)　　　　　表 4.6

楼　层	柱位	V_{BA}	V_{BC}	纵梁重	横梁重	柱自重	柱轴力
5	柱顶	166.7	147.2	10.4	12	0	336.3
	柱底	166.7	147.2	10.4	12	6.1	3342.4
4	柱顶	221.88	201.6	10.4	12	0	788.28
	柱底	221.88	201.6	10.4	12	6.1	794.38
3	柱顶	221.88	201.6	10.4	12	0	1240.26
	柱底	221.88	201.6	10.4	12	6.1	1246.36
2	柱顶	221.88	201.6	10.4	12	0	1692.24
	柱底	221.88	201.6	10.4	12	6.1	1698.34
1	柱顶	221.12	201.6	10.4	12	0	2143.46
	柱底	221.12	201.6	10.4	12	7.1	2150.56

活载作用下 A、B 柱轴力 (kN)　　　　　表 4.7

楼　层	A柱		B柱		
	V_A	柱轴力	V_{BA}	V_{BC}	柱轴力
5	13.88	13.88	18.12	16.00	34.12
4	100.73	100.73	123.27	112.00	235.27

楼　　层	A柱		B柱		
	V_A	柱轴力	V_{BA}	V_{BC}	柱轴力
3	100.73	100.73	123.27	112.00	235.27
2	100.73	100.73	123.27	112.00	235.27
1	100.60	100.60	123.40	112.00	235.40

4.5.5　水平地震作用下框架的侧移计算

利用改进反弯点法（即 D 值法）分析计算该结构在水平地震作用下的内力、位移。

1. 柱侧向刚度

一般层：$k_1 = \dfrac{i_2 + i_4}{2i_c} = \dfrac{147500E \times 2}{2 \times 56000E} = 2.63$，$\alpha_1 = \dfrac{k_1}{2 + k_1} = 0.57$

$$k_2 = \frac{i_1 + i_2 + i_3 + i_4}{2i_c} = \frac{147500E \times 4}{2 \times 56000E} = 5.26，\alpha_2 = \frac{k_2}{2 + k_2} = 0.72$$

$$D_1 = \alpha_1 \frac{12i_c}{h^2} = 0.57 \times \frac{12 \times 56000 \times 206 \times 10^3}{4.2^2 \times 10^6} = 6.088 \times 10^3 \, \text{N/mm}$$

$$D_2 = \alpha_2 \frac{12i_c}{h^2} = 0.72 \times \frac{12 \times 56000 \times 206 \times 10^3}{4.2^2 \times 10^6} = 7.691 \times 10^3 \, \text{N/mm}$$

底层：$k_1 = \dfrac{i_2}{i_c} = \dfrac{147500E}{53330E} = 2.77$，$\alpha_1 = \dfrac{0.5 + k_1}{2 + k_1} = 0.69$

$$k_2 = \frac{i_1 + i_2}{i_c} = \frac{147500E \times 2}{53330E} = 5.54，\alpha_2 = \frac{0.5 + k_2}{2 + k_2} = 0.80$$

$$D_1 = \alpha_1 \frac{12i_c}{h^2} = 0.69 \times \frac{12 \times 53330 \times 206 \times 10^3}{3.6^2 \times 10^6} = 5.157 \times 10^3 \, \text{N/mm}$$

$$D_2 = \alpha_2 \frac{12i_c}{h^2} = 0.80 \times \frac{12 \times 53330 \times 206 \times 10^3}{3.6^2 \times 10^6} = 5.979 \times 10^3 \, \text{N/mm}$$

由于 $\dfrac{5.157 + 5.979}{6.088 + 7.691} = 0.808 > 0.7$，故该框架为规则框架。

2. 重力荷载代表值

$G_5 = (6.3 + 0.5 \times 0.5) \times 8 \times 24 + 1.5 \times 24 + 1.7 \times 3.6 \times 4 = 979.4 \text{kN}$

$G_2 = G_3 = G_4 = (6.3 + 0.5 \times 3.5) \times 8 \times 24 + 1.5 \times 24 + 1.7 \times 3.6 \times 4 = 1606.1 \text{kN}$

$G_1 = (6.3 + 0.5 \times 3.5) \times 8 \times 24 + 1.5 \times 24 + 1.7 \times 0.5 \times (3.6 + 4.2) \times 4 = 1608.1 \text{kN}$

3. 横向框架结构自振周期

按顶点位移法计算框架基本自振周期：$T_1 = 1.7 \xi_T \sqrt{u_n}$，其中 ξ_T 为考虑非结构构件影响的系数，一般取 0.9，u_n 为把集中在各楼面处的重力荷载 G_i 视为假想水平荷载算得的结构顶点位移。

按照弹性静力方法计算所得到的各层侧移如表 4.8 所示。

横向框架顶点位移计算

表 4.8

层数	G_i(kN)	$\sum G_i$(kN)	$D_i=(D_1+D_2)\times 2$ ($\times 10^3$kN/m)	层间相对位移 $\delta_i=\sum G_i/D_i$(m)	u_i(m)
5	979.4	979.4	27.56	0.0359	0.8247
4	1606.1	2585.5	27.56	0.0938	0.7888
3	1606.1	4191.6	27.56	0.1521	0.6950
2	1606.1	5797.7	27.56	0.2104	0.5429
1	1608.1	7405.8	22.27	0.3325	0.3325

结构顶层位移：$u_5=\sum \delta_i=0.8247$（m）

结构基本自振周期：$T_1=1.7\xi_T\sqrt{u_n}=1.7\times 0.9\times \sqrt{0.8247}=1.39s$

4. 横向框架水平地震作用计算与楼层剪力计算

此建筑是高度不超过 40m 且平面和竖向较规则的以剪切变形为主的建筑，故地震作用计算采用底部剪力法。查抗震规范，得 $\alpha_{max}=0.16$，$T_g=0.35s$。

结构等效重力荷载代表值：$G_{eq}=0.85\sum G_i=0.85\times 7405.8=6294.93kN$

$$T_g=0.35s<T_1=1.39s<5T_g=5\times 0.35=1.35s$$

相应于结构基本周期的地震影响系数：

$$\alpha_1=\left(\frac{T_g}{T}\right)^{\gamma}\eta_2\alpha_{max}=\left(\frac{0.35}{1.39}\right)^{0.92}\times 1.07\times 0.16=0.046$$

其中，$\gamma=0.9+\dfrac{0.05-\zeta}{0.3+6\zeta}=0.9+\dfrac{0.05-0.04}{0.3+6\times 0.04}=0.92$

$\eta_2=1+\dfrac{0.05-\zeta}{0.08+1.6\zeta}=1+\dfrac{0.05-0.04}{0.08+1.6\times 0.04}=1.07$（$\zeta$ 为建筑结构的阻尼比，根据《建筑结构抗震规范》GB 50011—2010 第 8.2.2 条，高度不大于 50m 的钢结构在多遇地震下的阻尼比可取 0.04，故此处 $\zeta=0.04$）

结构总水平地震作用等效的底部剪力标准值：

$$F_{Ek}=\alpha_1 G_{eq}=0.046\times 6294.93=289.57kN$$

顶点附加水平地震作用系数：

$$T_1=1.39s>1.4T_g=1.4\times 0.35=0.49s$$

$\delta_n=0.08T_1+0.07=0.08\times 1.39+0.07=0.18>0.15$，取 $\delta_n=0.15$

顶点附加水平地震作用：$\Delta F_n=\delta_n F_{Ek}=0.15\times 289.57=43.44kN$

各层水平地震作用标准值计算，以第五层为例：

$$F_i=\frac{G_i H_i F_{Ek}(1-\delta_n)}{\sum G_j H_j}=0.28\times 289.57\times(1-0.15)=56.12kN$$

加 ΔF_n 后，$F_5=56.12+43.44=99.56kN$

（1）各层地震作用及楼层剪力

各层地震作用及楼层剪力见表 4.9。楼层地震作用及楼层剪力如图 4.4 所示。

（2）各层地震剪力最小取值验算

各层地震剪力最小取值验算见表 4.10，满足 $V_i>\lambda\sum\limits_{j=1}^{n}G_j$。

各层地震作用及楼层剪力   表 4.9

层数	h_i(m)	H_i(m)	G_i(kN)	G_iH_i(kN·m)	$\dfrac{G_iH_i}{\sum G_jH_j}$	F_i(kN)	V_i(kN)
5	3.6	18.6	979.4	18216.84	0.228	99.56	99.56
4	3.6	15	1606.1	24091.5	0.302	74.09	173.65
3	3.6	11.4	1606.1	18309.54	0.229	56.36	230.01
2	3.6	7.8	1606.1	12527.58	0.157	38.64	268.65
1	4.2	4.2	1608.1	6745.02	0.085	20.92	289.57

注：表中第五层加入了 ΔF_n。

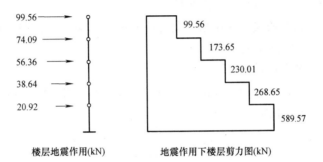

楼层地震作用(kN)　　　　地震作用下楼层剪力图(kN)

图 4.4　楼层地震作用及楼层剪力

各层地震剪力最小取值   表 4.10

层数	V_i(kN)	G_i(kN)	$\lambda\sum\limits_{j=1}^{n}G_j$(kN)
5	99.56	979.4	31.3408
4	173.65	1606.1	82.736
3	230.01	1606.1	134.1312
2	268.65	1606.1	185.5264
1	289.57	1606.1	236.9216

注：表中 $\lambda=0.032$。

5. 横向框架侧移计算

框架的水平位移可分为两部分：由框架梁弯曲变形产生的位移和柱子轴向变形产生的位移。由柱子轴向变形产生的位移可忽略不计；由框架梁弯曲变形产生的位移 u_m 可由 D 值法求得，见表 4.11。

以第五层为例：$u_i=\dfrac{V_i}{D_i}=\dfrac{99.56}{27.56\times10^3}=0.00361\text{m}$，$u_m=\sum u_i$

横向框架侧移计算   表 4.11

层数	层间剪力 V_i(kN)	层间刚度 D_i($\times10^3$kN/m)	层间位移 $\dfrac{V_i}{D_i}$(m)	层高 h_i(m)	u_m
5	99.56	27.56	0.00361	3.6	0.04101
4	173.65	27.56	0.00630	3.6	0.03740
3	230.01	27.56	0.00835	3.6	0.03110
2	268.65	27.56	0.00975	3.6	0.02275
1	289.57	22.27	0.01300	4.2	0.01300

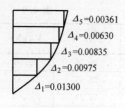

图 4.5　框架层间相对位移（m）

框架层间相对位移如图 4.5 所示。规范规定层间位移 $\Delta < \dfrac{l}{300}$，本设计中 $\Delta_i = \dfrac{3.6}{300} = 0.012\text{m}$（$i = 2$、$3$、$4$、$5$），$\Delta_1 = \dfrac{4.2}{300} = 0.014\text{m}$，均满足 $\Delta < \dfrac{l}{300}$。

6. 框架在水平地震作用下的内力计算

（1）反弯点高度比

根据该框架总层数及该层所在层数、梁柱线刚度比 k 值，且荷载近似倒三角形分布，查出反弯点高度比 y，结果见表 4.12。

（2）框架柱剪力及弯矩计算

在水平荷载作用下，框架内力及位移采用 D 值法进行简化计算。以五层边柱为例。

层间剪力：$V = 99.56\text{kN}$

每根柱的剪力：$V_i = V \times \dfrac{D_i}{\sum D_i} = 99.56 \times \dfrac{6.088}{27.56} = 21.99\text{kN}$

反弯点高度：$y = 0.432$

柱顶截面处弯矩：$M = V_i(h - yh) = 21.99 \times (3.6 - 0.432 \times 3.6) = 45.08\text{kN} \cdot \text{m}$

柱底截面处弯矩：$M = V_i yh = 21.99 \times 0.432 \times 3.6 = 34.08\text{kN} \cdot \text{m}$

横向框架柱弯矩计算见表 4.12。

横向框架柱剪力及弯矩计算结果　　　　表 4.12

楼层	柱位	层间剪力 (kN)	$D_i \times 10^3$ (kN/m)	$\sum D_i \times 10^3$ (kN/m)	每柱剪力 (kN)	y	yh (m)	柱弯矩 (kN·m) 柱顶	柱弯矩 (kN·m) 柱底
5	边柱	99.56	6.088	27.56	21.99	0.432	1.55	45.08	34.08
	中柱		7.691		27.78	0.45	1.62	55.00	45.00
4	边柱	173.65	6.088	27.56	38.36	0.482	1.73	71.73	66.36
	中柱		7.691		48.46	0.5	1.8	87.23	87.23
3	边柱	230.01	6.088	27.56	50.81	0.5	1.8	91.46	91.46
	中柱		7.691		64.19	0.5	1.8	115.54	115.54
2	边柱	268.65	6.088	27.56	59.34	0.5	1.8	106.81	106.81
	中柱		7.691		74.97	0.5	1.8	134.95	134.95
1	边柱	289.57	5.157	22.27	67.05	0.573	2.41	120.02	161.59
	中柱		5.979		77.74	0.55	2.31	146.93	179.58

（3）框架梁端弯矩、剪力及柱轴力计算

以五层 AB 跨梁为例：

$$M_{左} = 45.08\text{kN} \cdot \text{m}, \quad M_{右} = \frac{55}{2} = 27.5\text{kN} \cdot \text{m}, \quad V_b = \frac{M_{左} + M_{右}}{L} = \frac{45.08 + 27.5}{8} = 9.07\text{kN}$$

五层边柱轴力 $N_A = -V_b = -9.07\text{kN}$

梁端弯矩、剪力及柱轴力计算见表 4.13。地震作用下框架梁弯矩、剪力及柱轴力如

图 4.6、图 4.7 所示。

梁端弯矩、剪力及柱轴力计算结果

表 4.13

位置	l(m)	AB跨			BC跨			柱轴力	
		$M_左$ (kN·m)	$M_右$ (kN·m)	V_b (kN)	$M_左$ (kN·m)	$M_右$ (kN·m)	V_b (kN)	N_A (kN)	N_B (kN)
5层	8	45.08	27.5	9.07	27.5	27.5	6.88	−9.07	3.19
4层	8	105.81	66.12	21.49	66.12	66.12	16.53	−30.56	7.15
3层	8	157.82	101.39	32.4	101.39	101.39	25.35	−62.96	14.2
2层	8	198.27	125.25	40.44	125.25	125.25	31.31	−103.4	23.33
1层	8	226.83	140.94	45.97	140.94	140.94	35.24	−149.37	34.06

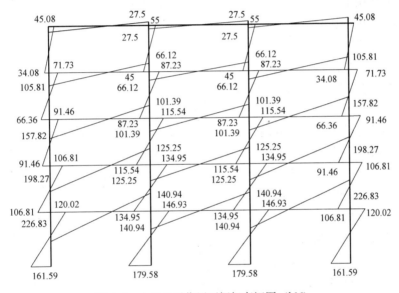

图 4.6 水平地震作用下框架弯矩图（kN）

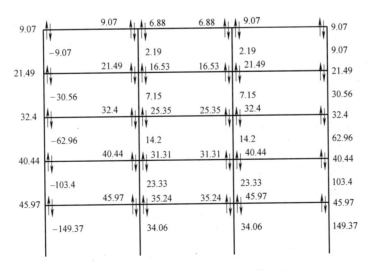

图 4.7 水平地震作用下梁端剪力及柱轴力图（kN）

4.6　构件内力组合

4.6.1　框架梁内力组合

对于本设计，取梁端和跨中弯矩最大截面作为梁承载力设计的控制截面，因此梁的最不利组合内力是：梁端截面，$-M_{max}$、V_{max}；梁跨中截面：$+M_{max}$。以五层梁为例，组合结果见表 4.14。

1. AB 跨

仅在恒载作用下：$M_{AB,恒}=127.7x-18.4x^2-73.54$

仅在活载作用下：$M_{AB,活}=13.88x-2x^2-8$

仅在地震作用下：$M_{AB,地震}=-9.07x+45.08$

（1）无地震作用组合时

1）活载控制，即 1.2 恒载作用＋1.4 活载作用

$$M_{AB}=172.67x-24.88x^2-99.45$$

令上式一阶导数等于零，解得 $x=3.47$m，即 $M_{AB}=200.15$kN·m。

2）恒载控制，即 1.35 恒载作用＋0.7×1.4 活载作用

$$M_{AB}=186.00x-26.8x^2-107.12$$

令上式一阶导数等于零，解得 $x=3.47$m，即 $M_{AB}=215.60$kN·m。

（2）有地震作用组合时

1）左震，即 1.2（恒载作用＋0.5 活载作用）＋1.3 地震作用

$$M_{AB}=149.78x-23.28x^2-34.44$$

令上式一阶导数等于零，解得 $x=3.21$m，即 $M_{AB}=206.47$kN·m。

2）右震，即 1.2（恒载作用＋0.5 活载作用）－1.3 地震作用

$$M_{AB}=177.4x-23.28x^2-151.65$$

令上式一阶导数等于零，解得 $x=3.81$m，即 $M_{AB}=185.93$kN·m。

2. BC 跨

仅在恒载作用下：$M_{BC,恒}=147.2x-18.4x^2-215.2$

仅在活载作用下：$M_{BC,活}=16x-2x^2-23.39$

仅在地震作用下：$M_{BC,地震}=-6.88x+27.5$

（1）无地震作用组合时

1）活载控制，即 1.2 恒载作用＋1.4 活载作用

$$M_{BC}=199.04x-24.88x^2-290.99$$

令上式一阶导数等于零，解得 $x=4$m，即 $M_{BC}=107.09$kN·m。

2）恒载控制，即 1.35 恒载作用＋0.7×1.4 活载作用

$$M_{BC}=214.4x-26.8x^2-313.44$$

令上式一阶导数等于零，解得 $x=3.47\text{m}$，即 $M_{BC}=115.36\text{kN}\cdot\text{m}$。

（2）有地震作用组合时

1）左震，即 1.2（恒载作用＋0.5活载作用）＋1.3地震作用

$$M_{BC}=177.3x-23.28x^2-236.52$$

令上式一阶导数等于零，解得 $x=3.81\text{m}$，即 $M_{BC}=101.1\text{kN}\cdot\text{m}$。

2）右震，即 1.2（恒载作用＋0.5活载作用）－1.3地震作用

$$M_{BC}=195.18x-23.28x^2-308.02$$

令上式一阶导数等于零，解得 $x=4.19\text{m}$，即 $M_{BC}=101.1\text{kN}\cdot\text{m}$。

梁的内力组合　　　　表 4.14

楼层	位置	内力	荷载类别			无地震作用组合		有地震作用组合	
			恒载①	活载②	地震作用③	1.2①+1.4②	1.35①+0.98②	1.2(①+0.5②)±1.3③	
5	A右	M	−73.54	−8.0	45.08	−99.45	−107.12	−34.44	−151.65
		V	127.7	13.88	−9.07	172.67	186.00	149.78	173.36
	B左	M	−229.57	−24.95	−27.5	−310.41	−334.37	−326.20	−254.70
		V	166.7	18.12	9.07	225.41	242.80	222.70	199.12
	B右	M	−215.2	−23.39	27.5	−290.99	−313.44	−236.52	−308.02
		V	147.2	16.0	−6.88	199.04	214.40	177.30	195.18
	跨中	M_{AB}				200.15	215.60	206.47	185.93
		M_{BC}				107.09	115.36	101.1	101.1
4	A右	M	−149.1	−82.83	105.81	−294.88	−282.46	−91.07	−366.17
		V	181.32	100.73	−21.49	358.61	343.50	250.09	305.96
	B左	M	−311.32	−172.95	−66.12	−615.71	−589.77	−563.31	−391.40
		V	221.88	123.27	21.49	438.83	420.34	368.16	312.28
	B右	M	−285.67	−158.7	66.12	−564.98	−541.18	−352.07	−523.98
		V	201.6	112.0	−16.53	398.72	381.92	287.63	330.61
	跨中	M_{AB}				350.18	335.42	394.53	360.63
		M_{BC}				232.46	222.66	290.25	324.65
3	A右	M	−149.1	−82.83	157.82	−294.88	−282.46	−23.45	−433.78
		V	181.32	100.73	−32.4	358.61	343.50	235.90	320.14
	B左	M	−311.32	−172.95	−101.39	−615.71	−589.77	−609.16	−345.55
		V	221.88	123.27	32.4	438.83	420.34	382.34	298.10
	B右	M	−285.67	−158.7	101.39	−564.98	−541.18	−306.22	−569.83
		V	201.6	112.0	−25.35	398.72	381.92	276.17	342.08
	跨中	M_{AB}				350.18	335.42	408.61	361.95
		M_{BC}				232.46	222.66	285.94	338.70
2	A右	M	−149.1	−82.83	198.27	−294.88	−282.46	29.13	−486.37
		V	181.32	100.73	−40.44	358.61	343.50	225.45	330.59
	B左	M	−311.32	−172.95	−125.25	−615.71	−589.77	−640.18	−314.53
		V	221.88	123.27	40.44	438.83	420.34	392.79	287.65

续表

楼层	位置	内力	荷载类别			无地震作用组合		有地震作用组合	
			恒载①	活载②	地震作用③	1.2①+1.4②	1.35①+0.98②	1.2(①+0.5②)±1.3③	
2	B右	M	−285.67	−158.7	−125.25	−564.98	−541.18	−600.85	−275.20
		V	201.6	112.0	−31.31	398.72	381.92	268.42	349.82
	跨中	M_{AB}				350.18	335.42	423.76	362.15
		M_{BC}				232.46	222.66	284.19	349.26
1	A右	M	−147.38	−81.87	226.83	−291.47	−279.20	68.90	−520.86
		V	181.08	100.6	−45.97	358.14	343.05	217.90	337.42
	B左	M	−311.54	−173.08	−140.94	−616.16	−590.20	−660.92	−294.47
		V	222.12	123.4	45.97	439.30	420.79	400.35	280.82
	B右	M	−286	−158.89	140.94	−565.65	−541.81	−255.31	−621.76
		V	201.6	112.0	−35.24	398.72	381.92	263.31	354.93
	跨中	M_{AB}				351.89	337.07	437.54	363.09
		M_{BC}				231.79	222.03	282.98	356.31

4.6.2 框架柱内力组合

框架柱取每层柱顶和柱底两个控制截面,组合结果见表 4.15、表 4.16。

A 柱内力组合 表 4.15

楼层	位置	内力	荷载类别			无地震作用组合		有地震作用组合	
			恒载①	活载②	地震作用③	1.2①+1.4②	1.35①+0.98②	1.2(①+0.5②)±1.3③	
5	柱顶	M	73.54	8	−45.08	99.45	107.12	34.44	151.65
		N	144.1	13.88	−9.07	192.35	208.14	169.46	193.04
	柱底	M	−74.55	−41.41	34.08	−147.43	−141.22	−70.00	−158.61
		N	150.2	13.88	−9.07	199.67	216.37	176.78	200.36
4	柱顶	M	74.55	41.42	−71.73	147.45	141.23	21.06	207.56
		N	347.92	100.73	−30.56	558.53	568.41	438.21	517.67
	柱底	M	−74.55	−41.41	66.36	−147.43	−141.22	−28.04	−200.57
		N	354.02	100.73	30.56	565.85	576.64	524.99	445.53
3	柱顶	M	74.55	41.42	−91.46	147.45	141.23	−4.59	233.21
		N	551.74	100.73	−62.96	803.11	843.56	640.68	804.37
	柱底	M	−74.55	−41.41	91.46	−147.43	−141.22	4.59	−233.20
		N	557.84	100.73	−62.96	810.43	851.80	648.00	811.69
2	柱顶	M	74.55	41.42	−106.81	147.45	141.23	−24.54	253.17
		N	755.56	100.73	−103.4	1047.69	1118.72	832.69	1101.53
	柱底	M	−75.42	−41.9	106.81	−149.16	−142.88	23.21	−254.50
		N	761.66	100.73	−103.4	1055.01	1126.96	840.01	1108.85
1	柱顶	M	71.96	39.97	−120.02	142.31	136.32	−45.69	266.36
		N	959.14	100.6	−149.37	1291.81	1393.43	1017.15	1405.51
	柱底	M	−35.98	−19.99	161.59	−71.16	−68.16	154.90	−265.24
		N	966.24	100.6	−149.37	1300.33	1403.01	1025.67	1414.03

　　　　表 4.16

楼层	位置	内力	荷载类别			无地震作用组合		有地震作用组合	
			恒载①	活载②	地震作用③	1.2①+1.4②	1.35①+0.98②	1.2(①+0.5②)±1.3③	
5	柱顶	M	−14.37	−1.56	−55	−19.43	−20.93	−89.68	53.32
		N	336.3	34.12	2.19	451.33	487.44	426.88	421.19
	柱底	M	12.82	7.12	45	25.35	24.28	78.16	−38.84
		N	342.4	34.12	2.19	458.65	495.68	434.20	428.51
4	柱顶	M	−12.83	−7.13	−87.23	−25.38	−24.31	−133.07	93.73
		N	788.28	235.27	7.15	1275.31	1294.74	1096.39	1077.80
	柱底	M	12.82	7.12	87.23	25.35	24.28	133.06	−93.74
		N	794.38	235.27	7.15	1282.63	1302.98	1103.71	1085.12
3	柱顶	M	−12.83	−7.13	−115.54	−25.38	−24.31	−169.88	130.53
		N	1240.26	235.27	14.2	1817.69	1904.92	1647.93	1611.01
	柱底	M	12.82	7.12	115.54	25.35	24.28	169.86	−130.55
		N	1246.36	235.27	14.2	1825.01	1913.15	1655.25	1618.33
2	柱顶	M	−12.83	−7.13	−134.95	−25.38	−24.31	−195.11	155.76
		N	1692.24	235.27	23.33	2360.07	2515.09	2202.18	2141.52
	柱底	M	12.42	6.9	134.95	24.56	23.53	194.48	−156.39
		N	1698.34	235.27	23.33	2367.39	2523.32	2209.50	2148.84
1	柱顶	M	−13.12	−7.29	−146.93	−25.95	−24.86	−211.13	170.89
		N	2143.46	235.4	34.06	2901.71	3124.36	2757.67	2669.11
	柱底	M	6.56	3.65	179.58	12.98	12.43	243.52	−223.39
		N	2150.56	235.4	34.06	2910.23	3133.95	2766.19	2677.63

4.7 构件抗震设计

4.7.1 框架梁验算（以底层梁为例）

最不利内力组合：无地震作用时，$M=-616.16\text{kN}\cdot\text{m}$，$V=439.3\text{kN}$；
有地震作用时，$M=-660.92\text{kN}\cdot\text{m}$，$V=400.35\text{kN}$。

1. 梁的抗弯强度

梁的抗弯强度应满足：$\dfrac{M}{\gamma_x W_x}\leqslant f$

（1）无地震作用时，$\dfrac{M}{\gamma_x W_x}=\dfrac{616.16\times10^6}{1.05\times4020\times10^3}=145.97\text{N/mm}^2<f=215\text{N/mm}^2$

（2）有地震作用时，$\dfrac{M}{\gamma_x W_x}=\dfrac{660.92\times10^6}{1.05\times4020\times10^3}=156.58\text{N/mm}^2<f=215\text{N/mm}^2$

2. 梁的抗剪强度

梁的抗剪强度应满足：$\tau = \dfrac{VS}{I_x t_w} \leqslant f_v$

（1）无地震作用时

$$\tau = \frac{VS}{I_x t_w} = \frac{439.3 \times 10^3 \times 2.154 \times 10^6}{11.8 \times 10^8 \times 12} = 66.83 \text{N/mm}^2 < f_v = 125 \text{N/mm}^2$$

（2）有地震作用时

$$\tau = \frac{VS}{I_x t_w} = \frac{400.35 \times 10^3 \times 2.154 \times 10^6}{11.8 \times 10^8 \times 12} = 60.9 \text{N/mm}^2 < \frac{125}{0.75} = 167 \text{N/mm}^2$$

3. 梁的宽厚比验算

翼缘部分：$\dfrac{b_1}{t} = \dfrac{300-12}{2 \times 20} = 7.2 < 13$，满足要求。

腹板部分：$\dfrac{h_0}{t_w} = \dfrac{588-20 \times 2}{12} = 45.7 < 80$，满足要求。

4. 梁的整体稳定

$\dfrac{l_1}{b} = \dfrac{2700}{300} = 9 < 13$，故不需要验算梁的整体稳定性。

5. 梁的挠度验算

$h = 588 \text{mm} > h_{min} = \dfrac{L}{15} = \dfrac{8000}{15} = 533 \text{mm}$，满足要求。

4.7.2　框架柱验算（以底层柱为例）

1. 柱的计算长度

（1）边柱（A柱）

柱子实际长度 $l = 4.2 \text{m}$。平面内，上端梁线刚度和 $\sum i_b = 147500E$，柱线刚度 $\sum i_c = 56000E + 53330E = 109330E$，则梁柱线刚度比 $K_1 = \dfrac{\sum i_b}{\sum i_c} = \dfrac{147500E}{109330E} = 1.35$，柱下端与基础刚接，则 $K_2 = \infty$。由 K_1、K_2 查《钢结构设计规范》附录 D 表 D-2 得柱的平面内计算长度系数 $\mu = 1.15$，则此柱计算长度为 $l_0 = \mu l = 4.82 \text{m}$。而平面框架柱在框架平面外的计算长度取决于侧向支撑点的距离，故本算例平面外计算长度取其实际长度，即 $l_0 = l = 4.2 \text{m}$。

（2）中柱（B柱）

柱子实际长度 $l = 4.2 \text{m}$。平面内，上端梁线刚度和 $\sum i_b = 2 \times 147500E = 295000E$，柱线刚度 $\sum i_c = 56000E + 53330E = 109330E$，则梁柱线刚度比 $K_1 = \dfrac{\sum i_b}{\sum i_c} = \dfrac{295000E}{109330E} = 2.7$，

柱下端与基础刚接，则 $K_2=\infty$。由 K_1、K_2 查《钢结构设计规范》附录 D 表 D-2 得柱的平面内计算长度系数 $\mu=1.08$，则此柱计算长度为 $l_0=\mu l=4.55\text{m}$。而平面框架柱在框架平面外的计算长度取决于侧向支撑点的距离，故本算例平面外计算长度取其实际长度，即 $l_0=l=4.2\text{m}$。

2. A 柱截面验算

最不利内力组合：无地震作用时，$M=142.31\text{kN}\cdot\text{m}$，$N=1403.01\text{kN}$；

有地震作用时，$M=266.36\text{kN}\cdot\text{m}$，$N=1414.03\text{kN}$。

（1）强度验算

柱的强度应满足：$\dfrac{N}{A}+\dfrac{M}{\gamma_x W_x}\leqslant f$

① 无地震作用时

$$\frac{N}{A}+\frac{M}{\gamma_x W_x}=\frac{1403.01\times10^3}{219.5\times10^2}+\frac{142.31\times10^6}{1.05\times3340\times10^3}=104.5\text{N/mm}^2<f=215\text{N/mm}^2$$

② 有地震作用时

$$\frac{N}{A}+\frac{M}{\gamma_x W_x}=\frac{1414.03\times10^3}{219.5\times10^2}+\frac{266.36\times10^6}{1.05\times3340\times10^3}=140.37\text{N/mm}^2<\frac{f}{0.75}=287\text{N/mm}^2$$

（2）平面内稳定验算

由 $i_x=\sqrt{\dfrac{I_x}{A}}=\sqrt{\dfrac{66900\times10^4}{219.5\times10^2}}=174.58\text{mm}$，$\lambda_x=\dfrac{l_0}{i_x}=\dfrac{4.82\times10^3}{174.58}=27.6$，查现行《钢结构设计规范》表 5.1.2-1 得该截面为 b 类截面，再查现行《钢结构设计规范》附录 C 表 C-2 得稳定系数 $\varphi_x=0.944$。

① 无地震作用时

$$\frac{N}{\varphi_x A}+\frac{\beta_{mx}M}{\gamma_x W_x\left(1-0.8\dfrac{N}{N'_{Ex}}\right)}=\frac{1403.01\times10^3}{0.944\times219.5\times10^2}+$$

$$\frac{1.0\times142.31\times10^6}{1.05\times3340\times10^3\times\left(1-0.8\times\dfrac{1403.01}{53205}\right)}=109.16\text{N/mm}^2<f=215\text{N/mm}^2$$

② 有地震作用时

$$\frac{N}{\varphi_x A}+\frac{\beta_{mx}M}{\gamma_x W_x\left(1-0.8\dfrac{N}{N'_{Ex}}\right)}=\frac{1414.03\times10^3}{0.944\times219.5\times10^2}+$$

$$\frac{1.0\times266.36\times10^6}{1.05\times3340\times10^3\times\left(1-0.8\times\dfrac{1414.03}{53205}\right)}=145.84\text{N/mm}^2<\frac{f}{0.75}=287\text{N/mm}^2$$

其中：欧拉临界力 $N'_{Ex}=\dfrac{\pi^2 EA}{1.1\lambda_x^2}=\dfrac{3.14^2\times206\times10^3\times219.5\times10^2}{1.1\times27.6^2}\times10^{-3}=53205\text{kN}$；

等效弯矩系数 $\beta_{mx}=1.0$；

截面塑性发展系数，$\gamma_x=1.05$。

③ 长细比

$$\frac{l_0}{i_x}=\frac{4.82\times10^3}{174.58}=27.61<120，满足要求。$$

（3）平面外稳定验算

由 $i_y=\sqrt{\dfrac{I_y}{A}}=\sqrt{\dfrac{22400\times10^4}{219.5\times10^2}}=101.02\text{mm}$，$\lambda_x=\dfrac{l_0}{i_x}=\dfrac{4.2\times10^3}{101.02}=41.6$，查现行《钢结构设计规范》表 5.1.2-1 得该截面为 C 类截面，再查现行《钢结构设计规范》附录 C 表 C-3 得稳定系数 $\varphi_y=0.829$；平面外等效弯矩系数 $\beta_{tx}=1.0$，$\varphi_b=1.07-\dfrac{\lambda_y^2}{44000}=1.07-\dfrac{41.6^2}{44000}=1.03$。

① 无地震作用组合时

$$\frac{N}{\varphi_x A}+\eta\frac{\beta_{tx}M}{\varphi_b W_x}=\frac{1403.01\times10^3}{0.829\times219.5\times10^2}+1.0\times\frac{1.0\times142.31\times10^6}{1.03\times3340\times10^3}$$
$$=118.47\text{N/mm}^2<f=215\text{N/mm}^2$$

② 有地震作用组合时

$$\frac{N}{\varphi_x A}+\eta\frac{\beta_{tx}M}{\varphi_b W_x}=\frac{1414.03\times10^3}{0.829\times219.5\times10^2}+1.0\times\frac{1.0\times266.36\times10^6}{1.03\times3340\times10^3}$$
$$=155.14\text{N/mm}^2<\frac{f}{0.75}=287\text{N/mm}^2$$

③ 长细比

$$\frac{l_0}{i_y}=\frac{4.2\times10^3}{101.02}=41.58<120，满足要求。$$

（4）局部稳定验算

翼缘部分：$\dfrac{b_1}{t}=\dfrac{400-13}{2\times21}=9.2<13\sqrt{\dfrac{235}{f_y}}$，满足要求。

腹板部分：$\sigma_{max}=\dfrac{N}{A}+\dfrac{My_1}{I_x}=\dfrac{1414.03\times10^3}{219.5\times10^2}+\dfrac{266.36\times179\times10^6}{66900\times10^4}=135.69\text{N/mm}^2$

$$\sigma_{min}=\frac{N}{A}-\frac{My_1}{I_x}=\frac{1414.03\times10^3}{219.5\times10^2}-\frac{266.36\times179\times10^6}{66900\times10^4}=-6.85\text{N/mm}^2$$

应力梯度：$\alpha_0=\dfrac{\sigma_{max}-\sigma_{min}}{\sigma_{max}}=1.05<1.6$

$$\frac{h_0}{t_w}=\frac{400-2\times21}{13}=27.5<(16\alpha_0+0.5\lambda+25)\sqrt{\frac{235}{f_y}}=56.8，满足要求。$$

其中：α_0 为应力梯度；

λ 为构件在弯矩作用平面内的长细比（当 $\lambda<30$ 时取 $\lambda=30$，当 $\lambda>100$ 时取 $\lambda=100$）。

3. B 柱截面验算

最不利内力组合：无地震作用时，$M=25.95\text{kN}\cdot\text{m}$，$N=3133.95\text{kN}$；
有地震作用时，$M=243.52\text{kN}\cdot\text{m}$，$N=2766.19\text{kN}$。

（1）强度验算

柱的强度应满足：$\dfrac{N}{A}+\dfrac{M}{\gamma_x W_x}\leqslant f$

① 无地震作用时，

$$\frac{N}{A}+\frac{M}{\gamma_x W_x}=\frac{3133.95\times10^3}{219.5\times10^2}+\frac{25.95\times10^6}{1.05\times3340\times10^3}=150.18\text{N/mm}^2<f=215\text{N/mm}^2$$

② 有地震作用时，

$$\frac{N}{A}+\frac{M}{\gamma_x W_x}=\frac{2766.19\times10^3}{219.5\times10^2}+\frac{243.52\times10^6}{1.05\times3340\times10^3}=195.46\text{N/mm}^2<\frac{f}{0.75}=287\text{N/mm}^2$$

（2）平面内稳定验算

由 $i_x=\sqrt{\dfrac{I_x}{A}}=\sqrt{\dfrac{66900\times10^4}{219.5\times10^2}}=174.58\text{mm}$，$\lambda_x=\dfrac{l_0}{i_x}=\dfrac{4.55\times10^3}{174.58}=26.1$，查现行《钢结构设计规范》表 5.1.2-1 得该截面为 b 类截面，再查现行《钢结构设计规范》附录 C 表 C-2 得稳定系数 $\varphi_x=0.95$。

① 无地震作用时

$$\frac{N}{\varphi_x A}+\frac{\beta_{mx}M}{\gamma_x W_x\left(1-0.8\dfrac{N}{N'_{Ex}}\right)}=\frac{3133.95\times10^3}{0.95\times219.5\times10^2}$$

$$+\frac{1.0\times25.95\times10^6}{1.05\times3340\times10^3\times\left(1-0.8\times\dfrac{3133.95}{559496}\right)}=158.02\text{N/mm}^2<f=215\text{N/mm}^2$$

② 有地震作用时

$$\frac{N}{\varphi_x A}+\frac{\beta_{mx}M}{\gamma_x W_x\left(1-0.8\dfrac{N}{N'_{Ex}}\right)}=\frac{2766.19\times10^3}{0.95\times219.5\times10^2}$$

$$+\frac{1.0\times243.52\times10^6}{1.05\times3340\times10^3\times\left(1-0.8\times\dfrac{2766.19}{59496}\right)}=204.78\text{N/mm}^2<\frac{f}{0.75}=287\text{N/mm}^2$$

其中：欧拉临界力 $N'_{Ex}=\dfrac{\pi^2 EA}{1.1\lambda_x^2}=\dfrac{3.14^2\times206\times10^3\times219.5\times10^2}{1.1\times27.6^2}\times10^{-3}=53205\text{kN}$；

等效弯矩系数 $\beta_{mx}=1.0$；

截面塑性发展系数，$\gamma_x=1.05$。

③ 长细比

$\dfrac{H}{i_x}=\dfrac{4.55\times10^3}{174.58}=26.1<120$，满足要求。

（3）平面外稳定验算

由 $i_y=\sqrt{\dfrac{I_y}{A}}=\sqrt{\dfrac{22400\times10^4}{219.5\times10^2}}=101.02\text{mm}$，$\lambda_x=\dfrac{l_0}{i_x}=\dfrac{4.2\times10^3}{101.02}=41.6$，查现行《钢结构设计规范》表 5.1.2-1 得该截面为 c 类截面，再查现行《钢结构设计规范》附录 C 表 C-3 得稳定系数 $\varphi_y=0.829$；平面外等效弯矩系数 $\beta_{tx}=1.0$，$\varphi_b=1.07-\dfrac{\lambda_y^2}{44000}=1.07-\dfrac{41.6^2}{44000}=1.03$。

① 无地震作用时

$$\frac{N}{\varphi_x A}+\eta\frac{\beta_{tx}M}{\varphi_b W_x}=\frac{2766.19\times10^3}{0.829\times219.5\times10^2}+1.0\times\frac{1.0\times243.52\times10^6}{1.03\times3340\times10^3}$$

$$=179.77\text{N/mm}^2<f=215\text{N/mm}^2$$

② 有地震作用时

$$\frac{N}{\varphi_x A}+\eta\frac{\beta_{tx}M}{\varphi_b W_x}=\frac{2766.19\times10^3}{0.829\times219.5\times10^2}+1.0\times\frac{1.0\times243.52\times10^6}{1.03\times3340\times10^3}$$

$$=222.81\text{N/mm}^2<\frac{f}{0.75}=287\text{N/mm}^2$$

③ 长细比

$$\frac{H}{i_y}=\frac{4.2\times10^3}{101.02}=41.6<120，满足要求。$$

（4）局部稳定验算

翼缘部分：$\dfrac{b_1}{t}=\dfrac{400-13}{2\times21}=9.2<13\sqrt{\dfrac{235}{f_y}}$，满足要求。

腹板部分：$\sigma_{max}=\dfrac{N}{A}+\dfrac{My_1}{I_x}=\dfrac{2766.19\times10^3}{219.5\times10^2}+\dfrac{243.52\times179\times10^6}{66900\times10^4}=191.18\text{N/mm}^2$

$$\sigma_{min}=\frac{N}{A}-\frac{My_1}{I_x}=\frac{2766.19\times10^3}{219.5\times10^2}-\frac{243.52\times179\times10^6}{66900\times10^4}=60.86\text{N/mm}^2$$

应力梯度：$\alpha_0=\dfrac{\sigma_{max}-\sigma_{min}}{\sigma_{max}}=0.68<1.6$

$$\frac{h_0}{t_w}=\frac{400-2\times21}{13}=27.5<(16\alpha_0+0.5\lambda+25)\sqrt{\frac{235}{f_y}}=50.88，满足要求$$

其中：α_0 为应力梯度；

λ 为构件在弯矩作用平面内的长细比（当 $\lambda<30$ 时取 $\lambda=30$，当 $\lambda>100$ 时取 $\lambda=100$）。

4.7.3　弹塑性验算

对于底层，楼层屈服强度系数 $\xi_y=\dfrac{V_y}{V_e}=\dfrac{609}{315}=1.9$（其中 $V_y=\dfrac{I_x t_w}{S}f_{vk}=$

$\dfrac{6.69\times10^8\times13\times125}{1.8\times10^6}=6.09\times10^5\text{N}=609\text{kN}$，$V_e=315\text{kN}$），故大震下，该结构的钢柱没有屈服，不需要进行弹塑性层间位移验算。

4.8　节点连接抗震设计

4.8.1　节点域设计

1. 节点域稳定性验算

按 7 度及以上抗震设防的结构，工字形截面柱腹板在节点域范围的稳定性应符合

$t_w \geqslant \dfrac{h_b + h_c}{90}$。

柱在节点域的腹板厚度 $t_w = 13\text{mm}$，梁腹板高度 $h_b = 588 - 2 \times 20 = 548\text{mm}$，柱腹板高度 $h_b = 400 - 2 \times 21 = 358\text{mm}$。$\dfrac{h_b + h_c}{90} = \dfrac{548 + 358}{90} = 10.07\text{mm} < t_w = 13\text{mm}$，满足工字形截面柱腹板在节点域范围的稳定性。

2. 节点域抗剪强度验算

（1）节点域体积

$$V_p = h_b h_c t_w = 548 \times 358 \times 13 = 2.55 \times 10^6 \text{mm}$$

（2）抗剪强度验算

以底层边柱 A 节点（无地震作用时）为例。

$$\tau = \frac{M_{b1} + M_{b2}}{V_p} = \frac{291.47 \times 10^6}{2.55 \times 10^6} = 114.3 < \frac{4}{3} f_v = 167\text{N/mm}$$

其中：M_{b1}、M_{b2} 分别为节点两侧梁端弯矩设计值。

（3）屈服承载力验算

以底层边柱节点域为例。

节点域一侧梁端截面全塑性受弯承载力：

$$M_{pb} = W_{pb} f_y = 4.02 \times 10^6 \times 235 = 944.7 \times 10^6 \text{N·mm} = 944.7 \text{kN·m}$$

其中：W_{pb} 为塑性截面模量。

$$\tau = \psi \frac{M_{pb}}{V_p} = 0.7 \times \frac{944.7 \times 10^6}{2.55 \times 10^6} = 259\text{N/mm}^2 > \frac{4}{3} f_v = 167\text{N/mm}$$

其中：ψ 为系数，按 7 度设防的结构取 0.6，按 8、9 度设防的结构取 0.7。

由于其节点域剪应力不满足要求，需重新设计节点域的柱腹板厚度。

节点域体积：$V_p \geqslant V_p' = \dfrac{\psi M_{pb}}{\tau} = \dfrac{0.7 \times 10126 \times 10^6}{167} = 4.24 \times 10^6 \text{mm}^3$

$$t_w \geqslant \frac{V_p'}{h_b h_c} = \frac{4.24 \times 10^6}{548 \times 358} = 21.6\text{mm}$$

将柱腹板在节点域范围内更换为厚度为 22mm。

4.8.2 节点连接设计

1. 梁柱节点连接设计

梁柱连接为刚性连接，梁翼缘与柱采用完全焊透的坡口对接焊缝连接，梁腹板与柱采用单连接板由 M24 的 10.9 级高强度螺栓摩擦型连接，摩擦面采用喷砂处理，孔径 $d_0 = 26\text{mm}$，预应力设计值 $p = 225\text{kN}$，抗滑移系数 $\mu = 0.45$，$f_u = 1040\text{N/mm}^2$。焊条采用 E43 型，二级焊缝，$f_t^w = 205\text{N/mm}^2$，$f_v^w = 205\text{N/mm}^2$，$f_f^w = 160\text{N/mm}^2$。以底层 AB 梁和底层 B 柱连接节点为例，有地震作用时内力：$M = 660.92\text{kN·m}$。梁柱的连接如图 4.8 所示。

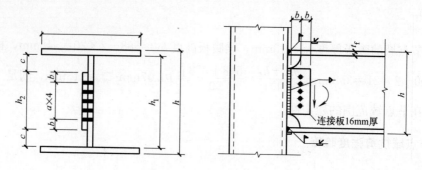

图 4.8　主梁与柱连接节点

（1）螺栓布置及计算

按螺栓布置要求，螺栓至连接板端部距离 $b \geq 2d_0 = 2 \times 26 = 52$mm，取 60mm；$c$ 至少取 $t_f + 20 = 40$mm（t_f 为安装缝隙，至少为 20mm），取 $c = 50$mm；$h_1 = 548$mm，$h_2 = h_1 - 50 \times 2 = 448$mm。设螺栓每排数目 $n_w = 5$；螺栓间距 $a = \dfrac{448 - 60 \times 2}{4} = 82$mm $> 3d_0 = 78$mm（满足要求）。

（2）梁翼缘完全焊透的对接焊缝强度

使用引弧板进行焊接，其上（下）翼缘对接焊缝长度为 b_f。

$$\sigma = \frac{M}{b_f t_f (h - t_f)} = \frac{660.92 \times 10^6}{300 \times 20 \times (588 - 20)} = 193.9 \text{N/mm}^2 < f_t^w = 205 \text{N/mm}^2，满足要求。$$

（3）梁腹板与柱之间的高强度螺栓连接计算

梁翼缘的塑性截面模量：

$$W_{pf} = 300 \times 20 \times (588 - 20) = 3408000 > 0.7 W_{pb} = 0.7 \times 4.02 \times 10^6 = 2.814 \times 10^6 \text{mm}^3$$

故梁腹板与柱的连接螺栓可采用单排，节点可采用常用设计法计算。

根据剪力确定高强度螺栓数目：

每个高强螺栓的承载力设计值 $N_v^b = 0.9 n_f \mu P = 0.9 \times 1 \times 0.45 \times 225 = 91.125$kN

则高强螺栓数目 $\qquad n_w = \dfrac{V}{N_v^b} = \dfrac{400.35}{91.125} = 4.39$（个）

根据梁腹板净截面面积抗剪承载力的 50% 确定高强度螺栓数目：

$$A_{nw} = h_w t_w - n_w d_0 t_w = 548 \times 12 - 5 \times 26 \times 12 = 5016 \text{mm}^2$$

$$n_w = \frac{k A_{nw} f_v}{N_v^b} = \frac{0.5 \times 5016 \times 125 \times 10^{-3}}{91.125} = 3.4 \text{（个）}$$

由以上计算可知，高强螺栓数目 $n = 5$ 个满足要求。

（4）腹板连接板厚度确定

① 根据连接板净截面与梁腹板净截面相等计算 t

$$t = \frac{t_w (h_1 - n d_0)}{h_2 - n d_0} = \frac{12 \times (548 - 5 \times 26)}{448 - 5 \times 26} = 15.8 \text{mm}$$

② 根据螺栓间距确定连接板厚度

$$t \geq \frac{a}{12} = \frac{82}{12} = 6.8 \text{mm}$$

综合以上数值，取连接板的厚度为 $t = 16\text{mm}$。

（5）连接板的抗剪强度验算

螺栓连接处的连接板净截面面积 $A_n = (h_2 - n_w d_0)t = (448 - 5 \times 26) \times 16 = 5088\text{mm}^2$

$\tau = \dfrac{V}{A_n} = \dfrac{400.35 \times 10^3}{5088} = 78.68\text{N/mm}^2 < \dfrac{f_v}{\gamma_{RE}} = \dfrac{125}{0.85} = 147\text{N/mm}^2$，满足要求

（6）连接板与柱相连的双面角焊缝抗剪强度

按构造要求 h_f：$h_{\text{fmin}} = 1.5\sqrt{t_{\text{max}}} = 1.5\max(\sqrt{16}, \sqrt{21}) = 6.87\text{mm}$

$h_{\text{fmax}} = 1.2t_{\text{min}} = 1.2\min(16, 21) = 19.2\text{mm}$

取 $h_f = 10\text{mm}$

双面角焊缝抗剪强度计算：

$$\tau_f = \frac{V}{2 \times 0.7 l_w h_f} = \frac{400.35 \times 10^3}{2 \times 0.7 \times 428 \times 10} = 66.81\text{N/mm}^2 < f_f^w = 160\text{N/mm}^2$$

满足要求。

（7）节点抗震极限承载力验算

① 极限受弯承载力 M_u

$$M_u = bt_f(h - t_f)f_u = 300 \times 20 \times (588 - 20) \times 375 = 1278 \times 10^6\text{N} \cdot \text{mm}$$
$$= 1278\text{kN} \cdot \text{m} > 1.2M_p = 1215.12\text{kN} \cdot \text{m}$$

满足要求。

② 极限受剪承载力 V_u

腹板净截面面积的极限受剪承载力：

$V_{u1} = 0.58A_{nw}f_u = 0.58 \times (548 - 5 \times 26) \times 12 \times 375 = 1090.98 \times 10^3\text{N} = 1090.98\text{kN}$

腹板连接板净截面面积的极限受剪承载力：

$V_{u2} = 0.58A_{nw}^{PL}f_u = 0.58 \times (448 - 5 \times 26) \times 16 \times 375 = 1106.64 \times 10^3\text{N} = 1106.64\text{kN}$

腹板连接高强度螺栓的极限受剪承载力：

$$V_{u3} = 0.58n_f nA_e^b f_u^b = 0.58 \times 1 \times 5 \times 352.5 \times 1040 = 1063.14 \times 10^3\text{N} = 1063.14\text{kN}$$
$$V_{u4} = nd\sum t f_{cu}^b = 5 \times 24 \times 16 \times 1.5 \times 375 = 1080 \times 10^3\text{N} = 1080\text{kN}$$
$$V_u = \min\{V_{u1}, V_{u2}, V_{u3}, V_{u4}\} = 1063.14\text{kN}$$

$1.3(2M_p/l_n) = 1.3 \times 2 \times 10126/(8 - 0.4) = 346.4\text{kN} < V_u$，满足要求

$0.58h_w t_w f_y = 0.58 \times (588 - 2 \times 20) \times 12 \times 235 = 896.3 \times 10^3\text{N} = 896.3\text{kN} < V_u$，满足要求，故梁柱连接合格。

2. 主次梁节点连接设计

主次梁连接为铰接连接。腹板连接采用 M20 高强螺栓，摩擦面采用喷砂处理，预应力设计值 $p = 155\text{kN}$，抗滑移系数 $\mu = 0.45$。以底层主次梁连接节点为例。

1 层楼面荷载设计值：$6.3 \times 1.2 + 3.5 \times 1.4 = 12.46\text{kN/m}^2$

次梁自重：1.3kN/m

次梁梁端剪力：$V = (12.46 \times 2.65 + 1.3 \times 1.2) \times \dfrac{8}{2} = 138.316\text{kN/m}^2$

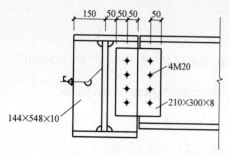

图 4.9　主次梁的连接

螺栓个数取 4 个，设螺栓采用如下布置：螺栓间距为 80mm，螺栓中心至拼接板边缘距离为 50mm，拼板尺寸为 210mm×340mm×8mm。主次梁的连接如图 4.9 所示。

（1）螺栓强度验算

单个螺栓抗剪强度：$N_v^b = 0.9 n_f \mu P = 0.9 \times 2 \times 0.45 \times 155 = 125.25 \text{kN}$

螺栓连接承受内力：

$$V = 138.316 \text{kN}$$

螺栓受力：

$$N_y^V = \frac{V}{n} = \frac{138.316}{4} = 34.58 \text{kN}; N_x^M = \frac{M y_{max}}{\sum y_i^2} = \frac{29.05 \times 10^3 \times 120}{2 \times (40^2 + 120^2)} = 108.94 \text{kN}$$

$$N = \sqrt{(N_x^M)^2 + (N_y^V)^2} = \sqrt{108.94^2 + 34.58^2} = 114.3 \text{kN} < N_v^b = 125.25 \text{kN}，满足要求。$$

（2）主梁加劲肋计算

设支撑加劲肋为 144mm×548mm×10mm，为方便焊接对支撑加劲肋进行切角处理，切角长度 20mm，与主梁腹板双面焊接，角焊缝焊脚 $h_f = 8$mm，其强度 $f_f^w = 160 \text{N/mm}^2$。

① 稳定性计算

支座反力：$N = 2V = 2 \times 138.316 = 276.6 \text{kN}$

计算截面面积：

$$A = 2 t_s b_s + 2 \times 15 t_w \sqrt{\frac{235}{f_y}} \times t_w = 2 \times 10 \times 144 + 2 \times 15 \times 12 \times \sqrt{\frac{235}{235}} \times 12 = 7200 \text{mm}^2$$

绕腹板中心线的截面惯性矩：$I = \frac{1}{12} \times 10 \times 300^3 - \frac{1}{12} \times 10 \times 12^3 = 2.25 \times 10^7 \text{mm}^4$

回转半径：$i = \sqrt{\frac{I}{A}} = \sqrt{\frac{2.25 \times 10^7}{7200}} = 55.6 \text{mm}$

计算长度取支撑加劲肋高：$l_0 = 548$mm；长细比：$\lambda = \frac{l_0}{i} = \frac{548}{55.6} = 9.9$，查现行《钢结构设计规范》表 5.1.2-1 得该截面为 b 类截面，再查现行《钢结构设计规范》附录 C 表 C-2 得稳定系数 $\varphi = 0.992$，则 $\frac{N}{\varphi A} = \frac{276.6 \times 10^3}{0.992 \times 7200} = 39.1 \text{N/mm}^2 < f = 215 \text{N/mm}^2$，满足要求。

② 承压强度验算

承压面积：$A_b = 2 \times (144 - 20) \times 10 = 2480 \text{mm}^2$

钢材端面承压强度设计值：$\sigma = \frac{N}{A_b} = \frac{276.6 \times 10^3}{2480} = 111.5 \text{N/mm}^2 < f_{ce} = 325 \text{N/mm}^2$，满足要求。

③ 焊缝验算

焊缝计算长度（去除加劲板 2 个切角长度 $2 \times 2 \times 20$mm；去除焊缝起落弧长度 $2 \times 2h_f$）：

$l_w = h_w - 80 - 2 \times 2h_f = 548 - 80 - 40 = 428mm < 60h_f = 60 \times 8 = 480mm$，取 $l_w = 428mm$

焊缝截面模量：$W_w = \dfrac{1}{6} \times 0.7h_f l_w^2 = \dfrac{1}{6} \times 0.7 \times 8 \times 428^2 = 170.97 \times 10^3 mm^3$

焊缝受力：$\tau_f = \dfrac{138.316 \times 10^3}{2 \times 0.7 \times 8 \times 428} = 170.97 mm^3$；

$\sigma_f = \dfrac{M}{W_w} = \dfrac{29.05 \times 10^6}{2 \times 170.97 \times 10^3} = 84.96 N/mm^2$；

$\tau_{fs} = \sqrt{\tau_f^2 + \sigma_f^2} = \sqrt{28.85^2 + 84.96^2} = 89.72 N/mm^2 < f_f^w = 160 N/mm^2$

强度满足

故主次梁连接满足要求。

4.9 框架-支撑体系地震作用计算和地震作用效应计算

本节内容主要用于说明框架支撑体系结构在地震作用下的计算方法，并未考虑结构性能和经济的合理性，实际中框架-支撑体系一般应用于 40~60 层的高层建筑，其适用高度见表 4.1。本节结构体系的柱网布置与图 4.1 类似，但其纵向和横向柱距均为 4.8m。

4.9.1 构件截面尺寸

1. 框架梁的截面尺寸

横向框架梁选用 HM340×250×9×14，纵向框架主梁选用 HM294×200×8×12，纵向框架次梁选用 HM294×200×8×12。

2. 框架柱的截面尺寸

框架柱选用 HW350×350×12×19。

4.9.2 荷载计算

1. 屋面

恒荷载，4.6kN/m²；活荷载，0.5kN/m²；雪荷载，0.3kN/m²。

2. 楼面

恒荷载，6.3kN/m²；活荷载，3.5kN/m²。

3. 其他

风荷载，0.40kN/m²；横向钢梁自重，0.8kN/m；纵向钢梁自重，0.6kN/m；钢柱自重，1.4kN/m。

4.9.3　计算简图

计算简图如图 4.10 所示。

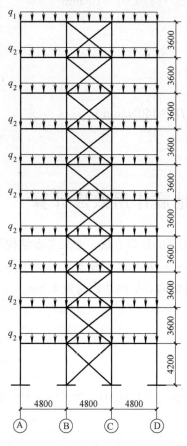

图 4.10　计算简图（单位：mm）

第十层荷载 q_1：恒载 $4.6 \times 4.8 = 22.08$ kN/m，活载 $0.5 \times 4.8 = 2.4$ kN/m；

一到九层荷载 q_2：恒载 $6.3 \times 4.8 = 30.24$ kN/m，活载 $3.5 \times 4.8 = 16.8$ kN/m。

4.9.4　水平地震作用下框架的侧移计算

平面布置规则的框架-支撑结构，在水平荷载作用下将其简化为平面抗侧力体系分析时，可将所有框架合并为总框架，并将所有竖向支撑合并为总支撑，然后进行协同工作分析。

1. 柱、支撑侧向刚度

一般层（柱）：$k_1 = \dfrac{i_2 + i_4}{2i_c} = \dfrac{45208E \times 2}{2 \times 34000E} = 1.33$，

$\alpha_1 = \dfrac{k_1}{2 + k_1} = 0.40$

$k_2 = \dfrac{i_1 + i_2 + i_3 + i_4}{2i_c} = \dfrac{45208E \times 4}{2 \times 34000E} = 2.66$，$\alpha_2 = \dfrac{k_2}{2 + k_2} = 0.57$

$D_1 = \alpha_1 \dfrac{12i_c}{h^2} = 0.40 \times \dfrac{12 \times 34000 \times 206 \times 10^3}{3.6^2 \times 10^6} = 2.594 \times 10^3$ N/mm

$D_2 = \alpha_2 \dfrac{12i_c}{h^2} = 0.57 \times \dfrac{12 \times 34000 \times 206 \times 10^3}{3.6^2 \times 10^6} = 3.697 \times 10^3$ N/mm

一般层支撑：

$$I_{eq} = \mu \sum_{j=1}^{m} \sum_{i=1}^{n} A_{ij} a_{ij}^2 = 0.8 \times 173.9 \times 10^2 \times 2 \times 2400^2 = 1.60 \times 10^{11} \text{ mm}^3$$

$$D_3 = \frac{12EI_{eq}}{h^3} = \frac{12 \times 206 \times 10^3 \times 1.60 \times 10^{11}}{3600^3} = 8.477 \times 10^6 \text{ N/mm}$$

底层（柱）：$k_1 = \dfrac{i_2}{i_c} = \dfrac{45208E}{32381E} = 1.40$，$\alpha_1 = \dfrac{0.5 + k_1}{2 + k_1} = 0.56$

$$k_2 = \frac{i_1 + i_2}{i_c} = \frac{45208E \times 2}{32381E} = 2.79, \quad \alpha_2 = \frac{0.5 + k_2}{2 + k_2} = 0.69$$

$$D_1 = \alpha_1 \frac{12i_c}{h^2} = 0.56 \times \frac{12 \times 32381 \times 206 \times 10^3}{4.2^2 \times 10^6} = 2.541 \times 10^3 \text{ N/mm}$$

$$D_2 = \alpha_2 \frac{12i_c}{h^2} = 0.69 \times \frac{12 \times 32381 \times 206 \times 10^3}{4.2^2 \times 10^6} = 3.313 \times 10^3 \text{ N/mm}$$

底层支撑：

$$I_{eq} = \mu \sum_{j=1}^{m} \sum_{i=1}^{n} A_{ij} a_{ij}^2 = 0.8 \times 173.9 \times 10^2 \times 2 \times 2400^2 = 1.60 \times 10^{11} \, \text{mm}^3$$

$$D_3 = \frac{12EI_{eq}}{h^3} = \frac{12 \times 206 \times 10^3 \times 1.60 \times 10^{11}}{4200^3} = 5.339 \times 10^6 \, \text{N/mm}$$

2. 重力荷载代表值

$G_{10} = (6.3 + 0.5 \times 0.5) \times 4.8 \times 14.4 + 0.8 \times 14.4 + 1.7 \times 3.6 \times 4 = 488.74 \text{kN}$；

$G_i = (6.3 + 0.5 \times 3.5) \times 4.8 \times 14.4 + 0.8 \times 14.4 + 1.7 \times 3.6 \times 4 = 592.42 \text{kN}$，其中，$i = 2, 3, 4, 5, 6, 7, 8, 9$；

$G_1 = (6.3 + 0.5 \times 3.5) \times 4.8 \times 14.4 + 0.8 \times 14.4 + 1.7 \times 0.5 \times (3.6 + 4.2) \times 4 = 594.46 \text{N}$。

3. 横向框架-支撑结构自振周期

按顶点位移法计算框架基本自振周期：$T_1 = 1.7 \xi_T \sqrt{u_n}$。

按照弹性静力方法计算所得到的各层侧移如表 4.17 所示。

横向框架顶点位移计算结果   表 4.17

层数	G_i(kN)	$\sum G_i$(kN)	$D_i = (D_1+D_2) \times 2 + D_3$ ($\times 10^6$ kN/m)	层间相对位移 $\delta_i = \sum G_i / D_i$(m)	u_i(m)
10	488.74	488.74	8.49	0.0000576	0.00412
9	592.42	1081.16	8.49	0.000127	0.00406
8	592.42	1673.58	8.49	0.000197	0.00393
7	592.42	2266	8.49	0.000267	0.00374
6	592.42	2858.42	8.49	0.000337	0.00347
5	592.42	3450.84	8.49	0.000406	0.00313
4	592.42	4043.26	8.49	0.000476	0.00273
3	592.42	4635.68	8.49	0.000546	0.00225
2	592.42	5228.1	8.49	0.000616	0.00170
1	594.46	5822.56	5.35	0.001088	0.001088

结构顶层位移：$u_5 = \sum \delta_i = 0.00412$（m）。

结构基本自振周期：$T_1 = 1.7 \xi_T \sqrt{u_n} = 1.7 \times 0.9 \times \sqrt{0.00412} = 0.10 \text{s}$。

4. 横向框架-支撑水平地震作用及楼层剪力计算

此建筑是高度不超过 40m 且平面和竖向较规则的以剪切变形为主的建筑，故地震作用计算采用底部剪力法。查我国现行抗震规范，得 $\alpha_{max} = 0.16$，$T_g = 0.35 \text{s}$。

结构等效重力荷载代表值：$G_{eq} = 0.85 \sum G_i = 0.85 \times 5822.56 = 4949.18 \text{kN}$

相应于结构基本周期的地震影响系数：$\alpha_1 = \eta_2 \alpha_{max} = 1.07 \times 0.16 = 0.17$

其中：$\eta_2 = 1 + \frac{0.05 - \zeta}{0.08 + 1.6\zeta} = 1 + \frac{0.05 - 0.04}{0.08 + 1.6 \times 0.04} = 1.07$，$\zeta$ 为建筑结构的阻尼比，

取 0.04。

结构总水平地震作用等效的底部剪力标准值：

$$F_{Ek}=\alpha_1 G_{eq}=0.17 \times 4949.18=841.36 \text{kN}$$

顶点附加水平地震作用系数：$T_1=0.1 \text{s}<1.4T_g=1.4 \times 0.35=0.49 \text{s}$，$\delta_n=0$，即不需考虑顶点附加水平地震作用。

各层水平地震作用标准值计算，以第十层为例：

$$F_i=\frac{G_i H_i F_{Ek}}{\sum G_j H_j}=0.153 \times 841.36=128.56 \text{kN}$$

（1）各层地震作用及楼层剪力

各层地震作用及楼层剪力见表 4.18，楼层地震作用及楼层剪力如图 4.11 所示。

各层地震作用及楼层剪力　　　　　　表 4.18

层数	h_i(m)	H_i(m)	G_i(kN)	$G_i H_i$(kN·m)	$\dfrac{G_i H_i}{\sum G_j H_j}$	F_i(kN)	V_i(kN)
10	3.6	36.6	488.74	17887.88	0.153	128.56	128.56
9	3.6	33	592.42	19549.86	0.167	140.50	269.06
8	3.6	29.4	592.42	17417.15	0.149	125.18	394.24
7	3.6	25.8	592.42	15284.44	0.131	109.85	504.09
6	3.6	22.2	592.42	13151.72	0.112	94.52	598.61
5	3.6	18.6	592.42	11019.01	0.094	79.19	677.80
4	3.6	15	592.42	8886.3	0.076	63.87	741.67
3	3.6	11.4	592.42	6753.588	0.058	48.54	790.21
2	3.6	7.8	592.42	4620.876	0.039	33.21	823.42
1	4.2	4.2	594.46	2496.732	0.021	17.94	841.36

（2）各层地震剪力最小取值验算

各层地震剪力最小取值验算见表 4.19，满足 $V_i>\lambda\sum\limits_{j=1}^{n}G_j$。

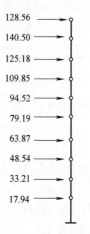

图 4.11　各楼层地震作用（kN）

各楼层地震剪力最小取值　　　　表 4.19

层数	V_i(kN)	$\sum\limits_{i=1}^{n}G_i$ (kN)	$\lambda\sum\limits_{i=1}^{n}G_j$ (kN)
10.00	128.56	488.74	15.64
9.00	269.06	1081.16	34.60
8.00	394.24	1673.58	53.55
7.00	504.09	2266.00	72.51
6.00	598.61	2858.42	91.47
5.00	677.80	3450.84	110.43
4.00	741.67	4043.26	129.38
3.00	790.21	4635.68	148.34
2.00	823.42	5228.10	167.30
1.00	841.36	5822.56	186.32

注：表中 $\lambda=0.032$。

5. 横向框架支撑抗震验算

水平地震作用由框架和支撑共同承受，如图 4.12 所示。按其刚度进行分配，由于框架的抗侧刚度远小于支撑的抗侧刚度，抗震规范中规定框架部分所承担的地震层剪力不小于结构底部总剪力的 25% 和框架部分计算最大层剪力 1.8 倍的较小值，经计算，框架承担剪力为结构底部总剪力的 25%。对于钢框架的构件抗震设计在本章 4.6、4.7 节已经详细介绍了，故本节仅介绍支撑部分的抗震计算。支撑的计算简图如图 4.13 所示。

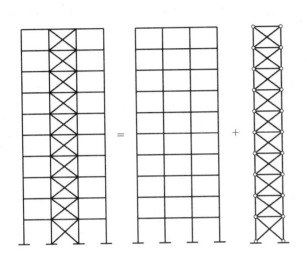

| 96.42 |
| 105.38 |
| 93.88 |
| 82.39 |
| 70.89 |
| 59.39 |
| 47.90 |
| 36.40 |
| 24.91 |
| 13.46 |

图 4.12　水平地震作用下结构的计算简图

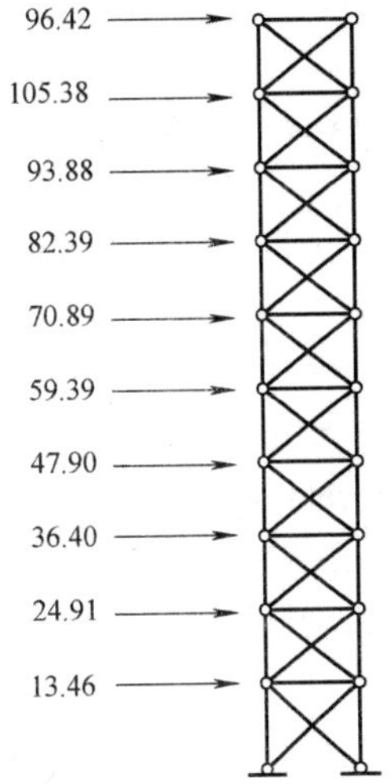

图 4.13　水平地震作用下支撑的计算简图
（地震作用按表 4.18 中 $0.75F_i$ 考虑）

支撑斜杆按拉压杆件设计，$\lambda \leq 120$。所有支撑斜杆采用同一截面，选 HW250×250×9×14。利用结构力学求解器，解得各杆的内力，得到支撑斜杆 $N_{max}=420.08\text{kN}$，$N_{min}=-420.08\text{kN}$（均位于一层）。由于一层的支撑斜杆轴力最大，且长细比大，故一层的支撑斜杆最危险。

对于一层的支撑斜杆：$\lambda_y = \dfrac{l_y}{i_y} = \dfrac{6378}{62.9} = 101$，查现行《钢结构设计规范》表 5.1.2-1 得该截面为 c 类截面，再查现行《钢结构设计规范》附录 C 表 C-3 得稳定系数 $\varphi=0.458$。

正则化长细比：$\lambda_n = \dfrac{\lambda}{\pi}\sqrt{\dfrac{f_{ay}}{E}} = \dfrac{101}{3.14}\sqrt{\dfrac{235}{206\times10^3}} = 1.09$

受循环荷载时的强度降低系数：$\psi = \dfrac{1}{1+0.35\lambda_n} = \dfrac{1}{1+0.35\times1.09} = 0.72$

受压承载力：

$$\frac{N}{\varphi A_{br}} = \frac{420.08\times10^3}{0.458\times92.18\times10^2} = 99.5\text{N/mm}^2 < \frac{\psi f}{\gamma_{RE}} = \frac{0.72\times235}{0.8} = 212\text{N/mm}^2$$

其中，φ 为轴心受压构件的稳定系数，A_{br} 为支撑斜杆截面面积。

故支撑斜杆受压承载力满足要求。

局部稳定：$\dfrac{b}{t} = \dfrac{120.5}{14} = 8.6 < 11$，$\dfrac{h}{t_w} = \dfrac{218}{9} = 24.2 < 30$，均满足要求。

103

其余构件按内力组合中最不利组合进行验算，和多层框架结构类似，在此不再赘述。特别需要注意的是，计算地震作用下与支撑相连的框架柱轴力时，需要叠加由支撑单独算得的轴力和框架计算的轴力。

参 考 文 献

[1] 中华人民共和国国家标准. 建筑结构荷载规范（GB 50009—2012）[S]. 北京：中国建筑工业出版社. 2012.

[2] 中华人民共和国国家标准. 建筑抗震设计规范（GB 50011—2010）[S]. 北京：中国建筑工业出版社. 2010.

[3] 中华人民共和国国家标准. 钢结构设计规范（GB 50017—2003）[S]. 北京：中国建筑工业出版社. 2003.

[4] 中华人民共和国行业标准. 高层民用建筑钢结构技术规程（JGJ 99—98）[S]. 北京：中国建筑工业出版社. 1998.

[5] 中华人民共和国国家标准. 混凝土结构设计规范（GB 50010—2010）[S]. 北京：中国建筑工业出版社. 2010.

[6] 中华人民共和国电力行业标准. 钢-混凝土组合结构设计规程（DL/T 5085—1999）[S]. 北京：中国电力出版社. 1999.

[7] 马成松. 建筑结构抗震设计 [M]. 武汉：武汉理工大学出版社. 2010：197—215.

第5章 多层钢筋混凝土框架
结构抗风设计实例

　　风荷载是建筑结构的主要侧向荷载之一。在非地震地区和沿海地区，风荷载常常成为结构设计的控制荷载。由于多层建筑结构刚度相对高层建筑结构刚度较大，多层建筑结构的风振问题没有高层建筑结构突出，但其风荷载值对结构体型、高度变化敏感。

　　风（气流）在接近地面运动时，受到树木、房屋等障碍物的摩擦影响，消耗了一部分动能，风速逐渐降低。该影响一般用地面粗糙度衡量。地面粗糙度愈大，同一高度处的风速减弱愈显著。一般地，地面粗糙度可由小而大列为水面、沙漠、空旷平原、灌木、村、镇、丘陵、森林、大城市等几类。现行荷载规范将地面粗糙度分为 A、B、C、D 四类：A 类指近海海面和海岛、海岸、湖岸及沙漠地区；B 类指田野、乡村、丛林、丘陵以及房屋比较稀疏的乡镇；C 类指有密集建筑群的城市市区；D 类指有密集建筑群且房屋较高的城市市区。

　　风速通常随离地面高度增大而增加，增加程度主要与地面粗糙度和温度梯度有关。达到一定高度后，地面的摩擦影响可忽略不计，该高度称为梯度风高度。梯度风高度随地面粗糙度而异，一般约为 300～500m。梯度风高度以内的风速廓线一般可用指数曲线表示。

　　风载体型系数也称空气动力系数，它是风在工程结构表面形成的压力（或吸力）与按来流风速算出的理论风压的比值。它反映出稳定风压在工程结构及建筑物表面上的分布，并随建筑物形状、尺度、围护和屏蔽状况以及气流方向等而异。对尺度很大的工程结构及建筑物，有可能并非全部迎风面同时承受最大风压。对一个建筑物而言，从风载体型系数可发现迎风面为压力，背风面及顺风向的侧面为吸力，顶面则随坡角大小可能为压力或吸力。多层建筑常用结构体型及体型系数如表 5.1 所示，具体详见我国现行荷载规范表8.3.1。房屋和构筑物与现行荷载规范表 8.3.1 中的体型不同时，可按有关资料采用；当无资料时，宜由风洞试验确定；对于重要且体型复杂的房屋和构筑物，应由风洞试验确定。

常用结构体型及体型系数 表 5.1

类别	体型及体型系数 μ_s	备 注
封闭式落地双坡屋面	μ_s -0.5 α 	α μ_s $0°$ 0.0 $30°$ $+0.2$ $\geqslant 60°$ $+0.8$	中间值按线性插值法计算

类　　别	体型及体型系数 μ_s	备　　注
封闭式双坡屋面		1. 中间按线性插值法计算 2. μ_s 的绝对值不小于 0.1
封闭式房屋和构筑物		

风荷载大小主要和近地风性质、建筑物所在地貌及建筑物本身特性（如建筑物的高度、形状、表面状况等）有关。我国现行荷载规范规定的基本风压 w_0 以一般空旷平坦地面、离地面 10m 高、风速时距为 10 分钟的平均最大风速为标准，按结构类别考虑重现期统计得风速 v（即年最大风速分布的 96.67% 分位值），并由 $w_0 = \dfrac{\rho v^2}{2}$ 确定，式中 ρ 为空气质量密度；v 为风速，但基本风压 w_0 不得小于 $0.3kN/m^2$。

除需对建筑物的结构及结构构件进行抗风验算，还需对建筑物的围护构件进行抗风验算。计算围护结构风荷载标准值主要考虑高度、局部体型、阵风效应和基本风压的影响。高度变化系数、基本风压的取值与主要受力结构相同，阵风效应按现行荷载规范表 8.3.1 采用，常用局部体型系数可按下列规定采用：

1. 计算围护构件及其连接的风荷载时，封闭式矩形平面房屋的墙面及屋面的局部体型系数 μ_{sl} 可按现行荷载规范表 8.3.3 采用；檐口、雨篷、遮阳板、边棱处的装饰条等突出构件取 -2.0；其他房屋和构筑物可按现行荷载规范第 8.3.1 条规定体型系数的 1.25 倍取值。

2. 计算非直接承受风荷载的围护构件风荷载时，局部体型系数 μ_{sl} 可按构件的从属面积折减。当从属面积不大于 $1m^2$ 时，折减系数取 1.0；当从属面积大于或等于 $25m^2$ 时，对墙面折减系数取 0.8，对局部体型系数绝对值大于 1.0 的屋面区域折减系数取 0.6，对其他屋面区域折减系数取 1.0；当从属面积大于 $1m^2$ 小于 $25m^2$ 时，墙面和绝对值大于 1.0 的屋面局部体型系数可采用对数插值，按下式计算：

$$\mu_{sl}(A) = \mu_{sl}(1) + [\mu_{sl}(25) - \mu_{sl}(1)] \log A / 1.4$$

3. 计算围护构件风荷载时，封闭式建筑物内部压力的局部体型系数按其外表面风压的正负情况取 -0.2 或 0.2。仅一面墙有主导洞口的建筑物，其内部压力的局部体型系数按下列规定采用：①当开洞率大于 0.02 且小于或等于 0.10 时，取 $0.4\mu_{sl}$；②当开洞率大于 0.10 且小于或等于 0.30 时，取 $0.6\mu_{sl}$；③当开洞率大于 0.30 时，取 $0.8\mu_{sl}$。其他情况下，建筑物内部压力的局部体型系数应按开放式建筑物的局部体型系数 μ_{sl} 取值。

5.1 工程概况

1. 设计标高：室内地坪设计标高 $\pm 0.000m$，室内外高差 450mm。

2. 墙身做法：普通机制砖填充墙，M5 水泥砂浆砌筑。内粉刷为混合砂浆底，纸筋灰面，厚 20mm，"803" 内墙涂料两度。外粉刷为 1：3 水泥砂浆底，厚 20mm，马赛克贴面。

3. 楼面做法：顶层为 20mm 厚水泥砂浆找平，5mm 厚 1：2 水泥砂浆加 "107" 胶水着色粉面层；底层为 15mm 厚纸筋面石灰抹底，涂料两度。

4. 屋面做法：现浇楼板上铺膨胀珍珠岩保温层（檐口处厚 100mm，2% 自两侧檐口向中间找坡），1：2 水泥砂浆找平层，厚 20mm，二毡三油防水层。

5. 门窗做法：门厅处为铝合金门窗，其他均为木门，钢窗。

6. 地质资料：属Ⅲ类建筑场地。

7. 基本风压：$\omega_0 = 0.55 kN/m^2$（地面粗糙度为 B 类）。

8. 荷载：屋面活荷载 $2.0 kN/m^2$，办公楼楼面活荷载 $2.0 kN/m^2$，走廊楼面活荷载 $2.0 kN/m^2$。本设计的建筑剖面图如图 5.1 所示，建筑平面如图 5.2 所示，结构平面布置如图 5.3。

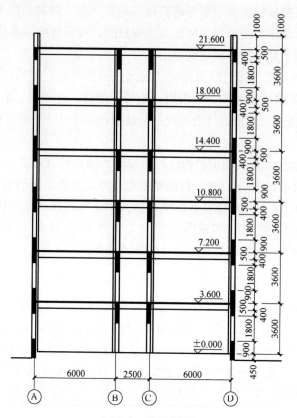

图 5.1　建筑剖面

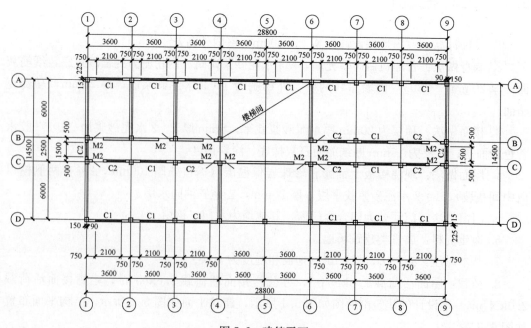

图 5.2　建筑平面

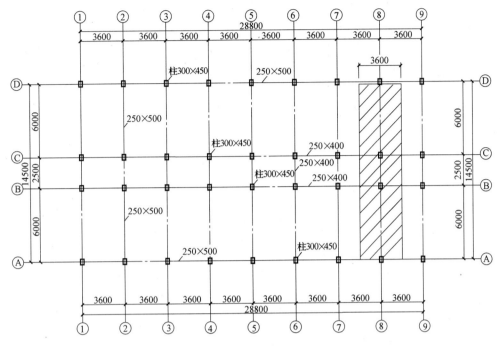

图 5.3 结构平面布置

5.2 设计思路、设计依据和设计基本假定

多层框架结构的风荷载一般可简化为作用于框架节点上的水平力，利用 D 值法对框架进行内力计算；再对竖向荷载和横向荷载（如风荷载、地震作用）进行内力组合；最后进行梁柱配筋设计和围护结构的设计。

本设计主要依据现行国家规范设计：《建筑结构荷载规范》GB 50009—2012、《混凝土结构设计规范》GB 50010—2010、《玻璃幕墙工程技术规范》JGJ 102—2003 等。

5.3 风荷载计算

5.3.1 竖向荷载计算结果

1. 恒载作用下框架结构内力计算结果

恒载作用下框架结构内力计算结果如图 5.4、图 5.5 所示。

本例按 0.85 系数对框架梁端弯矩进行调幅，调幅后框架梁弯矩如图 5.6 所示。柱子的内力不发生变化，仍如图 5.4、图 5.5 所示。调幅过程如下：

调幅后梁端弯矩值＝梁端弯矩值×0.85

$$框架梁的跨中弯矩 = \frac{梁端弯矩值（左）＋梁端弯矩值（右）}{2} - \frac{1}{8}ql^2$$

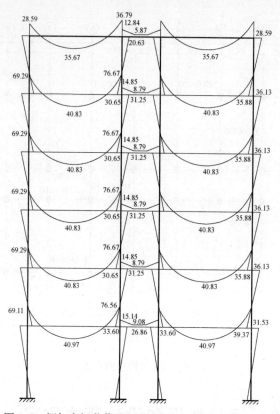

图 5.4　框架在恒载作用下的弯矩图（单位：kN·m）

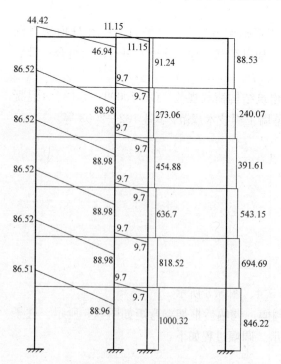

图 5.5　框架在恒载作用下梁的剪力图和柱的
轴力图（单位：kN）

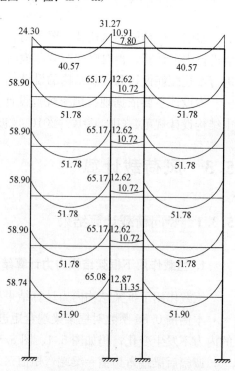

图 5.6　框架在恒载作用下调幅后梁的弯矩图
（单位：kN·m）

2. 活载作用下框架结构内力计算结果

分层法计算活载作用下框架结构内力。考虑到活载分布的最不利组合，各层楼面活荷载布置可能有四种形式。考虑弯矩调幅（调幅系数 0.85）后，弯矩计算结果如图 5.7～图 5.9 所示。不同形式的活荷载作用下梁柱轴力、剪力如图 5.10 所示。

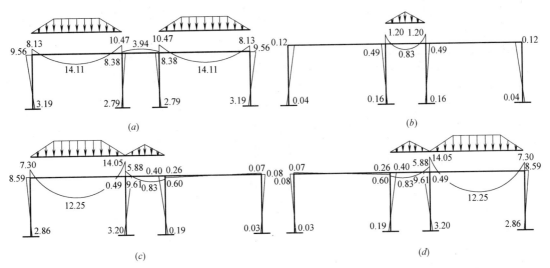

图 5.7　不同形式的活荷载作用下顶层梁柱弯矩图

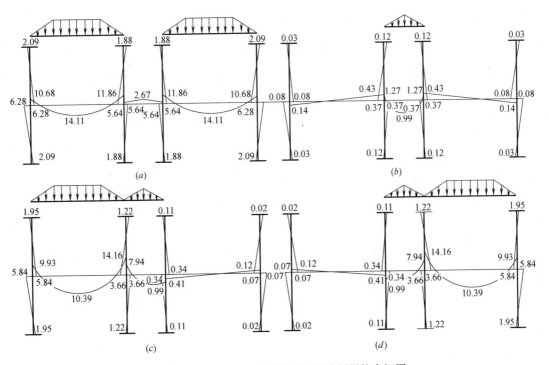

图 5.8　不同形式的活荷载作用下标准层梁柱弯矩图

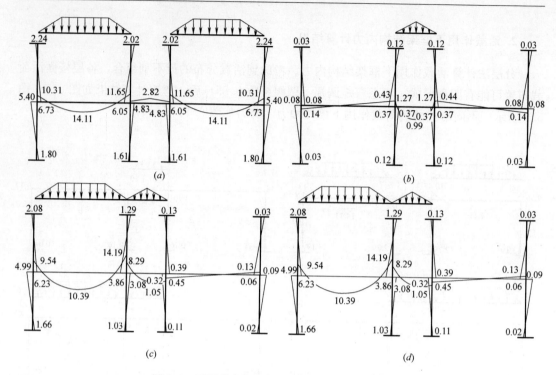

图 5.9　不同形式的活荷载作用下底层梁柱弯矩图

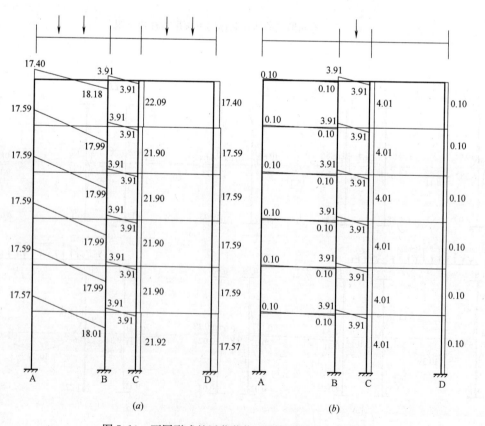

图 5.10　不同形式的活荷载作用下梁柱轴力、剪力图

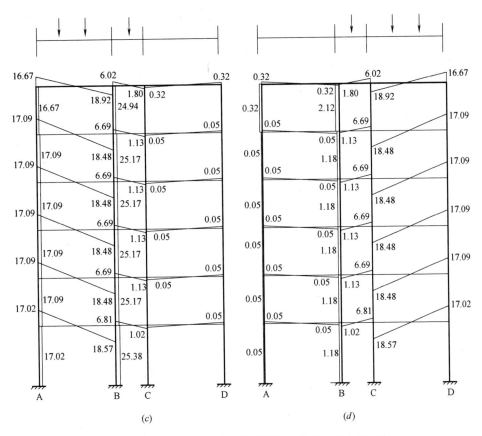

图 5.10 不同形式的活荷载作用下梁柱轴力、剪力图（续）

5.3.2 风荷载计算结果

风荷载标准值计算公式为 $w = \beta_z \mu_s \mu_z w_0$。

因结构高度 $H = 23.5\text{m} < 30\text{m}$，可取 $\beta_z = 1.0$；对于矩形截面 $\mu_s = 1.3$；依据我国现行荷载规范，当 $\mu_z < 1.0$ 时，取 $\mu_z = 1.0$。将风荷载换算成作用于框架每层节点上的集中荷载，表 5.2、图 5.11 为一榀框架各层的风荷载计算结果。

风荷载计算结果　　　　表 5.2

层数	β_z	μ_s	μ_z	$z(\text{m})$	$w_0(\text{kN}\cdot\text{m})$	$A(\text{m})^2$	$P_w(\text{kN})$
6	1.0	1.3	22.5	1.246	0.55	10.34	9.21
5	1.0	1.3	18.9	1.175	0.55	12.96	10.89
4	1.0	1.3	15.3	1.090	0.55	12.96	10.10
3	1.0	1.3	11.7	1.006	0.55	12.96	9.32
2	1.0	1.3	8.1	0.880	0.55	12.96	8.15
1	1.0	1.3	4.5	0.608	0.55	16.2	7.04

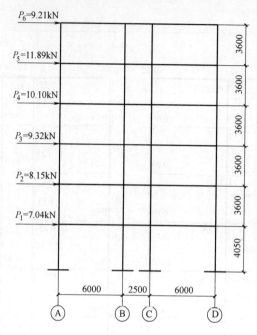

图 5.11　风荷载作用下结构计算简图

5.4　风荷载效应计算

风荷载作用下的结构效应计算采用 D 值法。根据东南大学、同济大学、天津大学合编的《混凝土结构——混凝土结构与砌体结构设计》附录 10 查得，$y_1 = y_2 = y_3 = 0$，即 $y = y_0$。风荷载分布接近于均布荷载，y_0 由东南大学、同济大学、天津大学合编的《混凝土结构——混凝土结构与砌体结构设计》附录 10 附表 10-1 查得。风荷载作用下框架结构弯矩计算以第六层为例，其余楼层计算从略，最终全部结果如图 5.12 所示。

第六层风荷载计算：

$$K_{61} = \frac{i_1 + i_2 + i_3 + i_4}{2i_c} = \frac{0 + 8.68 + 0 + 8.68}{2 \times 6.33} = 1.37$$

$$K_{62} = \frac{i_1 + i_2 + i_3 + i_4}{2i_c} = \frac{10.67 + 8.68 + 10.67 + 8.68}{2 \times 6.33} = 3.06$$

$$\alpha_{c1} = \frac{K}{2+K} = \frac{1.37}{2+1.37} = 0.407 \;;\; \alpha_{c2} = \frac{K}{2+K} = \frac{3.06}{2+3.06} = 0.605$$

$$D_{61} = \alpha_{c1}\frac{12i_c}{h \times h} = 0.407 \times \frac{12 \times 6.63}{3.6 \times 3.6} = 2.50 \;;\; D_{62} = \alpha_{c2}\frac{12i_c}{h \times h} = 0.605 \times \frac{12 \times 6.63}{3.6 \times 3.6} = 3.55$$

$$V_{61} = \frac{2.5}{2.5+3.55+2.5+3.55} \times 9.21 = 1.90 \;;\; V_{62} = \frac{3.55}{2.5+3.55+2.5+3.55} \times 9.21 = 2.70$$

边跨：$y_0 = 0.369$，则反弯点高度：$y_0 h = 0.369 \times 3.6 = 1.33$m

$M_{上} = 1.9 \times (3.6 - 1.33) = 4.31$kN · m；$M_{下} = 1.9 \times 1.33 = 2.53$kN · m

中跨：$y_0 = 0.450$，则反弯点高度 $y_0 h = 0.45 \times 3.6 = 1.62$m

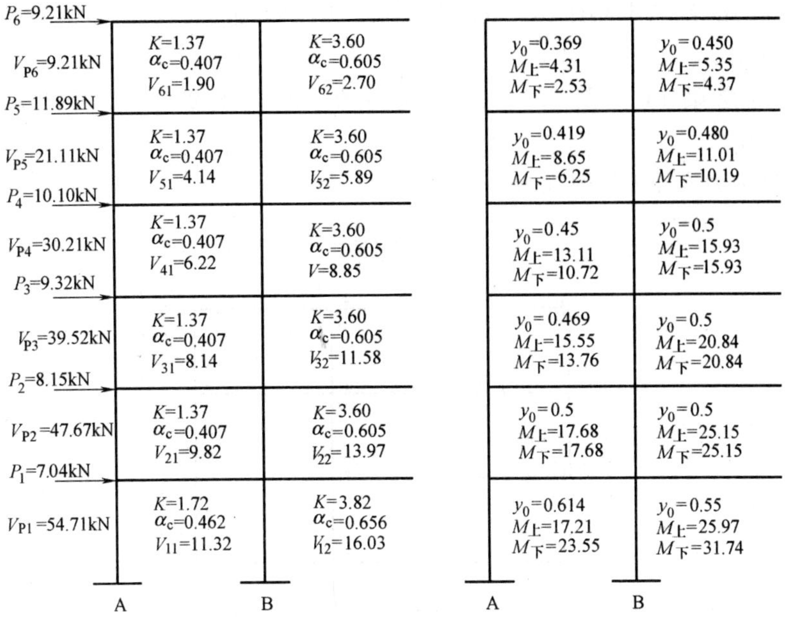

P_6=9.21kN
V_{P6}=9.21kN
P_5=11.89kN
V_{P5}=21.11kN
P_4=10.10kN
V_{P4}=30.21kN
P_3=9.32kN
V_{P3}=39.52kN
P_2=8.15kN
V_{P2}=47.67kN
P_1=7.04kN
V_{P1}=54.71kN
K=1.37 α_c=0.407 V_{61}=1.90
K=3.60 α_c=0.605 V_{62}=2.70
K=1.37 α_c=0.407 V_{51}=4.14
K=3.60 α_c=0.605 V_{52}=5.89
K=1.37 α_c=0.407 V_{41}=6.22
K=3.60 α_c=0.605 V=8.85
K=1.37 α_c=0.407 V_{31}=8.14
K=3.60 α_c=0.605 V_{32}=11.58
K=1.37 α_c=0.407 V_{21}=9.82
K=3.60 α_c=0.605 V_{22}=13.97
K=1.72 α_c=0.462 V_{11}=11.32
K=3.82 α_c=0.656 V_{12}=16.03
A B
y_0=0.369 $M_上$=4.31 $M_下$=2.53
y_0=0.450 $M_上$=5.35 $M_下$=4.37
y_0=0.419 $M_上$=8.65 $M_下$=6.25
y_0=0.480 $M_上$=11.01 $M_下$=10.19
y_0=0.45 $M_上$=13.11 $M_下$=10.72
y_0=0.5 $M_上$=15.93 $M_下$=15.93
y_0=0.469 $M_上$=15.55 $M_下$=13.76
y_0=0.5 $M_上$=20.84 $M_下$=20.84
y_0=0.5 $M_上$=17.68 $M_下$=17.68
y_0=0.5 $M_上$=25.15 $M_下$=25.15
y_0=0.614 $M_上$=17.21 $M_下$=23.55
y_0=0.55 $M_上$=25.97 $M_下$=31.74
A B

图 5.12 风荷载效应计算结果

$$M_上=2.7\times(3.6-1.62)=5.35\text{kN}\cdot\text{m};M_下=2.7\times1.62=4.37\text{kN}\cdot\text{m}$$

梁的弯矩由柱端弯矩分配，梁的分配系数 $\mu_左=\dfrac{8.68}{8.68+10.67}=0.4489$，$\mu_右=\dfrac{10.67}{8.68+10.67}=0.5511$。故 $M_{6左}=0.4489\times5.35=2.40$，$M_{6右}=0.5511\times5.35=2.95$。其余柱端、梁端弯矩如图 5.13 所示。

反对称
4.31
2.40
5.35
2.95
8.65
6.90
11.01
8.48
2.53
4.37
11.18
13.11
11.73
15.93
14.39
6.25
10.19
19.36
15.55
16.51
20.84
20.26
10.72
15.93
26.27
17.68
20.64
25.15
20.84
13.76
20.84
31.44
22.94
25.15
17.68
17.21
25.97
25.15
34.89
23.55
31.74

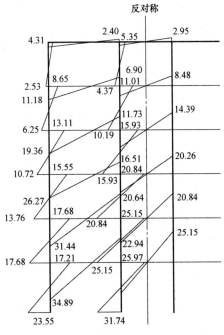

图 5.13 风荷载作用下框架的弯矩图（kN·m）

对于第六层梁 AB（图 5.11）：$\sum M_B = 0$，$V_{6,AB} \times 6 + 4.31 + 2.40 = 0$，故 $V_{6,AB} = 1.12\text{kN}$。

对于第六层梁 BC（图 5.11）：$\sum M_C = 0$，$V_{6,BC} \times 2.5 + 2.95 + 2.95 = 0$，故 $V_{6,BC} = 2.36\text{kN}$。

其他构件剪力或轴力如图 5.14 所示。

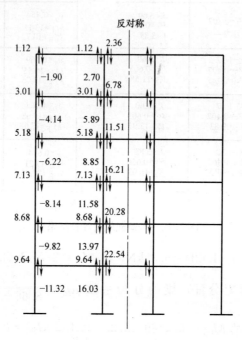

图 5.14　风荷载作用下框架的剪力图和轴力图（kN）

5.5　构件内力组合

梁的控制截面为梁柱节点处截面及跨中截面，如图 5.15 所示。由于对称性，每层有五个控制截面，即 1，2…15 号截面（由于 2～5 层梁的截面和内力相同，同一位置的截面编号相同，下标 abcd 仅用于区别不同楼层）；柱的控制截面为柱顶与柱底，如图 5.15 所示，1～6 层的柱控制截面为 1，2…12。

根据我国现行荷载规范，选择各截面的最不利内力进行截面验算。值得一提的是，对于柱偏心受压情况，应根据截面大小偏压，选择最不利内力组合进行截面验算。本章以第五、六层为例，其内力组合结果如表 5.3～表 5.8 所示。

第六层梁内力组合结果　　　　　　　　　　　　　　　　　　　　表 5.3

截面位置	恒载		活载							
	①		②		③		④		⑤	
	M	V	M	V	M	V	M	V	M	V
1	−24.3	44.42	−8.13	17.4	0.12	−0.1	−7.3	16.67	−0.07	0.32

5.5 构件内力组合

续表

截面位置	恒载 ① M	恒载 ① V	活载 ② M	活载 ② V	③ M	③ V	④ M	④ V	⑤ M	⑤ V
2	40.57	—	14.11	—	−0.18	—	12.25	—	0.1	—
3	−31.27	−46.94	−10.47	−18.18	−0.49	−0.1	−14.05	−18.92	0.26	0.32
4	−10.91	11.15	−8.38	3.91	−1.2	3.91	−5.88	6.02	0.4	1.8
5	−7.8	—	−3.94	—	−0.83	—	−0.83	—	−0.83	—

截面位置	风载 ⑥ M	风载 ⑥ V	恒载×1.2+活载×1.4 M_{max}	恒载×1.2+活载×1.4 M_{min}	恒载×1.2+活载×1.4 V_{max}	恒载×1.2+0.9(活载×1.4+风载×1.4) M_{max}	恒载×1.2+0.9(活载×1.4+风载×1.4) M_{min}	恒载×1.2+0.9(活载×1.4+风载×1.4) V_{max}
1	±5.35	±1.12	—	−40.54	77.68	—	−40.82	76.64
2	±1.47	—	68.44	—	—	68.31	—	—
3	±2.40	±1.12	—	−57.19	−82.82	—	−58.25	81.58
4	±2.95	±2.36	—	−24.82	21.81	—	−27.37	23.94
5	0	—	—	−14.88	—	—	−14.32	—

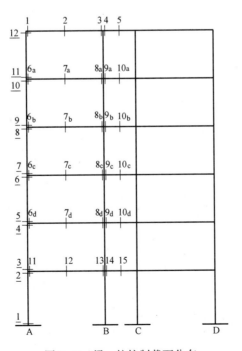

图 5.15 梁、柱控制截面分布

六层柱内力计算结果　　　　　　　　　　　　表 5.4

柱	截面位置	六层梁上有活荷载的情况				五层梁上有活荷载的情况			
A柱	M_{12}	9.56	−0.12	8.59	0.08	2.09	−0.03	1.95	0.02
	M_{11}	3.19	−0.04	2.68	0.03	6.28	−0.08	5.84	0.07
	N	17.4	0.1	16.67	0.32	0	0	0	0
B柱	M_{12}	−8.38	0.49	−9.61	−0.4	−1.88	0.12	−1.22	−0.11
	M_{11}	−2.79	0.16	−3.2	−0.13	−5.64	0.37	−3.66	−0.34
	N	22.09	4.01	24.94	2.12	0	0	0	0

六层柱内力组合结果　　　　　　　　　　　　表 5.5

柱	截面位置	恒载		活载				
		①	②	③	④	⑤	⑥	⑦
A柱	M_{12}	28.59	—	11.65	10.68	1.97	—	±4.31
	M_{11}	28.59	—	9.47	8.96	6.24	—	±2.53
	N	44.42	132.64	17.40	16.67	−0.10	17.40	±1.12
	V	—	—	—	—	—	—	±1.90
B柱	M_{12}	−20.63	—	−10.26	−11.49	−1.39	—	±5.35
	M_{11}	−20.63	—	−8.43	−8.84	−5.48	—	±4.37
	N	58.09	125.56	22.09	24.94	4.01	24.94	±1.24
	V	—	—	—	—	—	—	±2.70

柱号	截面位置	内力组合					
		恒载×1.2+活载×1.4			恒载×1.2+0.9(活载×1.4+风载×1.4)		
		N_{max},M	N_{min},M	$|M|_{max},N,V$	N_{max},M	N_{min},M	$|M|_{max},N,V$
A柱		1.2(①+②)+1.4(③+⑥)	1.2(①+②)+1.4×⑤	1.2(①+②)+1.4×③	1.2(①+②)+1.4×0.9(③+⑥+⑦)	1.2(①+②)+1.4×0.9(⑤+⑦)	1.2(①+②)+1.4×0.9(③+⑦)
	M_{12}	50.62	37.07	50.62	43.56	42.22	54.42
	M_{11}	47.57	43.04	47.57	43.05	45.36	49.43
	N	261.19	212.33	236.83	257.73	210.93	232.98
	V	—	—	—	—	—	2.39
B柱		1.2(①+②)+1.4(④+⑥)	1.2(①+②)+1.4×⑤	1.2(①+②)+1.4×③	1.2(①+②)+1.4×0.9(④+⑥+⑦)	1.2(①+②)+1.4×0.9(⑤+⑦)	1.2(①+②)+1.4×0.9(③+⑦)
	M_{12}	−40.84	−26.70	−39.12	−45.97	−19.77	−44.42
	M_{11}	−37.13	−32.43	−36.56	−41.40	−26.15	−40.77
	N	290.21	225.99	251.31	281.20	246.65	249.78
	V	—	—	—	—	—	−3.40

五层梁内力组合结果 表 5.6

截面位置	恒载 ① M	恒载 ① V	活载 ② M	活载 ② V	③ M	③ V	④ M	④ V	⑤ M	⑤ V
6_a	−58.90	86.52	−10.68	17.59	0.14	−0.10	−9.93	17.09	−0.12	−0.05
7_a	51.78	—	14.11		−0.14		10.39		0.14	
8_a	−65.17	−88.98	−11.86	−17.99	−0.43	−0.10	−14.16	−18.48	0.41	−0.05
9_a	−12.62	9.70	−5.64	3.91	−1.27	3.91	−7.94	6.69	0.99	−1.13
10_a	−10.72	—	−2.67	—	0.99			−3.27		−3.27

截面位置	风载 ⑥ M	风载 ⑥ V	恒载×1.2+活载×1.4 M_{max}	M_{min}	V_{max}	恒载×1.2+0.9(活载×1.4+风载×1.4) M_{max}	M_{min}	V_{max}
6_a	±11.18	±3.01	—	−85.63	128.45	—	−98.22	129.78
7_a	±2.17	—	81.89			82.65		
8_a	±6.90	±3.01	—	−98.03	−132.65	—	−104.74	−133.85
9_a	±8.48	±6.78	—	−26.26	21.01	—	−35.83	28.61
10_a	0	—		−17.44			−16.98	

五层柱内力计算结果 表 5.7

柱	截面位置	五层梁上有活荷载的情况				四层梁上有活荷载的情况			
A柱	M_{10}	6.28	−0.08	5.84	0.07	2.09	−0.03	1.95	0.02
	M_9	2.09	−0.03	1.95	0.02	6.28	−0.08	5.84	0.07
	N	17.59	0.10	17.09	0.05	0	0	0	0
B柱	M_{10}	−5.64	0.37	−3.66	−0.34	−1.88	0.12	−1.22	−0.11
	M_9	−1.88	0.12	−1.22	−0.11	−5.64	0.37	−3.66	−0.34
	N	21.90	4.01	25.17	1.18	0	0	0	0

五层柱内力组合结果 表 5.8

柱号	截面位置	恒载 ①	恒载 六、五层梁传来 ②	活载 ③	④	⑤	六、五层梁传来 ⑥	⑦
A柱	M_{10}	35.88	—	8.37	7.93	2.01	—	±8.65
	M_9	36.13	—	8.37	8.23	6.25	—	±6.25
	N	86.52	305.09	17.59	17.09	−0.10	34.99	±4.13
	M_{10}	—						±4.14

柱号	截面位置	恒载		活载				
		①	六、五层梁传来 ②	③	④	⑤	六、五层梁传来 ⑥	⑦
B柱	M_9	−30.65	—	−7.52	−5.54	−1.51	—	±11.01
	N	−31.25	—	−7.52	−6.86	−5.52	—	±10.19
	M_{10}	98.68	357.76	21.90	18.48	4.01	48.11	±5.01
	M_9	—						±5.89

柱号	截面位置	内 力 组 合					
		恒载×1.2+活载×1.4			恒载×1.2+0.9(活载×1.4+风载×1.4)		
		N_{max},M	N_{min},M	$\lvert M\rvert_{max},N,V$	N_{max},M	N_{min},M	$\lvert M\rvert_{max},N,V$
A柱		1.2(①+②) +1.4(③+⑥)	1.2(①+②) +1.4×⑤	1.2(①+②) +1.4×③	1.2(①+②) +1.4×0.9 (③+⑥+⑦)	1.2(①+②) +1.4×0.9 (⑤+⑦)	1.2(①+②) +1.4×0.9 (③+⑦)
	M_{10}	54.77	45.87	54.77	42.70	56.49	64.50
	M_9	55.07	52.11	55.07	46.03	59.11	61.78
	N	543.54	469.79	494.56	541.39	464.60	486.89
	V	—	—	—	—	—	5.22
B柱		1.2(①+②) +1.4(④+⑥)	1.2(①+②) +1.4×⑤	1.2(①+②) +1.4×③	1.2(①+②) +1.4×0.9 (④+⑥+⑦)	1.2(①+②) +1.4×0.9 (⑤+⑦)	1.2(①+②) +1.4×0.9 (③+⑦)
	M_{10}	−44.54	−38.89	−47.31	−57.63	−24.81	−60.13
	M_9	−47.10	−45.23	−48.03	−58.98	−31.62	−59.81
	N	640.95	553.34	578.34	637.94	546.47	581.63
	V	—	—	—	—	—	−7.42

5.6　考虑风荷载效应的构件设计

前面已经计算出了内力组合，现进行构件的配筋计算。

5.6.1　梁的配筋计算

以五、六层梁的配筋计算为例。

梁的截面尺寸为 250mm×500mm，钢筋采用 HRB335 级，梁混凝土采用 C30，取混凝土保护层最小厚度为 25mm。故设 $a=35$mm，则 $h_0=500-35=465$mm，$f_c=14.3$N/mm²，$f_y=300$N/mm²，$f_t=1.43$N/mm²，按现行混凝土设计规范 6.2.6 条及 6.2.7 条取系数 $\alpha_1=1.0$，$\beta_1=0.8$，相对界限受压区高度 $\xi_b=0.55$。对于梁端，不考虑现浇混凝土板的作用，按矩形截面梁计算。对于梁的跨中截面，考虑混凝土现浇板翼缘受压，按 T 形梁计算。

1. 第六层

AB 段（图 5.15）正截面受弯强度验算：

(1) 梁端 A（控制截面 1）：

$$\alpha_s = \frac{M}{\alpha_1 f_c b h_0^2} = \frac{40.82 \times 10^6}{1.0 \times 14.3 \times 250 \times 465^2} = 0.053$$

$$\xi = 1 - \sqrt{1 - 2\alpha_s} = 1 - 0.946 = 0.054 < \xi_b = 0.55$$

$$\gamma_s = 0.5(1 + \sqrt{1 - 2\alpha_s}) = 0.973$$

$$A_s = \frac{M}{\alpha_1 f_y \gamma_s h_0} = \frac{40.82 \times 10^6}{1.0 \times 300 \times 0.973 \times 465} = 300.74 \text{mm}^2$$

选用 2Φ14，$A_s = 308 \text{mm}^2$。

验算：

① $\xi = 0.054 < \xi_b = 0.55$

② $\rho = \frac{308}{250 \times 465} = 0.26\% > \rho_{min} \times \frac{h}{h_0} = 0.22\%$，且 $\rho > 0.45 \frac{f_t}{f_y} = 0.22\%$

该截面为适筋截面。

(2) 梁端 B（控制截面 3）：

$$\alpha_s = \frac{M}{\alpha_1 f_c b h_0^2} = \frac{58.25 \times 10^6}{1.0 \times 14.3 \times 250 \times 465^2} = 0.075,$$

$$\xi = 1 - \sqrt{1 - 2\alpha_s} = 1 - 0.922 = 0.078 < \xi_b = 0.55$$

$$\gamma_s = 0.5(1 + \sqrt{1 - 2\alpha_s}) = 0.961$$

$$A_s = \frac{M}{\alpha_1 f_y \gamma_s h_0} = \frac{58.25 \times 10^6}{1.0 \times 300 \times 0.961 \times 465} = 434.51 \text{mm}^2$$

选用 3Φ14，$A_s = 461 \text{mm}^2$。

验算：

① $\xi = 0.078 < \xi_b = 0.55$

② $\rho = \frac{461}{250 \times 465} = 0.39\% > \rho_{min} \times \frac{h}{h_0} = 0.22\%$，且 $\rho > 0.45 \frac{f_t}{f_y} = 0.22\%$

该截面为适筋截面。

(3) 梁跨中截面（控制截面 2）：

$$\text{翼缘计算宽度取 } b_f' = l_0/3 = 6000/3 = 2000 \text{mm}$$

$$\alpha_1 f_c b_f' h_f' \left(h_0 - \frac{h_f'}{2}\right) = 1.0 \times 14.3 \times 2000 \times 465^2 \times (465 - 50)$$

$$= 1186 \times 10^6 \text{N} \cdot \text{m} > M = 68.44 \times 10^6 \text{N} \cdot \text{m}$$

故属于第一类 T 形截面。

$$\alpha_s = \frac{M}{\alpha_1 f_c b h_0^2} = \frac{68.44 \times 10^6}{1.0 \times 14.3 \times 250 \times 465^2} = 0.011$$

$$\xi = 1 - \sqrt{1 - 2\alpha_s} = 1 - 0.989 = 0.011 < \xi_b = 0.55$$

$$\gamma_s = 0.5(1 + \sqrt{1 - 2\alpha_s}) = 0.995$$

$$A_s = \frac{M}{\alpha_1 f_y \gamma_s h_0} = \frac{68.44 \times 10^6}{1.0 \times 300 \times 0.995 \times 465} = 493.07 \text{mm}^2, \text{选用 3Φ18，} A_s = 509 \text{mm}^2。$$

验算：

① $\xi = 0.078 < \xi_b = 0.55$

② $\rho = \dfrac{461}{250 \times 465} = 0.39\% > \rho_{min} \times \dfrac{h}{h_0} = 0.22\%$，且 $\rho > 0.45 \dfrac{f_t}{f_y} = 0.22\%$

该截面为适筋截面。

钢筋搭接长度 $l_a = \alpha \dfrac{f_t}{f_y} d = 0.16 \times \dfrac{300}{1.43} \times 14 = 470\text{mm}$

BC 段正截面受弯强度验算（图 5.15，计算方法同 AB 段）：

（1）梁端 B'（控制截面 4）：$\alpha_s = \dfrac{M}{\alpha_1 f_c b h_0^2} = \dfrac{27.37 \times 10^6}{1.0 \times 14.3 \times 250 \times 465^2} = 0.035$

$$\xi = 1 - \sqrt{1 - 2\alpha_s} = 1 - 0.964 = 0.036 < \xi_b = 0.55$$

$$\gamma_s = 0.5(1 + \sqrt{1 - 2\alpha_s}) = 0.982$$

$$A_s = \dfrac{M}{\alpha_1 f_y \gamma_s h_0} = \dfrac{27.37 \times 10^6}{300 \times 0.982 \times 465} = 199.8\text{mm}^2$$

选用 2Φ12，$A_s = 226\text{mm}$。

验算：

① $\xi = 0.036 < \xi_b = 0.55$

② $\rho = \dfrac{226}{250 \times 465} = 0.19\% < \rho_{min} \times \dfrac{h}{h_0} = 0.23\%$

该截面为少筋截面，故按最小配筋率 $A_s = 250 \times 465 \times 0.0023 = 267.4\text{mm}$，故选用 2 Φ14，$A_s = 308\text{mm}^2$。

（2）梁跨中截面（控制截面 5）：

翼缘计算宽度取 $b' = l_0/3 = 2500/3 = 835\text{mm}$

$$\alpha_1 f_c b'_f h'_f \left(h_0 - \dfrac{h'_f}{2} \right) = 1.0 \times 14.3 \times 835 \times 100 \times (465 - 100/2) = 494 \times 10^6 \text{N/m} > M$$
$$= 14.88 \times 10^6 \text{N/m}$$

故属于第一类 T 形截面。

$$\alpha_s = \dfrac{M}{\alpha_1 f_y \gamma_s h_0} = \dfrac{14.88 \times 10^6}{1.0 \times 14.3 \times 835 \times 465^2} = 0.006$$

$$\xi = 1 - \sqrt{1 - 2\alpha_s} = 1 - 0.994 = 0.006 < \xi_b = 0.55$$

$$\gamma_s = 0.5(1 + \sqrt{1 - 2\alpha_s}) = 0.997$$

$$A_s = \dfrac{M}{\alpha_1 f_y \gamma_s h_0} = \dfrac{14.88 \times 10^6}{300 \times 0.997 \times 465} = 106.99\text{mm}^2 < 267.4\text{mm}^2，选用 2Φ14，A_s = 308\text{mm}^2$$

钢筋搭接长度 $l_a = \alpha \dfrac{f_t}{f_y} d = 0.16 \dfrac{300}{1.43} \times 14 = 470\text{mm}$

斜截面受剪强度计算（图 5.15）：

按照表 5.3，取设计剪力最大值 $V = -82.82\text{kN}$（控制截面 3）。

验算截面尺寸：$h_w = h_0 = 465\text{mm}$，$\dfrac{h_w}{b} = \dfrac{465}{250} = 1.86 < 4$

$0.25\beta_c f_{cm} h_0 = 0.25 \times 1.0 \times 14.3 \times 250 \times 465 = 415.6\text{kN} > V = 82.82\text{kN}$，截面符合要求。

验算是否需要计算配置箍筋：

$$0.25\beta_c f_{cm} h_0 = 0.25 \times 1.0 \times 14.3 \times 250 \times 465 = 415.6 \text{kN} > V = 82.82 \text{kN}$$

$$0.7 f_t b h_0 = 0.7 \times 1.43 \times 250 \times 465 = 116.4 \text{kN} > V = 82.82 \text{kN}$$

故按最小配筋率配置箍筋，$0.24 \dfrac{f_t}{f_{yv}} = 0.24 \times \dfrac{1.43}{300} = 0.114\%$，即

$$A_s = 250 \times 465 \times 0.00114 \text{mm} = 132.5 \text{mm}^2，若选用 \Phi 8@200$$

$$V_{cs} = 0.7 f_t b h_0 + 1.25 f_{yv} \frac{A_{sv}}{s} h_0 = 0.7 \times 1.43 \times 250 \times 465 + 1.25 \times 300 \times \frac{151}{200} \times 465$$

$$= 248.02 \text{kN} > V = 108.2 \text{kN}$$

满足抗剪承载力要求，故选用 $\Phi 8@200$。

2. 第五层

AB 段（图 5.15）正截面受弯强度验算：

（1）梁端 A（控制截面 1_a）：$\alpha_s = \dfrac{M}{\alpha_1 f_c b h_0^2} = \dfrac{98.22 \times 10^6}{1.0 \times 14.3 \times 250 \times 465^2} = 0.127$，

$$\xi = 1 - \sqrt{1 - 2\alpha_s} = 1 - 0.864 = 0.136 < \xi_b = 0.55$$

$$\gamma_s = 0.5(1 + \sqrt{1 - 2\alpha_s}) = 0.932$$

$$A_s = \frac{M}{\alpha_1 f_y \gamma_s h_0} = \frac{98.22 \times 10^6}{1.0 \times 300 \times 0.932 \times 465} = 755.5 \text{mm}^2$$

选用 $3\Phi 18$，$A_s = 763 \text{mm}^2$。

验算：

① $\xi = 0.136 < \xi_b = 0.55$

② $\rho = \dfrac{763}{250 \times 465} = 0.66\% > \rho_{min} \times \dfrac{h}{h_0} = 0.22\%$，且 $\rho > 0.45 \dfrac{f_t}{f_y} = 0.22\%$

该截面为适筋截面。

（2）梁端 B（控制截面 3_a）：$\alpha_s = \dfrac{M}{\alpha_1 f_c b h_0^2} = \dfrac{104.74 \times 10^6}{1.0 \times 14.3 \times 250 \times 465^2} = 0.135$，

$$\xi = 1 - \sqrt{1 - 2\alpha_s} = 1 - 0.854 = 0.146 < \xi_b = 0.55$$

$$\gamma_s = 0.5(1 + \sqrt{1 - 2\alpha_s}) = 0.927$$

$$A_s = \frac{M}{\alpha_1 f_y \gamma_s h_0} = \frac{104.74 \times 10^6}{1.0 \times 300 \times 0.927 \times 465} = 809.9 \text{mm}^2$$

选用 $4\Phi 16$，$A_s = 804 \text{mm}^2$。

验算：

① $\xi = 0.078 < \xi_b = 0.55$

② $\rho = \dfrac{804}{250 \times 465} = 0.69\% > \rho_{min} \times \dfrac{h}{h_0} = 0.22\%$，且 $\rho > 0.45 \dfrac{f_t}{f_y} = 0.22\%$

该截面为适筋截面。

（3）对于梁跨中截面（控制截面 2_a）：

翼缘计算宽度取 $b' = l_0/3 = 6000/3 = 2000 \text{mm}$

$$\alpha_1 f_c b'_f h'_f \left(h_0 - \frac{h'_f}{2}\right) = 1.0 \times 14.3 \times 2000 \times 465 \times (465 - 50) = 1186 \times 10^6 \, \text{N} \cdot \text{m} > M$$

$$= 82.65 \times 10^6 \, \text{N} \cdot \text{m}$$

故属于第一类型的 T 形截面。

$$\alpha_s = \frac{M}{\alpha_1 f_c b h_0^2} = \frac{82.65 \times 10^6}{1.0 \times 14.3 \times 250 \times 465^2} = 0.013$$

$$\xi = 1 - \sqrt{1 - 2\alpha_s} = 1 - 0.987 = 0.013 < \xi_b = 0.55$$

$$\gamma_s = 0.5(1 + \sqrt{1 - 2\alpha_s}) = 0.994$$

$$A_s = \frac{M}{\alpha_1 f_y \gamma_s h_0} = \frac{82.65 \times 10^6}{1.0 \times 300 \times 0.994 \times 465} = 597.25 \, \text{mm}^2，选用 3\Phi16，A_s = 603 \text{mm}^2。$$

验算：

① $\xi = 0.013 < \xi_b = 0.55$

② $\rho = \dfrac{603}{250 \times 465} = 0.52\% > \rho_{min} \times \dfrac{h}{h_0} = 0.22\%$，且 $\rho > 0.45 \dfrac{f_t}{f_y} = 0.22\%$

该截面为适筋截面。

钢筋搭接长度 $l_a = \alpha \dfrac{f_t}{f_y} d = 0.16 \dfrac{300}{1.43} \times 16 = 537 \text{mm}$。

BC 段正截面受弯强度验算（图 5.15，计算方法同 AB 段）：

（1）梁端 B'（控制截面 4_a）：$\alpha_s = \dfrac{M}{\alpha_1 f_y \gamma_s h_0} = \dfrac{35.83 \times 10^6}{1.0 \times 14.3 \times 250 \times 465^2} = 0.046$

$$\xi = 1 - \sqrt{1 - 2\alpha_s} = 1 - 0.953 = 0.047 < \xi_b = 0.55$$

$$\gamma_s = 0.5(1 + \sqrt{1 - 2\alpha_s}) = 0.977$$

$$A_s = \frac{M}{\alpha_1 f_y \gamma_s h_0} = \frac{35.83 \times 10^6}{300 \times 0.982 \times 465} = 262.9 \text{mm}^2$$

选用 2Φ14，$A_s = 308 \text{mm}$。

验算：

① $\xi = 0.046 < \xi_b = 0.55$

② $\rho = \dfrac{308}{250 \times 465} = 0.26\% > \rho_{min} \times \dfrac{h}{h_0} = 0.23\%$

该截面为适筋截面。

（2）梁跨中截面（控制截面 5_a）：

$$翼缘计算宽度取 \ b' = l_0 / 3 = 2500 / 3 = 835 \text{mm}$$

$$\alpha_1 f_c b'_f h'_f \left(h_0 - \frac{h'_f}{2}\right) = 1.0 \times 14.3 \times 835 \times 100 \times (465 - 100/2) = 494 \times 10^6 \, \text{N/m} > M$$

$$= 17.44 \times 10^6 \, \text{N/m}$$

属于第一类型的 T 形截面。

$$\alpha_s = \frac{M}{\alpha_1 f_y \gamma_s h_0} = \frac{17.44 \times 10^6}{1.0 \times 14.3 \times 835 \times 465^2} = 0.007$$

$$\xi = 1 - \sqrt{1 - 2\alpha_s} = 1 - 0.993 = 0.007$$

$$\gamma_s = 0.5(1+\sqrt{1-2\alpha_s}) = 0.996$$

$$A_s = \frac{M}{\alpha_1 f_y \gamma_s h_0} = \frac{17.44 \times 10^6}{300 \times 0.997 \times 465} = 125.52 \text{mm}^2 < 267.4 \text{mm}^2，用 2 \Phi 14，A_s = 308 \text{mm}^2$$

验算：

① $\xi = 0.007 < \xi_b = 0.55$

② $\rho = \dfrac{308}{250 \times 465} = 0.26\% > \rho_{min} \times \dfrac{h}{h_0} = 0.22\%$，且 $\rho > 0.45 \dfrac{f_t}{f_y} = 0.22\%$

该截面为适筋截面。

钢筋搭接长度 $l_a = \alpha \dfrac{f_t}{f_y} d = 0.16 \dfrac{300}{1.43} \times 14 = 470 \text{mm}$

斜截面受剪强度计算（图 5.15）：

按照表 5.6，取设计剪力最大值 $V = -133.85 \text{kN}$（控制截面 8a）。

验算截面尺寸：$h_w = h_0 = 465 \text{mm}$，$\dfrac{h_w}{b} = \dfrac{465}{250} = 1.86 < 4$

$0.25 \beta_c f_{cm} h_0 = 0.25 \times 1.0 \times 14.3 \times 250 \times 465 = 415.6 \text{kN} > V = 82.82 \text{kN}$，截面符合要求。

验算是否需要计算配置箍筋：

$$0.25 \beta_c f_{cm} h_0 = 0.25 \times 1.0 \times 14.3 \times 250 \times 465 = 415.6 \text{kN} > V = 82.82 \text{kN}$$

$$0.7 f_t b h_0 = 0.7 \times 1.43 \times 250 \times 465 = 116.4 \text{kN} < V = 133.85 \text{kN}$$

故需要计算配置箍筋。

（1）只配箍筋而不用弯起钢筋

$$\frac{n A_{sv,1}}{s} \geqslant \frac{V - 0.7 f_t b h_0}{1.25 f_y h_0} = \frac{133.85 \times 10^3 - 0.7 \times 1.43 \times 300 \times 415}{1.25 \times 300 \times 415} = 0.059 \text{mm}^2/\text{mm}$$

采用 $\Phi 8@200$，实有 $\dfrac{n A_{sv,1}}{s} = \dfrac{2 \times 50.3}{200} = 0.503 \text{mm}^2/\text{mm} > 0.059 \text{mm}^2/\text{mm}$

配箍率 $\rho = \dfrac{n A_{sv,1}}{bs} = \dfrac{2 \times 50.3}{200 \times 200} = 0.25\% > 0.24 \dfrac{f_t}{f_{yv}} = 0.24 \times \dfrac{1.43}{300} = 0.14\%$

最小配筋率满足要求。

（2）若配箍筋又配弯起钢筋

根据已配的 $3 \Phi 16$，可利用 $1 \Phi 16$ 以 45° 弯起，则弯筋承担的剪力：

$$V_{sb} = 0.8 A_{sh} f_y \sin\alpha_s = 0.8 \times 201.1 \times 300 \times \frac{\sqrt{2}}{2} = 34.12 \text{kN}$$

混凝土和箍筋承担的剪力：$V_{cs} = V - V_{sb} = 133.85 - 34.12 = 99.73 \text{kN}$，选 $\Phi 8@200$。

$$\rho = \frac{n A_{sv,1}}{bs} = \frac{2 \times 50.3}{200 \times 200} = 0.25\% > 0.24 \frac{f_t}{f_{yv}} = 0.24 \times \frac{1.43}{300} = 0.14\%$$

最小配筋率满足要求。

$$V_{cs} = 0.7 f_t b h_0 + 1.25 f_{yv} \frac{A_{sv}}{s} h_0 = 116.4 + 1.25 \times 300 \times 208.75$$

$$= 194.7 \text{kN} > V = 99.73 \text{kN}$$

抗剪承载力满足要求。

5.6.2　柱的配筋计算

柱的截面尺寸为 300mm×450mm，柱混凝土为 C20。底层计算长度取 1.0H，即 $l_0=$ 3.6m；其他层取 1.25H，即 $l_0=1.25H=1.25×3.6=4.5$m。

1. 第六层

（1）A 柱

A 柱最不利组合：$M_{12}=54.42$kN·m，$M_{11}=49.43$kN·m，$N=261.19$kN

① 受力纵筋的计算

$$e_0=\frac{M}{N}=\frac{54.42×10^6}{261.19×10^3}=209\text{mm},\quad e_a=\frac{450}{30}=15\text{mm}<20\text{mm}, \text{取 } e_a=20\text{mm}$$

$$e_i=e_0+e_a=209+20=229\text{mm}$$

$$\zeta_c=\frac{0.5f_cA}{N}=\frac{0.5×9.6×300×450}{261.19×10^3}=3.7>1,\ \text{取 } \zeta_c=1.0$$

$$\frac{l_0}{h}=\frac{3600}{450}=8<15,\quad \frac{e_i}{h_0}=\frac{229}{450}=0.509,\ \text{有}$$

$$\eta_{ns}=1+\frac{1}{1300×e_i/h_0}\left(\frac{l_0}{h}\right)^2\zeta_c=1+\frac{1}{1300×0.509}×8^2×1.0=1.10,\ \text{因}$$

$\eta_{ns}e_i=1.10×229=252\text{mm}>0.3×450=135\text{mm}$，按大偏心受压计算

$$e=\eta_{ns}e_i+\frac{h}{2}-a_s=252+225-35=442\text{mm}$$

$$A_s'=\frac{Ne-\alpha_1 f_c bh_0^2\xi_b\ (1-0.5\xi_b)}{f_y'(h_0-a_s)}$$

$$=\frac{261190×442-1.0×9.6×300×415×415×0.55\ (1-0.5×0.55)}{300×(415-35)}$$

$$=-722\text{mm}^2<0$$

故按最小配筋率配筋，$\rho_{min}bh=0.002×300×450=270\text{mm}^2$

$$A_s=\frac{\alpha_1 f_c bh_0\xi_b-N}{f_y}+\frac{A_s'f_y'}{f_y}=\frac{1.0×9.6×300×415×0.55-261190}{300}+270=1591\text{mm}^2$$

受拉钢筋 A_s 选用 2Φ20+2Φ25（$A_s=1610\text{mm}^2$），受压钢筋 A_s' 选用 1Φ20（$A_s'=314\text{mm}^2$）。

$$x=\frac{N-f_y'A_s'+f_yA_s}{\alpha_1 f_c b}=\frac{261.19×10^3-300×314+300×1610}{1.0×9.6×300}=226\text{mm}$$

$$\xi=\frac{x}{h_0}=\frac{226}{415}=0.54<0.55,\ \text{故前面假定的为大偏心受压是正确的。}$$

② 计算箍筋

$$\lambda=\frac{H_0}{2h_0}=\frac{3600}{2×415}=4.3>3\ \text{取 }\lambda=3$$

$$N=261190\text{N}<0.3f_cA=0.3×9.6×300×450=388800\text{N}, \text{取 } N=261190\text{N}$$

$$V_u=\frac{1.75}{3\lambda+1.0}f_tbh_0+0.07N=\frac{1.75}{3+1.0}×1.10×300×415+0.07×261190=78199\text{N}$$

由表 5.5 得，$V=2390\text{N}<V_u=78199\text{N}$，所以可不进行斜截面受剪承载力计算，按构造要求配置箍筋。取箍筋$\Phi8@100/200$，加密长度 600mm，两端加密。

（2）B 柱

B 柱最不利组合：$M_{12}=45.96\text{kN}\cdot\text{m}$，$M_{11}=41.40\text{kN}\cdot\text{m}$，$N=290.21\text{kN}$

① 受力纵筋的计算

$$e_0=\frac{M}{N}=\frac{45.79\times10^6}{290.21\times10^3}=157.8\text{mm}，\quad e_a=\frac{450}{30}=15\text{mm}<20\text{mm}，\text{ 取 } e_a=20\text{mm}$$

$$e_i=e_0+e_a=158+20=178\text{mm}$$

$$\zeta_c=\frac{0.5f_cA}{N}=\frac{0.5\times9.6\times300\times450}{543.54\times10^3}=1.19>1，\text{ 取 }\zeta_c=1.0$$

$$\frac{l_0}{h}=\frac{3600}{450}=8<15，\quad\frac{e_i}{h_0}=\frac{139}{450}=0.309，\text{ 有}$$

$$\eta_{ns}=1+\frac{1}{1300\times e_i/h_0}\left(\frac{l_0}{h}\right)^2\zeta_c=1+\frac{1}{1300\times0.309}\times8^2\times1.0=1.16，\text{ 因}$$

$\eta e_i=1.16\times178=206\text{mm}>0.3\times450=135\text{mm}$，按大偏心受压计算

$$e=\eta_{ns}e_i+\frac{h}{2}-a_s=206+225-35=396\text{mm}$$

$$A_s'=\frac{Ne-\alpha_1f_cbh_0^2\xi_b\ (1-0.5\xi_b)}{f_y'(h_0-a_s)}$$

$$=\frac{543540\times396-1.0\times9.6\times300\times415^2\times0.55\times(1-0.5\times0.55)}{300\times(415-35)}=151\text{mm}^2$$

而按最小配筋率配筋，$\rho_{min}bh=0.002\times300\times450=270\text{mm}^2>151\text{mm}$，故按最小配筋率配筋。

$$A_s=\frac{\alpha_1f_cbh_0\xi_b-N}{f_y}+\frac{A_s'f_y'}{f_y}=\frac{1.0\times9.6\times300\times415\times0.55-543540}{300}+270=349\text{mm}^2$$

受拉钢筋 A_s 选用 $1\Phi25$（$A_s=490\text{mm}^2$），受压钢筋 A_s' 选用 $1\Phi20$（$A_s'=314\text{mm}^2$）。

$$x=\frac{N-f_y'A_s'+f_yA_s}{\alpha_1f_cb}=\frac{543.54\times10^3-300\times314+300\times490}{1.0\times9.6\times300}=207\text{mm}，$$

$$\xi=\frac{x}{h_0}=\frac{207}{415}=0.50<0.55，\text{ 故前面假定的为大偏心受压是正确的。}$$

② 计算箍筋

$$\lambda=\frac{H_0}{2h_0}=\frac{3600}{2\times415}=4.3>3，\text{ 取 }\lambda=3$$

$$N=543540\text{N}>0.3f_cA=0.3\times9.6\times300\times450=388800\text{N}，\text{ 取 }N=388800\text{N}$$

$$V_u=\frac{1.75}{\lambda+1.0}f_tbh_0+0.07N=\frac{1.75}{3+1.0}\times1.10\times300\times415+0.07\times388800\times$$

$0.44=68302.7\text{N}$

由表 5.5 得，$V=3400\text{N}<V_u=68302\text{N}$，所以可不进行斜截面受剪承载力计算，按构造要求配置箍筋。取箍筋$\Phi8@100/200$，加密长度 600mm，两端加密。

2. 第五层

（1）A 柱

A 柱最不利组合：$M_{10}=64.50$kN·m，$M_9=61.78$kN·m，$N=543.54$kN

① 受力纵筋的计算

$$e_0=\frac{M}{N}=\frac{64.50\times10^6}{543.54\times10^3}=119\text{mm}，e_a=\frac{450}{30}=15\text{mm}<20\text{mm，取 }e_a=20\text{mm}$$

$$e_i=e_0+e_a=119+20=139\text{mm}$$

$$\zeta_c=\frac{0.5f_cA}{N}=\frac{0.5\times14.3\times300\times450}{261.19\times10^3}=3.7>1，取\ \zeta_c=1.0$$

$$\frac{l_0}{h}=\frac{3600}{450}=8<15，\frac{e_i}{h_0}=\frac{229}{450}=0.509，有$$

$$\eta_{ns}=1+\frac{1}{1300\times e_i/h_0}\left(\frac{l_0}{h}\right)^2\zeta_c=1+\frac{1}{1300\times0.509}\times8^2\times1.0=1.10，因$$

$\eta_{ns}e_i=1.10\times229=252\text{mm}>0.3\times450=135\text{mm，按大偏心受压计算}$

$$e=\eta_{ns}e_i+\frac{h}{2}-a_s=252+225-35=442\text{mm}$$

$$A_s'=\frac{Ne-\alpha_1f_cbh_0^2\xi_b(1-0.5\xi_b)}{f_y'(h_0-a_s)}$$

$$=\frac{261190\times442-1.0\times9.6\times300\times415\times415\times0.55(1-0.5\times0.55)}{300\times(415-35)}$$

$$=-722\text{mm}^2<0$$

故按最小配筋率配筋，$\rho_{min}bh=0.002\times300\times450=270\text{mm}^2$

$$A_s=\frac{\alpha_1f_cbh_0\xi_b-N}{f_y}+\frac{A_s'f_y'}{f_y}=\frac{1.0\times9.6\times300\times415\times0.55-261190}{300}+270=1591\text{mm}^2$$

受拉钢筋 A_s 选用 2Φ20＋2Φ25（$A_s=1610\text{mm}^2$），受压钢筋 A_s' 选用 1Φ20（$A_s'=314\text{mm}^2$）。

$$x=\frac{N-f_y'A_s'+f_yA_s}{\alpha_1f_cb}=\frac{261.19\times10^3-300\times314+300\times1610}{1.0\times14.3\times300}=152\text{mm}$$

$$\xi=\frac{x}{h_0}=\frac{152}{415}=0.365<0.55，故前面假定的为大偏心受压是正确的。$$

② 计算箍筋

$$\lambda=\frac{H_0}{2h_0}=\frac{3600}{2\times415}=4.3>3\ 取\ \lambda=3$$

$N=543540\text{N}<0.3f_cA=0.3\times9.6\times300\times450=388800\text{N}，取\ N=388800\text{N}$

$$V_u=\frac{1.75}{3\lambda+1.0}f_tbh_0+0.07N=\frac{1.75}{3+1.0}\times0.44\times1.10\times300\times415+0.07\times388800=$$

87132N

由表 5.8 得，$V=5220\text{N}<V_u=87132\text{N}$，所以可不进行斜截面受剪承载力计算，按构造要求配置箍筋。取箍筋Φ8@100/200，加密长度 600mm，两端加密。

（2）B 柱

B 柱最不利组合：$M_{10}=60.13$kN·m，$M_9=59.81$kN·m，$N=640.95$kN

① 受力纵筋的计算

$$e_0 = \frac{M}{N} = \frac{60.13 \times 10^6}{640.95 \times 10^3} = 93.8\text{mm}, \quad e_a = \frac{450}{30} = 15\text{mm} < 20\text{mm}, \quad \text{取} \ e_a = 20\text{mm}$$

$$e_i = e_0 + e_a = 94 + 20 = 114\text{mm}$$

$$\zeta_c = \frac{0.5 f_c A}{N} = \frac{0.5 \times 9.6 \times 300 \times 450}{640.95 \times 10^3} = 1.01 > 1, \quad \text{取} \ \zeta_c = 1.0$$

$$\frac{l_0}{h} = \frac{3600}{450} = 8 < 15, \quad \frac{e_i}{h_0} = \frac{114}{450} = 0.253, \quad \text{有}$$

$$\eta_{ns} = 1 + \frac{1}{1300 \times e_i/h_0} \left(\frac{l_0}{h}\right)^2 \zeta_c = 1 + \frac{1}{1300 \times 0.253} \times 8^2 \times 1.0 = 1.19, \quad \text{因}$$

$$\eta e_i = 1.12 \times 178 = 199\text{mm} > 0.3 \times 450 = 135\text{mm}, \quad \text{按大偏心受压计算}$$

$$e = \eta_{ns} e_i + \frac{h}{2} - a_s = 114 + 225 - 35 = 304\text{mm}$$

$$A_s' = \frac{Ne - \alpha_1 f_c b h_0^2 \xi_b (1 - 0.5\xi_b)}{f_y'(h_0 - a_s)}$$

$$= \frac{640950 \times 304 - 1.0 \times 9.6 \times 300 \times 415^2 \times 0.55 \times (1 - 0.5 \times 0.55)}{300 \times (415 - 35)} = -26\text{mm}^2 < 0$$

故按最小配筋率配筋，$\rho_{min} bh = 0.002 \times 300 \times 450 = 270\text{mm}^2$

$$A_s = \frac{\alpha_1 f_c b h_0 \xi_b - N}{f_y} + \frac{A_s' f_y'}{f_y} = \frac{1.0 \times 9.6 \times 300 \times 415 \times 0.55 - 640950}{300} + 270 = 325\text{mm}^2$$

受拉钢筋 A_s 选用 1Φ25 （$A_s = 490\text{mm}^2$），受压钢筋 A_s' 选用 1Φ20 （$A_s' = 314\text{mm}^2$）。

$$x = \frac{N - f_y' A_s' + f_y A_s}{\alpha_1 f_c b} = \frac{640.95 \times 10^3 - 300 \times 314 + 300 \times 490}{1.0 \times 9.6 \times 300} = 223\text{mm}$$

$$\xi = \frac{x}{h_0} = \frac{223}{415} = 0.54 < 0.55, \quad \text{故前面假定的为大偏心受压是正确的。}$$

② 计算箍筋

$$\lambda = \frac{H_0}{2h_0} = \frac{3600}{2 \times 415} = 4.3 > 3, \quad \text{取} \ \lambda = 3$$

$$N = 640950\text{N} > 0.3 f_c A = 0.3 \times 9.6 \times 300 \times 450 = 388800\text{N}, \quad \text{取} \ N = 388800\text{N}$$

$$V_u = \frac{1.75}{3\lambda + 1.0} f_t b h_0 + 0.07N = \frac{1.75}{3 + 1.0} \times 1.10 \times 300 \times 415 + 0.07 \times 388800 = 87132\text{N}$$

由表 5.8 得，$V = 7420\text{N} < V_u = 87132\text{N}$，所以可不进行斜截面受剪承载力计算，按构造要求配置箍筋。取箍筋Φ8@100/200，加密长度 600mm，两端加密。

同理可计算其余楼层梁柱配筋。

5.7 围护结构的风荷载

我国现行荷载规范规定围护结构风荷载标准值

$$w_k = \beta_{gz} \mu_{sl} \mu_z w_0 \tag{5.1}$$

式中：β_{gz}——高度 z 处的阵风系数；

μ_{sl}——风荷载局部体型系数；

μ_z——风压高度变化系数；

129

w_0——基本风压（kN/m^2）。

5.7.1 女儿墙

本章工程实例女儿墙高 1m，厚度 0.15m，距地面高 22.6m，故 $\beta_{gz}=1.62$，$\mu_{sl}=-2.0$，$\mu_z=1.27$，则女儿墙风荷载标准值

$$w_k=\beta_{gz}\mu_{sl}\mu_z w_0=1.62\times(-2.0)\times1.27\times0.55=-2.26kN/m^2$$

女儿墙风荷载设计值

$$w=\gamma_w w_k=1.4\times2.26=-3.16kN/m^2$$

取 1m 长的墙体按照悬臂构件进行计算，截面为 $1000mm\times150mm$。墙体底部弯矩

$$M_{底}=\frac{1}{2}\times3.16\times1\times1=1.58kN\cdot m$$

$$\alpha_s=\frac{M_{底}}{\alpha_1 f_c bh_0^2}=\frac{1.58\times10^6}{1.0\times14.3\times1000\times115^2}=0.008$$

$$\xi=1-\sqrt{1-2\alpha_s}=1-0.917=0.083$$

$$\gamma_s=0.5(1+\sqrt{1-2\alpha_s})=0.959$$

$$A_s=\frac{M_{底}}{\alpha_1 f_y \gamma_s h_0}=\frac{1.58\times10^6}{1.0\times300\times0.959\times115}=48mm^2$$

根据现行混凝土规范关于墙体构造的规定，竖向按构造配筋为 Φ8@300，即每米墙体配筋面积约为 $150.7mm^2$，大于需要配筋面积 $48mm^2$，故竖向钢筋按构造配筋 Φ8@300；水平按构造配筋 Φ8@300，即每米墙体配筋面积约为 $100.5mm^2$。女儿墙每隔 12m 设一道伸缩缝。

竖向配筋率 $\rho_{sh}=\dfrac{150.7}{150\times300}=0.33\%>0.02\%$，满足要求。

水平配筋率 $\rho_{sv}=\dfrac{100.5}{150\times300}=0.22\%>0.02\%$，满足要求。

女儿墙配筋图如图 5.16 所示。

5.7.2 窗户

本文仅对六层窗户（距地面高度 20.7m）进行简要验算。窗户高度 1.8m，宽度 2.1m，$\beta_{gz}=1.63$，$\mu_{sl}=-1.4$，$\mu_z=1.24$，则窗户风荷载标准值

$$w_k=\beta_{gz}\mu_{sl}\mu_z w_0=1.63\times(-1.4)\times1.24\times0.55$$
$$=-1.56kN/m^2$$

窗户按照 2 块玻璃计算。均采用浮法玻璃，每块玻璃尺寸约为 $1800mm\times1050mm$，厚度 8mm，强度 $f_g=28.0N/mm^2$，弹性模量 $E=0.72\times10^5 N/mm^2$，泊松比 $v=0.20$。根据现行玻璃幕墙工程技术规范，由 $\dfrac{a}{b}=\dfrac{1050}{1800}=0.58$ 查该技术规范表 6.1.2-1 得 $m=0.08944$；

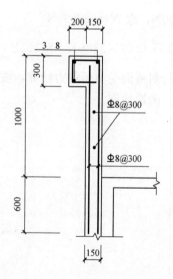

图 5.16 女儿墙配筋图

由 $\theta=\dfrac{w_{k}a^4}{Et^4}=\dfrac{1.56\times10^{-3}\times1050^4}{0.72\times10^5\times8^4}=6.4$，查该技术规范表 6.1.2-2 得 $\eta=0.99$，故玻璃最大应力值

$$\sigma_{wk}=\dfrac{6mw_{k}a^2}{t^2}\eta=\dfrac{6\times0.08944\times1.56\times10^{-3}\times1050^2}{8^2}\times0.99=14.3N/mm^2<28N/mm^2$$

式中：θ——参数；

$\quad\sigma_{wk}$——风荷载玻璃截面的最大应力标准值（N/mm^2）；

$\quad w_{k}$——垂直与玻璃平面的风荷载标准值；

$\quad a$、b——矩形玻璃板材短边、长边长（mm）；

$\quad t$——玻璃厚度（mm）；

$\quad E$——玻璃的弹性模量（N/mm^2）；

$\quad m$——弯矩系数，由玻璃短边和长边边长之比查现行玻璃幕墙工程技术规范确定；

$\quad\eta$——折减系数，根据现行玻璃幕墙工程技术规范查表确定。

故窗户的玻璃满足强度要求。

单片玻璃的刚度：

$$D=\dfrac{Et^3}{12(1-v^2)}=\dfrac{0.72\times10^5\times8^3}{12\times(1-0.20^2)}=3.2\times10^6 N\cdot mm$$

挠度值：

$$d_{f}=\dfrac{\mu w_{k}a^4}{D}\eta=\dfrac{0.008962\times1.56\times10^{-3}\times1050^4}{3.2\times10^6}\times0.99=5.26mm<\dfrac{1}{60}a=17.5mm$$

故挠度值满足要求。

参 考 文 献

[1] 中华人民共和国国家标准. 建筑结构荷载规范（GB 50009—2012）[S]. 北京：中国建筑工业出版社. 2012.

[2] 中华人民共和国国家标准. 混凝土结构设计规范（GB 50010—2010）[S]. 北京：中国建筑工业出版社. 2010.

[3] 程文瀼，颜德姮主编. 混凝土结构——混凝土结构与砌体结构设计（中册）[M]. 北京：中国建筑工业出版社，2008.

[4] 中华人民共和国行业标准. 玻璃幕墙工程技术规范（JGJ 102—2003）[S]. 北京：中国建筑工业出版社. 2003.

第6章 高层混凝土结构抗风设计实例

水平荷载是高层建筑结构设计的控制荷载，水平荷载包括风荷载和地震作用。风荷载作用频繁，且随着结构高度的增加，风荷载增加迅速，有时甚至超过地震作用，是高层建筑结构设计控制荷载之一。随着轻质、高强度材料的应用，现代高层建筑朝着更高、更柔的方向发展，致使结构基本频率降低，有时接近风的卓越频率，因此风振作用十分显著。高层建筑常用的结构体系有框架结构体系、剪力墙结构体系、框架-剪力墙结构体系和筒体结构体系等，本章结合一 15 层框架-剪力墙体系，计算结构所承受的风荷载以及风荷载对结构的作用效应。

6.1 高层混凝土结构房屋抗风概念设计

6.1.1 风对建筑结构的作用

一般来说，风对建筑物的作用有以下特点：

（1）风对建筑物的作用力包含静力部分和动力部分，且分布不均匀，随作用的位置不同而变化；

（2）风对建筑物的作用与建筑物的几何外形有直接关系，主要指建筑的体型和截面的几何外形；

（3）风对建筑物的作用受建筑物周围环境影响较大，周围环境的不同对风场分布影响很大；

（4）与地震相比较，风力作用持续时间更长，有时甚至几个小时，同时作用也更频繁。

6.1.2 抗风设计要求

（1）结构抗风设计必须满足强度设计要求，即结构的构件在风荷载和其他荷载共同作用下内力必须满足强度设计的要求，确保建筑物在风力作用下不会产生倒塌、开裂和大的残余变形等破坏现象，以保证结构的安全。

（2）结构抗风设计必须满足刚度设计要求，即要保证结构的位移或者相对位移不能过大，以防止建筑物在风力作用下引起隔墙开裂、建筑装饰和非结构构件因位移过大而产生的损坏。顶部水平位移或结构层间相对水平位移界限值分别由顶部位移与结构高和层间相对位移与层高的比值决定。由于振型的非线性引起局部层间位移增大，顶部水平位移与结构高之比通常小于层间相对水平位移与层高之比。一般来说，对应于高层建筑的主体结构开裂或损坏（位移过大引起框架、剪力墙、承重墙裂缝或结构主筋屈服），层间相对水平位移界限值在 1cm 左右；对于高层建筑非承重墙开裂，层间相对水平位移界限值在 $0.6\sim$ 0.7cm 左右。高层建筑的抗风安全以非承重墙开裂为界限，依据这一准则所决定的各种结构、隔墙对应的楼层层间最大位移与层高之比要满足规范要求。《高层建筑混凝土结构技术规程》规定如下：

① 高度不大于 150m 的高层建筑，其楼层层间最大位移与层高之比 $\Delta u/h$ 不宜大于表 6.1 的限值；

楼层层间最大位移与层高之比的限值　　　　　　　　　　　　　　表 6.1

结构体系	$\Delta u/h$ 限值	结构体系	$\Delta u/h$ 限值
框架	1/550	筒中筒、剪力墙	1/1000
框架-剪力墙、框架-核心筒、板柱-剪力墙	1/800	除框架结构外的转换层	1/1000

② 高度不小于 250m 的高层建筑，其楼层层间最大位移与层高之比 $\Delta u/h$ 不宜大于 $1/500$；

③ 高度在 150m～250m 之间的高层建筑，其楼层层间最大位移与层高之比 $\Delta u/h$ 的限值可按第①条和第②条的限值线性插入取用。

（3）结构抗风设计必须满足舒适度设计要求，以防止居住者和工作人员因风力作用引起的摆动造成不舒适的感觉。影响人体感觉不舒适的主要因素有振动频率、振动加速度和振动持续的时间。由于振动时间取决于风力作用的时间，结构振动频率的调整又十分困难，因此一般采用限制结构振动加速度的方法满足舒适度设计要求。根据对人体振动的舒适界限标准可得到结构舒适度的控制界限，当然在具体选择舒适度的控制界限时应根据结构层的不同使用功能进行确定。《高层建筑混凝土结构技术规程》规定如下：

房屋高度不小于 150m 的高层混凝土建筑结构应满足风振舒适度要求。在现行国家标准《建筑结构荷载规范》GB 50009 规定的 10 年一遇的风荷载标准值作用下，结构顶点的顺风向和横风向振动最大加速度计算值不应超过表 6.2 的限值。结构顶点的顺风向和横风向振动最大加速度可按现行行业标准《高层民用建筑钢结构技术规程》JGJ 99 的有关规定计算，也可通过风洞实验结果判断确定，计算时结构阻尼比宜取 $0.01\sim0.02$。

结构顶点风振加速度限值 $a_{\lim}$　　　　　　　　　　　　　　表 6.2

使用功能	$a_{\lim}(\text{m/s}^2)$	使用功能	$a_{\lim}(\text{m/s}^2)$
住宅、公寓	0.15	办公、旅馆	0.25

（4）为防止风力对外墙、玻璃、女儿墙及其他装饰构件的局部损坏，也必须对这些构件进行合理设计。

（5）结构抗风设计要满足疲劳破坏设计要求，风振引起高层建筑结构或构件的破坏是高周疲劳累积损伤的结果。结构或构件的疲劳寿命由实验或统计分析得到的 S-N 曲线决定。曲线的解析表达式为：

$$NS^m = C \tag{6.1}$$

式中：S——响应水平；

N——在响应水平 S 下结构或构件疲劳失效的循环次数；

m、C——经验参数。

6.2 工程概况

本工程为 15 层的综合办公楼，框架-剪力墙结构，结构高度 50.4m。建筑结构安全等级为二级；建筑抗震设防类别为丙类，设计地震分组为第一组；基本风压 $0.4kN/m^2$，地面粗糙度为 C。

结构平面图如图 6.1 所示，1 层层高 4.2m，2～15 层层高 3.3m；1～5 层柱子截面为 $700mm \times 700mm$，6～15 层柱子截面为 $600mm \times 600mm$；框架梁截面为 $600mm \times 300mm$；剪力墙厚度均为 200mm。

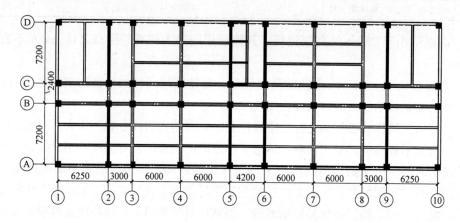

图 6.1 结构平面布置

6.3 设计思路、设计依据和计算基本假定

设计思路：分三个阶段进行，即方案设计阶段，初步设计阶段，施工图设计阶段。

① 方案设计阶段：根据建筑功能要求，进行结构概念设计，完成结构布置，并初估截面尺寸。

② 初步设计阶段：进行荷载计算，根据结构模型计算结构内力，并对结构承载力进行验算，最后适当修改结构布置和截面尺寸。

③ 施工图设计阶段：根据初步设计阶段的结果，并根据规范进行构造设计，绘制结构施工图。

设计依据：《建筑结构荷载规范》（GB 50009—2012）；《建筑抗震设计规范》（GB 50011—2010）；《混凝土结构设计规范》（GB 50003—2011）；《高层建筑混凝土结构技术规程》（JGJ 3—2010）。

计算基本假定：6.2 节工程按铰接框架剪力墙结构体系进行计算，即

① 楼板在自身平面内的刚度无限大；

② 当结构体型规则，剪力墙布置比较均匀时，结构在水平荷载作用下不计扭转影响；

③ 不考虑剪力墙和框架柱的轴向变形及基础转动的影响。

6.4 风荷载计算

6.4.1 顺风向风荷载计算理论

《建筑结构荷载规范》（GB 50009—2012）（以下简称《荷载规范》）规定，对于主要受力结构，垂直于建筑物表面的风荷载标准值按下式计算：

$$w_k = \beta_z \mu_s \mu_z w_0 \tag{6.2}$$

式中：w_k——风荷载标准值（kN/m^2）；

$\quad\quad \beta_z$——高度 z 处的风振系数；

$\quad\quad \mu_s$——风荷载体型系数；

$\quad\quad \mu_z$——风压高度变化系数；

$\quad\quad w_0$——基本风压（kN/m^2）。

对于高度大于 30m 且高宽比大于 1.5 的房屋，以及基本自振周期 T_1 大于 0.25s 的各种高耸结构，应考虑风压脉动对结构产生顺风向风振的影响。顺风向风振响应计算应按结构随机振动理论进行。对于一般竖向悬臂型结构，例如高层建筑和构架、塔架等高耸结构，均可仅考虑结构第一振型的影响，采用风振系数法计算其顺风向风荷载，即按式（6.2）计算。z 高度处的风振系数 β_z 按下式计算：

$$\beta_z = 1 + 2g I_{10} B_z \sqrt{1 + R^2} \tag{6.3}$$

式中：g——峰值因子，可取 2.5；

$\quad\quad I_{10}$——10m 高度名义湍流强度，对应 A、B、C 和 D 类地面粗糙度，可分别取 0.12、0.14、0.23 和 0.39；

$\quad\quad R$——脉动风荷载的共振分量因子；

$\quad\quad B_z$——脉动风荷载的背景分量因子。

脉动风荷载的共振分量因子可按下列公式计算：

$$R = \sqrt{\frac{\pi}{6\xi_1} \frac{x_1^2}{(1 + x_1^2)^{4/3}}} \tag{6.4}$$

$$x_1 = \frac{30 f_1}{\sqrt{k_w w_0}}, x_1 > 5 \tag{6.5}$$

式中：f_1——结构第 1 阶自振频率（Hz）；

$\quad\quad k_w$——地面粗糙度修正系数，对应 A、B、C 和 D 类地面粗糙度，可分别取 1.28、1.0、0.54、和 0.26；

$\quad\quad \xi_1$——结构阻尼比，钢筋混凝土结构取 0.05。

对体型和质量沿高度均匀分布的高层建筑（适用于本工程）和高耸结构，脉动风荷载的背景分量因子可按下式确定：

$$B_z = k H^{\alpha_1} \rho_x \rho_z \frac{\phi_1(z)}{\mu_z} \tag{6.6}$$

式中：$\phi_1(z)$——结构第 1 阶振型系数，按我国现行荷载规范附录 G，根据 $\frac{z}{H}$ 查表确定；

H——结构总高度（m）；

ρ_x——脉动风荷载水平方向相关系数；

ρ_z——脉动风荷载竖直方向相关系数；

k、α_1——系数，按我国现行荷载规范表 8.4.5-1（系数 k 和 α_1）取值。

脉动风荷载的空间相关系数按下列规定确定：

竖直方向的相关系数按下式计算：

$$\rho_z = \frac{10\sqrt{H + 60e^{-H/60} - 60}}{H} \tag{6.7}$$

式中：H——结构总高度（m）。

水平方向相关系数按下式计算：

$$\rho_x = \frac{10\sqrt{B + 50e^{-B/50} - 50}}{B} \tag{6.8}$$

式中：B——结构迎风面宽度（m），$B < 2H$。

6.4.2　顺风向风荷载计算

本工程属于一般悬臂型结构，风荷载按 6.4.1 节的风振系数法计算。计算步骤如下：

① 计算脉动风荷载的空间相关系数 ρ_x、ρ_z

已知结构总高度 $H = 50.4\text{m}$，迎风面宽度 $B = 46.9\text{m}$，按式（6.7）、（6.8）算得 $\rho_x = 0.866$、$\rho_z = 0.801$。

② 计算脉动风荷载的背景分量因子 B_z

已知 C 类地面粗糙度，查《荷载规范》表 8.4.5-1（系数 k 和 α_1）得 $k = 0.295$、$\alpha_1 = 0.261$；

已知 C 类地面粗糙度、各层标高，查《荷载规范》表 8.2.1（风压高度变化系数 μ_z）得 μ_z，结果列于表 6.3；

已知各层相对高度 z/H，查《荷载规范》附录 G 表 G.0.3（高层建筑的振型系数）得 $\phi_1(z)$，结果列于表 6.3；

将 k、α_1、μ_z、$\phi_1(z)$ 代入式（6.6）得脉动风荷载的背景分量因子 B_z，结果列于表 6.3。

③ 计算高度 z 处的风振系数 β_z

已知房屋层数，查《荷载规范》附录 F.2，得结构基本周期 $T_1 = 0.05n = 0.05 \times 15 = 0.75\text{s}$，一阶频率 $f_1 = 1/T_1 = 1/0.75 = 1.33\text{Hz}$；

已知 C 类地面粗糙度，k_w 取 0.54，结构阻尼比 ξ_1 取 0.05，将 f_1、k_w、ξ_1 代入式（6.5）得 $x_1 = \dfrac{30f_1}{\sqrt{k_w w_0}} = 86.1$；

将 ξ_1、x_1 代入式（6.4）得 $R = \sqrt{\dfrac{\pi}{6\xi_1} \dfrac{x_1^2}{(1 + x_1^2)^{4/3}}} = 0.73$；

已知 C 类地面粗糙度，10m 高度名义湍流强度 I_{10} 取 0.23，峰值因子 g 取 2.5，将 B_z、R、g、I_{10} 代入式（6.3），得风振系数 β_z，结果列于表 6.3。

风荷载各参数取值 表 6.3

层号	标高	z/H	$\phi_1(z)$	μ_z	B_z	β_z
15	50.4	1.00	1.00	1.10	0.52	1.74
14	47.1	0.93	0.91	1.07	0.47	1.68
13	43.8	0.87	0.82	1.04	0.44	1.62
12	40.5	0.80	0.74	1.01	0.40	1.57
11	37.2	0.74	0.70	0.97	0.38	1.54
10	33.9	0.67	0.61	0.93	0.34	1.48
9	30.6	0.61	0.47	0.89	0.26	1.37
8	27.3	0.54	0.41	0.84	0.24	1.34
7	24	0.48	0.35	0.80	0.21	1.30
6	20.7	0.41	0.28	0.75	0.17	1.24
5	17.4	0.35	0.22	0.69	0.13	1.19
4	14.1	0.28	0.15	0.65	0.10	1.14
3	10.8	0.21	0.09	0.65	0.05	1.08
2	7.5	0.15	0.05	0.65	0.03	1.04
1	4.2	0.08	0.02	0.65	0.01	1.01

④ 计算风荷载标准值 w_k 及各层等效风荷载 P_i

已知建筑形式，查《荷载规范》表 8.3.1（风荷载体型系数）得 $\mu_s=1.4$。将第③步算得的风振系数 β_z、第④步算得的风荷载体型系数 μ_s、第②步算得的风压高度变化系数 μ_z 代入式（6.2），得各层层高处风荷载标准值 w_k，结果列于表 6.4；

将各楼盖处上下墙体各一半高度的风荷载等效到楼盖标高处，得 $P_i=w_k B(h_i+h_{i-1})/2$，结果列于表 6.4；

各层的剪力 V_i 为其上各层等效风荷载 P_i 的和，计算结果列于表 6.4；各层的弯矩 W_i 为其上各层等效风荷载 P_i 对本层的矩的和（未列出计算结果）。

各楼层风荷载及楼层剪力 表 6.4

层号	计算高度	μ_s	$w_0(\text{kN/m}^2)$	$w_k(\text{kN/m}^2)$	$P_i(\text{kN})$	$V_i(\text{kN})$
15	1.65			1.07	82.49	82.5
14	3.3			1.01	154.94	237.4
13	3.3			0.94	145.14	382.6
12	3.3			0.88	135.97	518.5
11	3.3			0.83	128.48	647.0
10	3.3			0.77	118.50	765.5
9	3.3			0.68	105.20	870.7
8	3.3	1.4	0.4	0.63	97.11	967.8
7	3.3			0.58	89.12	1056.9
6	3.3			0.52	80.36	1137.3
5	3.3			0.46	71.25	1208.5
4	3.3			0.41	63.72	1272.3
3	3.3			0.39	60.45	1332.7
2	3.3			0.38	58.20	1390.9
1	3.75			0.37	64.44	1455.3

6.4.3 横风向风振作用

对于横风向等效风荷载，我国现行《荷载规范》规定，对于矩形截面高层建筑，当满足下列条件时，可按附录 H.2 的规定确定其横风向风振等效风荷载：

① 建筑的平面形状和质量在整个高度范围内基本相同；

② 高宽比 $H/\sqrt{BD}$ 在 $4\sim8$ 之间，深宽比 D/B 在 $0.5\sim2$ 之间，其中 B 为结构的迎风面宽度，D 为结构平面的进深（顺风向尺寸）；

③ $v_H T_{L1}/\sqrt{BD} \leqslant 10$，$T_{L1}$ 为结构横风向第 1 阶自振周期，v_H 为结构顶部风速。

本例中，$H/\sqrt{BD}=50.4/\sqrt{46.9\times17.4}=1.76<4$，不满足第二个条件，因此无法按荷载规范附录 H.2 的简化算法进行计算，需要通过风洞实验或比照有关资料确定结构的横风向风荷载。

6.5 风荷载效应计算

6.5.1 框架-剪力墙结构的特点

（1）框架-剪力墙结构，亦称为框架-抗震墙结构，简称框剪结构。这种结构是在框架结构中布置一定数量的剪力墙，既能保证自由灵活的空间，满足不同建筑功能的要求，同时刚度较大的剪力墙又保证了框剪结构有足够的抗震抗风能力。因此，框架-剪力墙结构多用于需要灵活大空间的多层和高层建筑，如办公楼、教学楼、图书馆、多层工业厂房等建筑。

（2）框架-剪力墙结构由框架和剪力墙两种不同的抗侧力结构组成。在水平力作用下，剪力墙是竖向悬臂弯曲结构，其变形曲线呈弯曲型，如图 6.2（a）所示，其顶点水平位移值与高度的关系如式（6.9）所示，楼层越高水平位移增速越快。框架在水平力作用下，其变形曲线为剪切型，如图 6.2（b）所示，其层间位移计算如式（6.10）所示，楼层越高，层间剪力 V 越小，楼层水平位移增速越慢。

$$u=\begin{cases} \dfrac{qH^4}{8EI} \text{（均布荷载）} \\[2mm] \dfrac{11q_{max}H^4}{120EI} \text{（倒三角形分布荷载）} \\[2mm] \dfrac{1}{3}\dfrac{PH^3}{EI} \text{（顶部集中荷载）} \end{cases} \tag{6.9}$$

$$\Delta u=\frac{V}{D} \tag{6.10}$$

式中：D——D 值法算得的框架结构抗侧刚度。

实际工程中，框架与剪力墙通过平面内刚度无限大的楼板连接在一起，在水平力作用下，它们水平位移必须协调一致，因此水平力作用下的框架-剪力墙结构的变形曲线既不是框架结构的剪切型，也不是剪力墙结构的弯曲型，而是呈反 S 形的弯剪型位移曲线，如

图 6.2（c）所示。

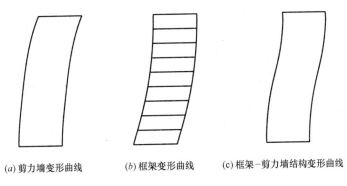

(a) 剪力墙变形曲线   (b) 框架变形曲线   (c) 框架-剪力墙结构变形曲线

图 6.2　框剪结构变形特点

（3）在水平力作用下，框架结构与剪力墙结构协同工作，在下部楼层，因为剪力墙位移小，剪力墙要承担大部分剪力；随着楼层增加，剪力墙位移越来越大，而框架变形减小，所以在上部楼层，框架要承担更多的剪力。

6.5.2　框架-剪力墙结构计算简图

根据 6.3 节基本假定，计算区段内结构在水平荷载作用下，处于同一楼面标高处的各片剪力墙及框架的水平位移相同。此时，可把所有剪力墙综合在一起成总剪力墙，将所有框架综合在一起成总框架。楼板的作用是保证各片平面结构具有相同的水平侧移。

当墙肢与墙肢以及墙肢与框架柱之间没有连梁或连梁截面高度较小时，连梁对墙肢的约束作用很小，总框架和总剪力墙之间只靠楼面连接协同工作。由于楼面外刚度为零，楼板对各平面结构不产生约束弯矩，可以把楼板简化成铰接连杆。铰接连杆、总框架、总剪力墙构成框剪结构简化分析的铰接计算体系。图 6.3 为某框架-剪力墙结构的平面图，图 6.4 为其计算简图。图 6.4 中的总剪力墙包含 2 片墙体，总框架包含 5 榀框架。

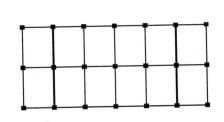

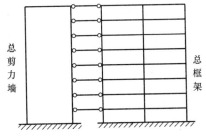

图 6.3　某框架-剪力墙结构平面图（无连梁）　　　图 6.4　铰接体系计算简图

当墙肢之间以及墙肢与框架柱之间有连梁时，连梁会对墙肢和框架柱产生约束作用。此时宜采用刚接的计算简图。图 6.5 为某框架-剪力墙结构的平面图，图 6.6 为其计算简图。图 6.6 中总剪力墙包含 4 片墙体，总框架包含 5 榀框架。

6.5.3　总框架和总剪力墙刚度计算

（1）总剪力墙刚度计算

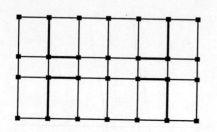

图 6.5　某框架-剪力墙结构平面图（有连梁）

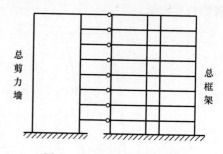

图 6.6　刚接体系计算简图

$$EI_w = \sum_n EI_{eq} \qquad (6.11)$$

式中：n——总剪力墙中剪力墙数量；

EI_{eq}——单片剪力墙的等效抗弯刚度。

（2）总框架刚度计算

用 D 值法求框架结构内力时，柱的抗侧刚度 D 计算如下：

$$D = 12\alpha \frac{i_c}{h^2} \qquad (6.12)$$

柱刚度修正系数 α 计算如下：

标准层：

$$\alpha = \frac{K}{(2+K)}, K = \frac{\sum i_b}{2 i_c} \qquad (6.13a)$$

底层：

$$\alpha = \frac{(0.5+K)}{(2+K)}, K = \frac{\sum i_b}{i_c} \qquad (6.13b)$$

抗侧刚度 D 的物理意义为：使框架柱两端产生单位相对侧移时所需要的剪力。对于总框架，D 值应为同一层内所有框架柱的抗侧移刚度之和，即 $D = \sum D_j$。

现设总框架的剪切刚度 C_f 为使总框架在楼层间产生单位剪切变形时所需要的水平剪力，有：

$$C_f = hD = h\sum D_j \qquad (6.14)$$

在实际工程中，总框架各层抗侧移刚度及总剪力墙各层等效抗弯刚度沿结构高度不一定相同，如果变化不大，计算时可以取其平均值：

$$C_f = \frac{\sum_m h_i C_{fi}}{H} \qquad (6.15a)$$

$$EI_w = \frac{\sum_m h_i EI_{wi}}{H} \qquad (6.15b)$$

式中：C_{fi}——总框架各层抗侧移刚度；

EI_{wi}——总剪力墙各层抗弯刚度；

h_i——各层层高；

$H = \sum h_i$——建筑物总高度。

6.5.4　铰接体系框剪结构内力计算理论

框架-剪力墙结构在水平荷载作用下，外荷载由框架和剪力墙共同承担，外力在框架和剪力墙之间的分配由协同工作计算确定。协同工作计算采用连续化的方法。把总框架和总剪力墙之间的总连杆分散到房屋全高度中，化成连续的杆件，再将此杆件切开，代以未知内力，然后对分离的总框架和总剪力墙计算侧移。利用两者侧移相等的协同条件，求得连杆的内力，继而可得总框架各层的剪力、剪力墙各截面处的弯矩、剪力和侧移量。具体步骤如下：

将图 6.7（a）中的铰接连杆切开，各连杆内力用 P_{fi} 表示，得图 6.7（b）的计算简图。为简化计算，将各层连杆内力 P_{fi} 简化为沿高度的连续分布力 $P_f(x)$，如图 6.7（c）所示。

建立协同工作微分方程时取总剪力墙为脱离体，计算简图如图 6.7（c）所示。此时总剪力墙是一个在荷载 $p(x)$ 和 $P_f(x)$ 作用下的竖向受弯构件，为静定结构。剪力墙上任一截面的转角、弯矩及剪力的正负号采用梁中的通用规定，正方向如图 6.8 所示。把总剪力墙当作悬臂梁，其内力与弯曲变形的关系如下：

$$EI_w \frac{d^4 y}{dx^4} = p(x) - p_f(x) \tag{6.16}$$

式（6.16）中有两个未知数，$p_f(x)$ 和 y，由计算假定可知，总框架和总剪力墙具有相同的侧移曲线，取总框架为脱离体可以给出 $p_f(x)$ 和侧移 y 之间的关系。

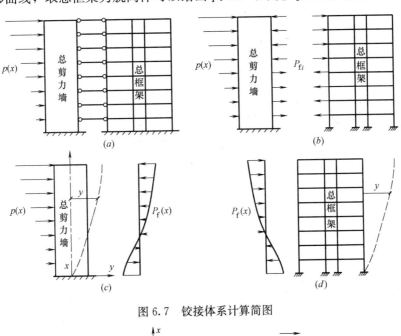

图 6.7 铰接体系计算简图

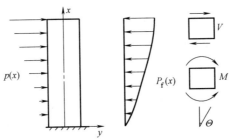

图 6.8 总剪力墙脱离体及符号规则

6.5.3 节已定义 C_f 为使总框架在楼层处产生单位剪切变形时所需要的水平剪力。当总框架的剪切变形为 $\theta = dy/dx$ 时，由定义可知总框架层间剪力为：

$$V_f = C_f\theta = C_f\frac{dy}{dx} \tag{6.17}$$

对上式微分得：

$$\frac{dV_f}{dx} = -P_f(x) = C_f\frac{d^2y}{dx^2} \tag{6.18}$$

将式（6.18）代入式（6.16），整理后得：

$$\frac{d^4y}{dx^4} - \frac{C_f}{EI_w}\frac{d^2y}{dx^2} = \frac{p(x)}{EI_w} \tag{6.19}$$

引入符号：

$$\xi = x/H \tag{6.20}$$

$$\lambda = H\sqrt{\frac{C_f}{EI_w}} \tag{6.21}$$

式中：λ——结构刚度特征值。

文献［5］认为，式（6.21）可写为 $\lambda^2 = \dfrac{C_f H}{EI_w/H}$，式中，分子是框架发生 H 转角所需的力，或框架总刚度的 H 倍，分母是剪力墙的线刚度，所以 λ 是反映总框架和总剪力墙刚度之比的一个参数，对框架-剪力墙结构的受力和变形状态及外力分配都有很大影响。

将式（6.20）、式（6.21）代入式（6.19），得：

$$\frac{d^4y}{d\xi^4} - \lambda^2\frac{d^2y}{d\xi^2} = \frac{H^4}{EI_w}p(\xi) \tag{6.22}$$

式（6.22）是一个四阶常系数非齐次线性微分方程。取剪力墙为脱离体，结合框架-剪力墙结构的特点可知其边界条件为：

① 当 $\xi = 0$，即 $x = 0$ 时（在结构底部），结构位移 $y = 0$；

② 当 $\xi = 0$，结构底部转角 $\theta = \dfrac{dy}{d\xi} = 0$；

③ 当 $\xi = 1$，即 $x = H$ 时（在结构顶部），结构弯矩为零，即 $\dfrac{d^2y}{d\xi^2} = 0$；

④ 当 $\xi = 1$ 时，结构顶部总剪力 $V = V_w + V_f = \begin{cases} 0 & \text{（均布荷载）} \\ 0 & \text{（倒三角形分布荷载）} \\ P & \text{（顶部集中荷载）} \end{cases}$

结合边界条件，即可解式（6.22），可得结构在均布荷载、倒三角形分布荷载以及顶部集中荷载作用下的位移公式。此处只给出结果，解的过程可参照文献［4］。

微分方程（6.22）的解如下：

$$y = \begin{cases} \dfrac{qH^4}{EI_w\lambda^4}\left\{\dfrac{\lambda sh\lambda + 1}{ch\lambda}[ch(\lambda\xi) - 1] - \lambda sh(\lambda\xi) + \lambda^2\xi\left(1 - \dfrac{\xi}{2}\right)\right\} & \text{（均布荷载）} \\[2mm] \dfrac{qH^4}{EI_w\lambda^4}\left[\dfrac{ch(\lambda\xi) - 1}{ch\lambda}\left(\dfrac{sh\lambda}{2\lambda} - \dfrac{sh\lambda}{\lambda^3} + \dfrac{1}{\lambda^2}\right) + \left(\xi - \dfrac{sh(\lambda\xi)}{\lambda}\right)\left(\dfrac{1}{2} - \dfrac{1}{\lambda^2}\right) - \dfrac{\xi^2}{6}\right] \\ \text{（倒三角形分布荷载）} \\[2mm] \dfrac{PH^3}{EI_w\lambda^3}\left\{\dfrac{sh\lambda}{ch\lambda}[ch(\lambda\xi) - 1] - sh(\lambda\xi) + \lambda\xi\right\} & \text{（顶部集中荷载）} \end{cases} \tag{6.23}$$

由此位移函数即可确定剪力墙任意截面处的弯矩 M_w 和剪力 V_w：

$$M_w = EI_w \frac{d\theta}{dx} = EI_w \frac{d^2 y}{dx^2} = \frac{EI_w}{H^2} \frac{d^2 y}{d\xi^2} \tag{6.24}$$

$$V_w = -\frac{dM_w}{dx} = -EI_w \frac{d^3 y}{dx^3} = -\frac{EI_w}{H^3} \frac{d^3 y}{d\xi^3} \tag{6.25}$$

将式（6.23）代入式（6.24）和式（6.25），即可得到剪力墙在 3 种典型水平荷载作用下的内力 M_w 和 V_w：

$$M_w = \begin{cases} \dfrac{qH^2}{\lambda^2}\left[\dfrac{\lambda sh\lambda +1}{ch\lambda}ch(\lambda\xi)-\lambda sh(\lambda\xi)-1\right]（均布荷载）\\[2mm] \dfrac{qH^2}{\lambda^2}\left[\left(1+\dfrac{1}{2}\lambda sh\lambda -\dfrac{sh\lambda}{\lambda}\right)\dfrac{ch(\lambda\xi)}{ch\lambda}-\left(\dfrac{\lambda}{2}-\dfrac{1}{\lambda}\right)sh(\lambda\xi)-\xi\right]\\ （倒三角形分布荷载）\\[2mm] PH\left[\dfrac{sh\lambda}{\lambda ch\lambda}ch(\lambda\xi)-\dfrac{1}{\lambda}sh(\lambda\xi)\right]（顶部集中荷载） \end{cases} \tag{6.26}$$

$$V_w = \begin{cases} \dfrac{qH}{\lambda}\left[\lambda ch(\lambda\xi)-\dfrac{1+\lambda sh\lambda}{ch\lambda}sh(\lambda\xi)\right]（均布荷载）\\[2mm] \dfrac{qH}{\lambda^2}\left[\left(1+\dfrac{1}{2}\lambda sh\lambda -\dfrac{sh\lambda}{\lambda}\right)\dfrac{\lambda ch(\lambda\xi)}{ch\lambda}-\left(\dfrac{\lambda}{2}-\dfrac{1}{\lambda}\right)\lambda ch(\lambda\xi)-1\right]\\ （倒三角形分布荷载）\\[2mm] P\left[ch(\lambda\xi)-\dfrac{sh\lambda}{ch\lambda}sh(\lambda\xi)\right]（顶部集中荷载） \end{cases} \tag{6.27}$$

总框架的剪力可直接由总剪力减去剪力墙的剪力得到：

$$V_f = V_p(\xi)-V_w(\xi) = \begin{cases} (1-\xi)qH-V_w(\xi)（均布荷载）\\[2mm] \dfrac{1}{2}(1-\xi^2)qH-V_w(\xi)（倒三角形分布荷载）\\[2mm] P-V_w(\xi)（顶部集中荷载） \end{cases} \tag{6.28}$$

6.5.5 刚接体系框剪结构内力计算理论

按刚接计算的框剪结构，将连杆切开后，连杆除有轴力外还有剪力和弯矩。图 6.9（a）为刚接体系计算简图，图 6.9（b）为连杆切开后的内力图。将剪力和弯矩对总剪力墙墙肢截面形心轴取矩，得到连杆对墙肢的约束弯矩 M_i，如图 6.9（c）所示。同铰接体系计算一样，将约束弯矩 M_i 和连杆轴向力 P_{fi} 沿高度连续化，即得图 6.9（d）所示计算简图。

在框架-剪力墙结构中，连梁与剪力墙相连的一端，由于剪力墙的刚度很大，通常简化为带刚域的梁，而与框架连接的一端不带刚域。图 6.10 为两种连梁的计算简图。

图 6.10 中 m 为约束弯矩系数，表示当梁端有单位转角时，梁端产生的弯矩。对于图 6.10（a），两端均有刚域，此时：

$$\begin{cases} m_{12} = \dfrac{1+a-b}{(1+\beta)(1-a-b)^3}\dfrac{6EI}{l}\\[3mm] m_{21} = \dfrac{1-a+b}{(1+\beta)(1-a-b)^3}\dfrac{6EI}{l} \end{cases} \tag{6.29}$$

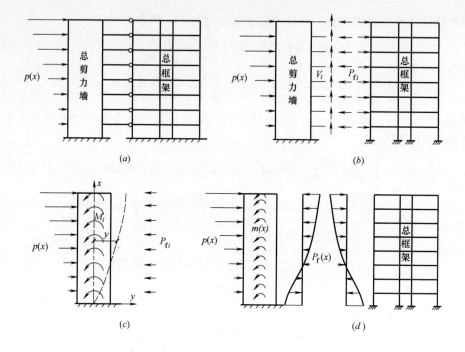

图 6.9　刚接体系计算简图

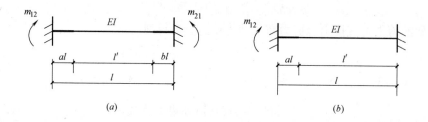

图 6.10　带刚域梁

令式（6.29）中 $b=0$，即得图 6.10（b）所示仅一端有刚域的梁的约束弯矩系数：

$$\begin{cases} m_{12}=\dfrac{1+a}{(1+\beta)(1-a)^3}\dfrac{6EI}{l} \\ m_{21}=\dfrac{1-a}{(1+\beta)(1-a)^3}\dfrac{6EI}{l} \end{cases} \tag{6.30}$$

式中：$\beta=\dfrac{12\mu EI}{GAl'^2}$——考虑剪切变形时的影响系数；若不考虑剪切变形的影响，可令 $\beta=0$。

由梁端弯矩系数 m 的定义可知，当梁端有转角 θ 时，梁端约束弯矩为：

$$\begin{cases} M_{12}=m_{12}\theta \\ M_{21}=m_{21}\theta \end{cases} \tag{6.31}$$

同铰接体系计算一样，按连续化方法将其沿高度 h 连续化为分布弯矩，得：

$$m_i(x)=\dfrac{M_{abi}}{h}=\dfrac{m_{abi}}{h}\theta(x)$$

则，某一层内总约束弯矩为：

$$m = \sum_{i=1}^{n} m_i(x) = \sum_{i=1}^{n} \frac{m_{abi}}{h}\theta(x) \tag{6.32}$$

式中： n——同一层内连梁总数；

$\sum_{i=1}^{n} \dfrac{m_{abi}}{h}$ ——连梁总约束刚度，记为 C_b；

m_{ab} ——连梁两端与墙肢相连时的梁端弯矩系数。

在实际工程中，各层连梁的约束弯矩系数不一定相同，此时应取各层约束刚度的加权平均值。

如图 6.9 (d) 所示，取剪力墙为脱离体，约束弯矩 m 在剪力墙 x 高度处产生的弯矩为：

$$M_m = -\int_{x}^{H} m\,\mathrm{d}x \tag{6.33}$$

由弯矩可求得对应的剪力和荷载：

$$V_m = -\frac{\mathrm{d}M_m}{\mathrm{d}x} = -m = -\sum_{i=1}^{n} \frac{m_{abi}}{h}\theta(x) = -\sum_{i=1}^{n} \frac{m_{abi}}{h}\frac{\mathrm{d}y}{\mathrm{d}x} \tag{6.34}$$

$$p_m(x) = -\frac{\mathrm{d}V_m}{\mathrm{d}x} = -\sum_{i=1}^{n} \frac{m_{abi}}{h}\frac{\mathrm{d}^2 y}{\mathrm{d}x^2} \tag{6.35}$$

式中： V_m、$p_m(x)$——"等代剪力"和"等代荷载"，分别为代表刚性连梁由于约束弯矩作用所承受的剪力和荷载。

由剪力墙脱离体可得平衡方程：

$$EI_w\frac{\mathrm{d}^4 y}{\mathrm{d}x^4} = p(x) - p_f(x) + p_m(x) \tag{6.36}$$

式中： $p(x)$——外荷载；

$p_f(x)$——总框架与总剪力墙之间的相互作用力，同铰接体系一样，其计算参考式 (6.18)。

将式 (6.18) 代入式 (6.36) 得：

$$EI_w\frac{\mathrm{d}^4 y}{\mathrm{d}x^4} = p(x) + C_f\frac{\mathrm{d}^2 y}{\mathrm{d}x^2} + \sum_{i=1}^{n}\frac{m_{abi}}{h}\frac{\mathrm{d}^2 y}{\mathrm{d}x^2} \tag{6.37}$$

整理后得：

$$\frac{\mathrm{d}^4 y}{\mathrm{d}x^4} - \frac{\left(C_f + \sum\limits_{i=1}^{n}\dfrac{m_{abi}}{h}\right)}{EI_w}\frac{\mathrm{d}^2 y}{\mathrm{d}x^2} = \frac{p(x)}{EI_w} \tag{6.38}$$

同样，引入记号：

$$\xi = x/H \tag{同 6.20}$$

$$\lambda = H\sqrt{\frac{C_f + \sum\limits_{i=1}^{n}\dfrac{m_{abi}}{h}}{EI_w}} \tag{6.39}$$

代入式（6.38）得：

$$\frac{\mathrm{d}^4 y}{\mathrm{d}\xi^4} - \lambda^2 \frac{\mathrm{d}^2 y}{\mathrm{d}\xi^2} = \frac{H^4}{EI_{\mathrm{w}}} p(\xi) \tag{6.40}$$

式（6.40）即为刚接体系的微分方程，与铰接体系的微分方程式（6.22）比较可知，两式完全相同，只是刚度特征值 λ 的计算不同，因此解也完全相同，即式（6.22）即为式（6.40）的解，但刚接体系与铰接体系的内力计算有所不同。

由图 6.9（d）剪力墙脱离体可知：

$$EI_{\mathrm{w}} \frac{\mathrm{d}^3 y}{\mathrm{d}\xi^3} = V_{\mathrm{f}} - V + m(\xi) = -V_{\mathrm{w}} + m(\xi) = -V'_{\mathrm{w}} \tag{6.41}$$

式中：V——结构在荷载 $p(x)$ 作用下的总剪力。

令 $V'_{\mathrm{f}} = m + V_{\mathrm{f}}$，则：

$$V'_{\mathrm{f}} = V - V'_{\mathrm{w}} \tag{6.42}$$

总剪力在总剪力墙与总框架之间的分配按以下步骤进行：

① 根据刚度特征值 λ，将式（6.23）代入式（6.41）得 V'_{w}；

② 将 V'_{w} 代入式（6.42）得 V'_{f}；

③ 根据总框架的抗侧移刚度和总连梁的约束刚度按比例分配 V'_{f}，得总框架的剪力：

$$V_{\mathrm{f}} = \frac{C_{\mathrm{f}}}{C_{\mathrm{f}} + \displaystyle\sum_{i=1}^{n} \frac{m_{\mathrm{abi}}}{h}} V'_{\mathrm{f}} \tag{6.43}$$

$$m = V'_{\mathrm{f}} - V_{\mathrm{f}} \tag{6.44}$$

④ 由式（6.41）和式（6.44）可得剪力墙的剪力：$V_{\mathrm{w}} = V'_{\mathrm{w}} + m$。

6.5.6　本实例风荷载效应计算

本工程（图 6.1）偏保守按铰接框剪体系计算风荷载效应。计算过程如下：

（1）框架刚度计算

① 计算梁、柱截面特性

计算框架梁截面惯性矩 I 时考虑楼板的影响，中框架梁取 $I_{\mathrm{b}} = 2I_0$，边框架取 $I_{\mathrm{b}} = 1.5I_0$。计算结果如表 6.5 所示。

梁截面特性计算　　　　　　　　　　　　　　　　　　　　　　表 6.5

梁的位置	截面 (mm×mm)	$E(\mathrm{N/m^2})$	$I_0(\mathrm{mm^4})$	$I_{\mathrm{b}}(\mathrm{mm^4})$	梁跨度 L(m)	$i_{\mathrm{b}} = EI/L(\mathrm{kN \cdot m})$
中框架中梁	600×300	3.25×10^{10}	5.40×10^9	1.08×10^{10}	2.4	1.46×10^5
中框架边梁	600×300	3.25×10^{10}	5.40×10^9	1.08×10^{10}	7.2	4.88×10^4
边框架中梁	600×300	3.25×10^{10}	5.40×10^9	8.10×10^9	2.4	1.10×10^5
边框架边梁	600×300	3.25×10^{10}	5.40×10^9	8.10×10^9	7.2	3.66×10^4

柱截面特性计算如表 6.6 所示。

② 框架刚度计算

此工程简化以后的总框架图如图 6.11 所示。此框架包含轴线 1、10 两个边框架和轴

柱截面特性计算 表 6.6

层数	截面(mm×mm)	$E(N/m^2)$	$I_c(mm^4)$	柱高 h(m)	$i_c=EI/h(kN \cdot m)$
6~15	600×600	$3.25×10^{10}$	$1.08×10^{10}$	3.3	$1.06×10^5$
2~5	700×700	$3.25×10^{10}$	$2.00×10^{10}$	3.3	$1.97×10^5$
1	700×700	$3.25×10^{10}$	$2.00×10^{10}$	4.2	$1.55×10^5$

线 3、4、7、8 四个中框架。其中 A、B 柱和 C、D 柱关于中轴线对称，因此刚度计算时只取 A、B 柱进行计算。

框架刚度采用 6.5.3 节所示 D 值法计算。计算步骤为：

a) 将梁、柱线刚度代入式（6.13a）和式（6.13b）中算得 K 和刚度修正系数 α；

b) 将第一步算得的刚度修正系数 α 代入式（6.12）算得单根柱的抗侧刚度 D_j。将 D_j 代入式（6.14）算得每层总剪切刚度 C_{fi}；

c) 将上步算得的每一层的剪切刚度 C_{fi} 代入式（6.15a）得平均剪切刚度 C_f。

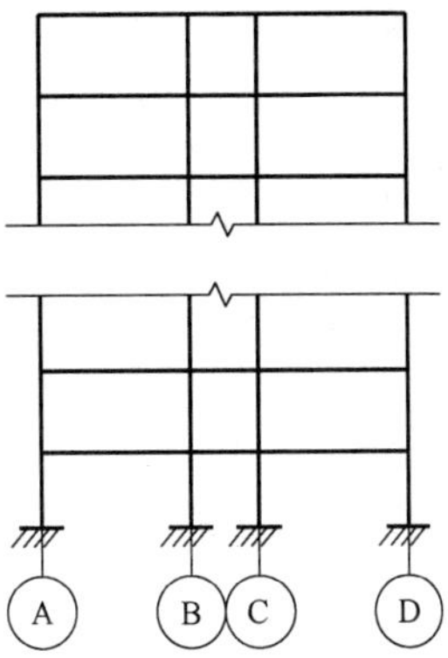

图 6.11 总框架计算简图

计算结果列于表 6.7 中，其中"柱数量"一列，将 A 柱和 D 柱合并计算，B 柱和 C 柱合并计算。

框架刚度计算表 表 6.7

楼层	柱位置	K	α	D(kN/m)	层高(m)	柱数量	C_{fi}(kN)
6~15	中框架 A	0.46	0.19	$2.19×10^4$	3.3	8	$2.91×10^6$
	中框架 B	1.83	0.48	$5.61×10^4$	3.3	8	
	边框架 A	0.34	0.15	$1.72×10^4$	3.3	4	
	边框架 B	1.38	0.41	$4.78×10^4$	3.3	4	
2~5	中框架 A	0.25	0.11	$2.39×10^4$	3.3	8	$3.55×10^6$
	中框架 B	0.99	0.33	$7.19×10^4$	3.3	8	
	边框架 A	0.19	0.08	$1.84×10^4$	3.3	4	
	边框架 B	0.74	0.27	$5.88×10^4$	3.3	4	
1	中框架 A	0.31	0.35	$3.71×10^4$	4.2	8	$4.61×10^6$
	中框架 B	1.26	0.54	$5.69×10^4$	4.2	8	
	边框架 A	0.24	0.33	$3.47×10^4$	4.2	4	
	边框架 B	0.94	0.49	$5.17×10^4$	4.2	4	

平均剪切刚度 $C_f = \dfrac{4.61×4.2×1+3.55×3.3×4+2.91×3.3×10}{50.4}×10^6 = 3.22×10^6 kN$

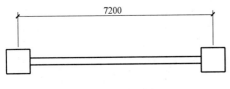

7200

图 6.12 剪力墙截面

（2）剪力墙刚度计算

此工程每层包含 8 片墙，墙厚均为 200，墙截面如图 6.12 所示。

1~5 层柱截面尺寸为 700×700，计算得 $I_w=1.73×10^{13} mm^4$，$EI_w=5.63×10^8 kN \cdot m^2$；

6～15 层柱截面尺寸为 600×600，计算得 $I_w=1.41\times10^{13}\text{mm}^4$，$EI_w=4.60\times10^8\text{kN}\cdot\text{m}^2$。

总剪力墙平均刚度：

$$\sum EI_w=8\times\frac{5.63\times4.2+5.63\times3.3\times4+4.6\times3.3\times10}{50.4}\times10^8=3.96\times10^9\text{kN}\cdot\text{m}^2$$

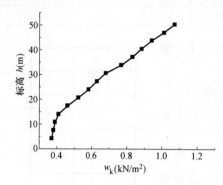

图 6.13　风荷载标准值沿高度分布

（3）框架-剪力墙结构协同工作计算

① 确定风荷载分布模式

风荷载标准值 w_k 沿建筑高度的分布如图 6.13 所示。由图可知，风荷载标准值沿高度近似倒三角形分布，因此按基底等弯矩将楼层集中力折算成倒三角形分布荷载，基底弯矩可由表 6.4 中各层等效风荷载对结构底部求矩得出。

基底弯矩：$M_0=\sum F_ih_i=4.53\times10^4\text{kN}\cdot\text{m}$

等效倒三角形分布荷载顶部最大值：$q=\dfrac{3M_0}{H^2}=\dfrac{3\times4.53\times10^4}{50.4^2}=53.5\text{kN/m}$

② 计算框架-剪力墙结构刚度特征值

结构刚度特征值为（式（6.21））：$\lambda=H\sqrt{\dfrac{C_f}{EI_w}}=50.4\times\sqrt{\dfrac{3.22\times10^6}{3.96\times10^9}}=1.44$

③ 计算框架-剪力墙结构风荷载效应

将第二步算得的结构刚度特征值 λ 代入式（6.23）得结构各层的位移 y_i，层间位移 $\Delta u_i=y_i-y_{i-1}$，计算结果列于表 6.8；

风荷载效应计算　　　　　　　　　　表 6.8

层号	高度	$\zeta=x/H$	y_i(mm)	Δu_i(mm)	M_w (kN·m)	M_w/M_0	V_w(kN)	V_w/V_0	V_f(kN)
15	50.4	1.00	4.45	0.76	0.0	0.000	−379.6	−0.261	379.6
14	47.1	0.93	3.69	0.65	−876.7	−0.019	−196.6	−0.135	381.0
13	43.8	0.87	3.04	0.56	−1216.5	−0.027	−28.0	−0.019	384.1
12	40.5	0.80	2.48	0.48	−1060.5	−0.023	128.0	0.088	387.6
11	37.2	0.74	2.00	0.41	−445.6	−0.010	272.6	0.187	389.9
10	33.9	0.67	1.59	0.34	595.5	0.013	407.1	0.280	389.8
9	30.6	0.61	1.25	0.29	2034.4	0.045	532.8	0.366	386.0
8	27.3	0.54	0.96	0.24	3844.5	0.085	650.8	0.447	377.6
7	24	0.48	0.72	0.20	6004.9	0.133	762.0	0.524	363.3
6	20.7	0.41	0.52	0.16	8496.5	0.188	867.5	0.596	342.3
5	17.4	0.35	0.36	0.13	11302.7	0.250	968.3	0.665	313.6
4	14.1	0.28	0.23	0.10	14410.8	0.318	1065.1	0.732	276.3
3	10.8	0.21	0.13	0.07	17810.2	0.393	1159.0	0.796	229.5
2	7.5	0.15	0.06	0.04	21493.0	0.475	1250.7	0.859	172.4
1	4.2	0.08	0.02	0.02	25453.7	0.562	1341.0	0.921	104.2
	0	0	0		30892.3	0.682	1455.3	1.000	0.00

将倒三角形分布荷载 q、刚度特征值 λ 代入式（6.26）得各层剪力墙结构所分担的弯矩 M_w，代入式（6.27）得各层剪力墙结构所分担的剪力 V_w，结果列于表 6.8；

将 V_w 代入式（6.28），得各层框架结构分担的剪力 V_f，结果列于表 6.8。

结构位移如图 6.14 所示，由图可知，由于剪力墙布置较多，刚度较大，结构更多地呈现出弯曲型位移曲线。

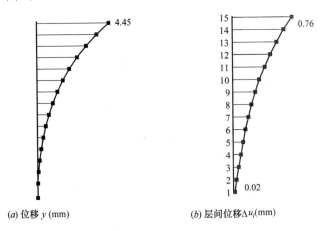

(a) 位移 y (mm)　　(b) 层间位移 Δu_i (mm)

图 6.14 结构位移

结构最大层间位移角为：$\Delta u/h = 0.76/3300 < 1/800$，满足表 6.1 要求。

结构总剪力如图 6.15（a）所示，其中 V 为结构的总剪力，带横线部分 V_w 为剪力墙剪力，总剪力与剪力墙剪力之间的空白部分即为框架部分剪力 $V_f = V - V_w$；剪力墙剪力如图 6.15（b）所示；框架剪力如图 6.15（c）所示。

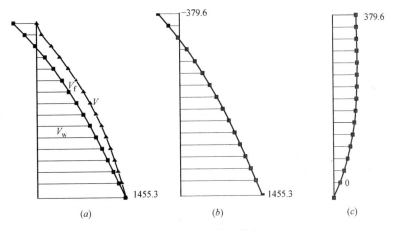

(a)　　　　(b)　　　　(c)

图 6.15 结构剪力分布

由表 6.8 及图 6.15 可知框剪结构受力特点：

① 在结构底部，框架部分的剪力为零，全部剪力由剪力墙承担；

② 在结构顶部，倒三角形荷载对结构产生的总弯矩为零，但由于剪力墙部分在顶部产生较大的变形，而框架部分变形较小，因此变形协调后，框架要负担拉回剪力墙变形的附加剪力。

（4）框架和剪力墙内力分配计算

以第五层为例说明内力在框架之间和内力在剪力墙之间的分配。

① 剪力墙内力分配

剪力墙内力按下式进行分配：

$$M_{wij} = \frac{EI_{wj}}{\sum\limits_{k=1}^{n} EI_{wk}} M_{wi} \tag{6.45a}$$

$$V_{wij} = \frac{EI_{wj}}{\sum\limits_{k=1}^{n} EI_{wk}} V_{wi} \tag{6.45b}$$

式中：M_{wij}、V_{wij}——第 i 层第 j 片墙分配到的弯矩和剪力；

M_{wi}、V_{wi}——第 i 层总剪力墙的弯矩和剪力。

剪力墙在底部承担的剪力、弯矩较大，以第 1 层为例，第 1 层共 4 片墙，6 轴线 AB 墙体内力分配如下所示（表 6.8）。

底部：$M_{wij} = \dfrac{EI_{wj}}{\sum\limits_{k=1}^{n} EI_{wk}} M_{wi} = 0.125 \times 30892.3 = 3861.5 \text{kN} \cdot \text{m}$

顶部：$M_{wij} = 0.125 \times 25453.7 = 3181.7 \text{kN} \cdot \text{m}$

底部：$V_{wij} = \dfrac{EI_{wj}}{\sum\limits_{k=1}^{n} EI_{wk}} V_{wi} = 0.125 \times (1455.3 + 1341.0)/2 = 174.8 \text{kN}$

顶部：同上。

② 框架剪力分配

框架剪力分配以 4 轴线框架为例。

总框架剪力 V_f 确定后，按各柱的抗侧移刚度 D 值把 V_f 分配到各柱。分配后的剪力应为柱反弯点处的剪力，为简化计算，近似地取各层柱的中点为反弯点位置，用各楼层上、下两层楼板标高处的剪力的平均值作为该楼层柱中点处剪力。具体按下式计算：

$$V_{cij} = \frac{D_j}{\sum\limits_{j=1}^{k} D_j} \cdot \frac{V_{pi} + V_{pi-1}}{2} \tag{6.46}$$

求得各柱的剪力之后即可确定柱端弯矩，再根据节点平衡条件，由上下柱端弯矩求得梁端弯矩，由梁端弯矩确定梁端剪力，最后由各层框架梁的梁端剪力求得各柱轴向力。具体按以下步骤：

a）利用 D 值法，根据梁柱线刚度比、层高查文献 [4] 附录，计算各层柱修正反弯点高度，计算结果列于表 6.9；

b）利用表 6.7（框架刚度计算表）中各柱的刚度和式（6.46）求得各柱剪力分配系数，计算结果列于表 6.10；

c）将表 6.8 算得的总框架柱剪力 V_f、上一步算得的剪力分配系数代入式（6.46），得各柱反弯点处剪力 V_A、V_B，计算结果列于表 6.11；利用各柱剪力和反弯点高度计算得各柱底截面、顶截面弯矩 $M_{A\pm}$、$M_{A\mp}$、$M_{B\pm}$、$M_{B\mp}$，计算结果列于表 6.11；

d) 利用框架节点的弯矩平衡按下式计算梁端弯矩 M_{AB}、M_{BA}，计算结果列于表 6.11；

$$\begin{cases} M_b^l = \dfrac{i_b^l}{i_b^l + i_b^r}(M_c^u + M_c^d) \\[2mm] M_b^r = \dfrac{i_b^r}{i_b^l + i_b^r}(M_c^u + M_c^d) \end{cases} \tag{6.47}$$

式中　M_b^l、M_b^r——框架节点左、右梁端弯矩；

　　　M_c^u、M_c^d——框架节点上、下柱端弯矩；

　　　i_b^l、i_b^r——节点左、右梁的线刚度。

e) 利用梁 AB 的弯矩平衡按下式计算梁的剪力 V_{AB}，计算结果列于表 6.11；

$$V_{AB} = \frac{M_{AB} + M_{BA}}{l} \tag{6.48}$$

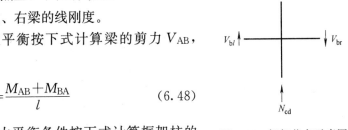

f) 利用框架节点的静力平衡条件按下式计算框架柱的轴力，节点如图 6.16 所示，A 柱轴力 N_A 计算结果列于表 6.11，其他类同。

图 6.16　框架节点示意图

$$N_{cd} = N_{cu} + V_{br} - V_{bl} \tag{6.49}$$

框架柱反弯点高度　　　　　　　　　　　　　　　表 6.9

层号	柱 A						柱 B					
	K	y_0	y_1	y_2	y_3	y	K	y_0	y_1	y_2	y_3	y
15	0.46	0.23	0	0	0	0.23	1.83	0.39	0	0	0	0.39
14	0.46	0.33	0	0	0	0.33	1.83	0.44	0	0	0	0.44
13	0.46	0.38	0	0	0	0.38	1.83	0.49	0	0	0	0.49
12	0.46	0.4	0	0	0	0.4	1.83	0.49	0	0	0	0.49
11	0.46	0.43	0	0	0	0.43	1.83	0.49	0	0	0	0.49
10	0.46	0.45	0	0	0	0.45	1.83	0.49	0	0	0	0.49
9	0.46	0.45	0	0	0	0.45	1.83	0.5	0	0	0	0.5
8	0.46	0.45	0	0	0	0.45	1.83	0.5	0	0	0	0.5
7	0.46	0.45	0	0	0	0.45	1.83	0.5	0	0	0	0.5
6	0.46	0.45	0	0	0	0.45	1.83	0.5	0	0	0	0.5
5	0.25	0.45	0	0	0	0.45	0.99	0.5	0	0	0	0.5
4	0.25	0.45	0	0	0	0.45	0.99	0.5	0	0	0	0.5
3	0.25	0.5	0	0	0	0.5	0.99	0.5	0	0	0	0.5
2	0.25	0.63	0	0	−0.02	0.61	0.99	0.5	0	0	0	0.5
1	0.31	0.85	0	−0.05		0.8	1.26	0.62	0	0	0	0.62

框架柱剪力分配系数　　　　　　表 6.10

楼层	D_A	D_B	$\sum D$	$D_A/\sum D$	$D_B/\sum D$
6~15	2.19×10^4	5.61×10^4	8.8×10^5	0.025	0.063
2~5	2.39×10^4	7.19×10^4	1.08×10^6	0.022	0.067
1	3.71×10^4	5.69×10^4	1.10×10^6	0.034	0.052

框架梁、柱内力计算　　　　　　表 6.11

层号	V_A	V_B	$M_{A上}$	$M_{A下}$	$M_{B上}$	$M_{B下}$	M_{AB}	M_{BA}	V_{AB}	N_A
15	9.51	23.96	24.16	7.22	48.23	30.83	24.16	12.06	5.03	5.03
14	9.56	24.10	21.15	10.42	44.54	35.00	28.36	18.84	6.56	11.59
13	9.65	24.31	19.74	12.10	40.91	39.31	30.15	18.98	6.82	18.41
12	9.72	24.49	19.24	12.83	41.22	39.60	31.34	20.13	7.15	25.56
11	9.75	24.56	18.33	13.83	41.33	39.71	31.16	20.23	7.14	32.70
10	9.70	24.44	17.60	14.40	41.13	39.51	31.43	20.21	7.17	39.87
9	9.54	24.05	17.32	14.17	39.69	39.69	31.72	19.80	7.16	47.02
8	9.26	23.34	16.81	13.75	38.51	38.51	30.98	19.55	7.02	54.04
7	8.82	22.23	16.01	13.10	36.67	36.67	29.76	18.80	6.74	60.79
6	8.20	20.66	14.88	12.17	34.09	34.09	27.98	17.69	6.34	67.13
5	6.49	19.76	11.78	9.64	32.60	32.60	23.95	16.67	5.64	72.77
4	5.56	16.94	10.10	8.26	27.95	27.95	19.73	15.14	4.84	77.61
3	4.42	13.46	7.29	7.29	22.21	22.21	15.55	12.54	3.90	81.52
2	3.04	9.26	3.91	6.12	15.29	15.29	11.21	9.37	2.86	84.37
1	1.76	2.71	1.48	5.91	4.32	7.05	7.60	4.90	1.74	86.11

6.5.7　截面设计

剪力墙截面设计以第一层 6 轴线 AB 墙体为例。框架柱截面设计以第一层 4 轴线框架 A 柱为例，框架梁设计以第一层 4 轴线框架 AB 梁为例。

1. 内力组合

这里直接给出以上三个构件在恒荷载和活荷载作用下的内力结果及内力组合结果。墙体控制截面取顶面和底面，柱控制截面取顶面和底面，梁控制截面取左截面、跨中截面和右截面。计算结果如表 6.12。

内力组合计算结果　　　　　　表 6.12

截面位置	恒载			活载			风荷载			组合		
	M	V	N	M	V	N	M	V	N	恒荷载×1.35+1.4×(0.7× 活荷载+0.6×风荷载)		
墙体顶截面	178.3	—	4489.8	192.7	—	297.1	3181.7	174.8	—	3102.2	146.8	6352.4
墙体底截面	178.3	—	4631.9	192.7	—	297.1	3861.5	174.8	—	3673.2	146.8	6544.2
柱顶截面	47.6	−20.5	2903.2	15.3	−7.2	832.8	1.48	1.76	86.1	80.5	−33.3	4807.8

续表

截面位置	恒载			活载			风荷载			组合
	M	V	N	M	V	N	M	V	N	恒载×1.35+1.4×(0.7×活荷载+0.6×风荷载)
柱底截面	25.3	−20.5	2930.5	8.6	−7.2	860.0	5.91	1.76	86.1	47.5　−33.3　4871.3
梁左截面	−100.4	75.2	—	−35.1	22.8	—	−7.6	1.74	—	−176.3　125.3　0.0
跨中截面	26.9	—	—	5.8	—	—	1.4	1.74	—	43.2　1.5　0.0
梁右截面	−124.4	82.3	—	−47.5	24.7	—	4.9	1.74	—	−210.4　136.8　0.0

注：梁截面弯矩以下部受拉为正，单位为 kN·m，剪力单位为 kN，轴力单位为 kN。

2. 剪力墙截面设计

（1）墙体稳定验算

墙体稳定按《高层建筑混凝土结构技术规程》附录 D 的方法计算。

剪力墙内力设计值按表 6.12 选用，$M = 3673.2$ kN·m，$V = 146.8$ kN，$N = 6544.2$ kN。

剪力墙混凝土等级 C40，$f_c = 19.1$ N/mm^2，钢筋统一采用 HRB400，$f_y = 360$ N/mm^2。采用对称配筋。

按下式计算剪力墙腹板稳定：

$$q \leqslant \frac{E_c t^3}{10 l_0^2} \tag{6.50}$$

式中　q——作用于墙顶组合的等效竖向均布荷载设计值；

　　　l_0——剪力墙墙肢计算长度。

本工程中，$q = \dfrac{N}{A} t = \dfrac{6544.2 \times 1000}{200 \times 6500 + 2 \times 700^2} \times 200 = 574$ N/mm

计算长度：$l_0 = \beta h = \dfrac{1}{\sqrt{1 + \left(\dfrac{3h}{2b_w}\right)^2}} = \dfrac{1}{\sqrt{1 + (3 \times 4.2 \times 1000 \div 2 \div 7550)^2}} \times 4.2 = 3.22$ m

$\dfrac{E_c t^3}{10 l_0^2} = \dfrac{3.25 \times 10^4 \times 200^3}{10 \times 3.22^2 \times 10^6} = 2507$ N/mm > 574 N/mm，满足要求。

（2）正截面承载力计算

剪力墙截面如图 6.12 所示。截面尺寸 $h_w = 7900$ mm，$b_w = 200$ mm，$h_{w0} = 7550$，$a_s = a_s' = 350$ mm，$b_f' = 700$ mm，$h_f' = 700$ mm。

剪力墙竖向和水平分布钢筋选用 $\phi 8@200$，分布钢筋配筋率为：

$$\rho_w = \frac{2 \times 50.3}{200 \times 200} = 0.25\%$$

查《高层建筑混凝土结构技术规程》得，非抗震设计时分布筋最小配筋率为 0.2%，满足要求。

相对界限受压区高度 $\xi_b = \dfrac{\beta_1}{1 + \dfrac{f_y}{E_s \varepsilon_{cu}}} = \dfrac{0.8}{1 + \dfrac{360}{2 \times 10^5 \times 0.00335}} = 0.52$

先假定 $x < h_f'$ 及 $x < \xi_b h_{w0} = 0.52 \times 7550 = 3930$，由《高层建筑混凝土结构技术规程》

7.28 条得：

$$x = \frac{N + b_w h_{w0} f_{yw} \rho_w}{\alpha_1 f_c b_f' + 1.5 b_w f_{yw} \rho_w} = \frac{6544.2 \times 10^3 + 200 \times 7550 \times 360 \times 0.0025}{1.0 \times 19.1 \times 700 + 1.5 \times 200 \times 360 \times 0.0025}$$
$$= 580\text{mm} < h_f' = 700\text{mm}$$

剪力墙为大偏心受压，由于 $x < 2a_s' = 700\text{mm}$，取 $x = 700\text{mm}$，则分布筋承受的抵抗弯矩为：

$$M_{sw} = \frac{1}{2} \times (h_{w0} - 1.5x)^2 b_w f_{yw} \rho_w = 0.5 \times (7550 - 1.5 \times 700)^2 \times 200 \times 360 \times 0.00252$$

$$= 3832\text{kN} \cdot \text{m}$$

混凝土承担的弯矩：$M_c = \alpha_1 f_c b_w x \left(h_{w0} - \frac{x}{2} \right) + \alpha_1 f_c (b_f' - b_w) h_f' \left(h_{w0} - \frac{h_f'}{2} \right) = 67384\text{kN} \cdot \text{m}$

$A_s = A_s' = \dfrac{M + N(h_{w0} - h_w/2) + M_{sw} - M_c}{f_y'(h_{w0} - a_s')} < 0$，按构造配筋。

剪力墙轴压比 $\dfrac{N}{f_c A} = \dfrac{6544.2 \times 10^3}{19.1 \times 200 \times (7200 - 700)} = 0.27$，大于《高层建筑混凝土结构技术规程》表 7.2.14（剪力墙可不设约束边缘构件的最大轴压比）规定的限值 0.2，因此剪力墙端柱按约束边缘构件设计。规范规定其竖向钢筋配筋率不应小于 1.0%。约束边缘构件截面面积按《高规》图 7.2.15 取值。则：

$$A_s = A_s' = \rho A_c = 0.01 \times (700 \times 700 + 200 \times 300) = 5500\text{mm}^2$$

选用 18Φ20，实配 5655mm²。

（3）斜截面抗剪承载力计算

剪跨比：$\lambda = \dfrac{M}{V_w h_{w0}} = \dfrac{3673.2 \times 1000}{146.8 \times 7550} = 3.31 > 2.2$，取 $\lambda = 2.2$。

验算截面尺寸：$V_w = 146.8 < 0.25 \beta_c f_c b_w h_{w0} = 0.25 \times 1.0 \times 19.1 \times 200 \times 7550 \times 10^{-3} = 7210\text{kN}$，满足要求。

$$\frac{1}{\lambda - 0.5} \left(0.5 f_t b_w h_{w0} + 0.13 N \frac{A_w}{A} \right) + f_{yh} \frac{A_{sh}}{s} h_{w0}$$

$$= \frac{1}{2.2 - 0.5} \times \left(0.5 \times 1.71 \times 200 \times 7550 \times 10^{-3} + 0.13 \times 6544.2 \times \frac{200 \times 6500}{200 \times 6500 + 2 \times 700^2} \right)$$

$$+ 360 \times \frac{2 \times 50.3}{200} \times 7550 \times 10^{-3}$$

$$= 2411.9\text{kN} > 146.8\text{kN}$$

说明分布钢筋已能满足斜截面抗剪要求。

对于端柱，按《高规》7.2.15 条构造要求配置箍筋。

最小配箍率 $\rho_v = \lambda_v \dfrac{f_c}{f_{yv}} = 0.12 \times \dfrac{19.1}{360} = 0.64\%$

选用Φ10@80，$\rho = \dfrac{A_{sv}}{bs} = \dfrac{5 \times 78.5}{700 \times 50} = 0.7\% > 0.64\%$，满足要求。

剪力墙配筋如图 6.17 所示。

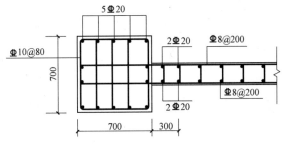

图 6.17 剪力墙配筋示意

3. 框架柱截面设计

一层柱截面尺寸 $700\text{mm} \times 700\text{mm}$，计算长度取 $l_0 = 1.0H = 4200\text{mm}$，$a_s = a'_s = 35\text{mm}$，$h_0 = 665\text{mm}$；柱内力组合如表 6.12 所示，$M_1 = 80.5\text{kN} \cdot \text{m}$，$M_2 = 47.5\text{kN} \cdot \text{m}$，$N = 4871.3\text{kN}$，$V = 33.3\text{kN}$。

（1）正截面受弯计算

偏心距 $e_0 = \dfrac{M}{N} = \dfrac{47.5 \times 1000}{4871.3} = 9.75\text{mm}$，附加偏心距 $e_a = \max\left(\dfrac{700}{30}, 20\right) = 23\text{mm}$，则：

$$e_i = e_0 + e_a = 33\text{mm}$$

截面曲率修正系数 $\zeta_c = \dfrac{0.5 f_c A}{N} = \dfrac{0.5 \times 19.1 \times 700 \times 700}{4871.3 \times 10^3} = 0.96$，则

弯矩增大系数 $\eta_{ns} = 1 + \dfrac{1}{1300 \times e_i/h_0}\left(\dfrac{l_0}{h}\right)^2 \zeta_c = 1 + \dfrac{1}{1300 \times 33 \div 665} \times \left(\dfrac{4200}{700}\right)^2 \times 0.96 = 1.54$

$\eta_{ns} e_i = 1.54 \times 33 = 50\text{mm} < 0.3 \times 700 = 210\text{mm}$，故按小偏心受压计算：

$e = \dfrac{h}{2} - a_s + \eta_{ns} e_i = 365\text{mm}$，采用对称配筋，则：

$$\xi = \dfrac{N - \xi_b \alpha_1 f_c b h_0}{\dfrac{Ne - 0.43 \alpha_1 f_c b h_0^2}{(\beta_1 - \xi_b)(h_0 - a'_s)} + \alpha_1 f_c b h_0} + \xi_b = 0.05 + 0.52 = 0.57，则：$$

$$A'_s = A_s = \dfrac{Ne - \xi(1 - 0.5\xi)\alpha_1 f_c b h_0^2}{f'_y(h_0 - a'_s)} < 0$$

因此按构造配筋。查《高规》表 6.4.3-1（柱纵向钢筋的最小配筋百分率）得 $\rho_{min} = 0.6\%$，得 $A_s = A'_s = 0.6\% \div 2 \times 700 \times 700 = 1470\text{mm}^2$，选用 6$\Phi$18，实配 1527mm^2。

（2）斜截面抗剪计算

剪跨比 $\lambda = \dfrac{H_0}{2h_0} = \dfrac{4200}{2 \times 665} = 3.16 > 3$，取 $\lambda = 3$

$V_{u,max} = 0.25 \beta_c f_c b h_0 = 0.25 \times 1.0 \times 19.1 \times 700 \times 665 \times 10^{-3} = 2222.8\text{kN} > 33.3\text{kN}$，截面尺寸满足要求。

$N = 4871.3\text{kN} > 0.3 f_c A = 0.3 \times 19.1 \times 700 \times 700 \times 10^{-3} = 2807.7\text{kN}$，取 $N_c = $

2807.7kN，则

$$V_u = \frac{1.75}{\lambda+1.0}f_t bh_0 + 0.07N_c = \frac{1.75}{3.0+1.0} \times 1.71 \times 700 \times 665 \times 10^{-3} + 0.07 \times 2807.7$$

$$= 544.8\text{kN} > 33.3\text{kN}$$

说明混凝土即能满足抗剪要求，因此按构造要求配箍筋。按《高规》6.4.9 条规定，箍筋采用Φ8@150。

4. 框架梁截面设计

一层框架梁截面尺寸为 $600\text{mm} \times 300\text{mm}$，$a_s = a_s' = 35\text{mm}$，$h_0 = 565\text{mm}$。选用两个截面：梁右端截面，$M = 210.4\text{kN} \cdot \text{m}$，$V = 136.8\text{kN}$（表 6.12）；跨中截面，$M = 43.2\text{kN} \cdot \text{m}$，$V = 1.5\text{kN}$（表 6.12）。

（1）梁右端截面正截面受弯计算

截面抵抗矩系数 $\alpha_s = \dfrac{M}{\alpha_1 f_c bh_0{}^2} = \dfrac{210.4 \times 10^6}{1.0 \times 19.1 \times 300 \times 565^2} = 0.12$

相对受压区高度 $\xi = 1 - \sqrt{1-2\alpha_s} = 1 - \sqrt{1-2 \times 0.12} = 0.13 < \xi_b = 0.52$，属于适筋梁。

$$A_s = \frac{M}{\alpha_1 f_y h_0 (1-0.5\xi)} = \frac{210.4 \times 10^6}{1.0 \times 360 \times 565 \times (1-0.5 \times 0.13)} = 1106\text{mm}^2$$

$\rho = \dfrac{A_s}{bh} = \dfrac{1106}{300 \times 565} = 0.65\% > \rho_{\min} = 0.45 \times \dfrac{1.71}{360} = 0.21\%$，满足要求。

选用 5Φ18，实配 1272mm²。

（2）梁右端截面斜截面受剪计算

剪跨比 $\lambda = \dfrac{M}{Vh_0} = \dfrac{210.4 \times 1000}{136.8 \times 565} = 2.72$

$V_{u,\max} = 0.25\beta_c f_c bh_0 = 0.25 \times 1.0 \times 19.1 \times 300 \times 565 \times 10^{-3} = 809.4\text{kN} > 136.8\text{kN}$，截面尺寸满足要求。

$0.7f_t bh_0 = 0.7 \times 1.71 \times 300 \times 565 \times 10^{-3} = 203\text{kN} > 136.8\text{kN}$，说明混凝土已能满足抗剪要求，按构造配箍筋。

最小配箍率 $\rho_{sv,\min} = 0.24f_t/f_{yv} = 0.24 \times 1.71 \div 360 = 0.11\%$

箍筋选用Φ8@150，配箍率 $\dfrac{A_{sv}}{bs} = \dfrac{2 \times 50.3}{300 \times 150} = 0.22\% > 0.11\%$，满足要求。

（3）梁跨中正截面抗弯计算

最小配筋率对应的素混凝土受弯构件的开裂弯矩为：

$M_{cr} = 0.322f_t bh_0^2 = 0.322 \times 1.71 \times 300 \times 565^2 \times 10^{-6} = 52.73\text{kN} \cdot \text{m} > M = 43.2\text{kN} \cdot \text{m}$，因此按构造配纵向钢筋。

$A_s = \rho_{\min}bh = 0.45 \times \dfrac{1.71}{360} \times 300 \times 600 = 385\text{mm}^2$，选用 4$\Phi$16，实配 804mm²。

（4）梁跨中斜截面抗剪计算

$$0.7f_t bh_0 = 0.7 \times 1.71 \times 300 \times 565 \times 10^{-3} = 203\text{kN} > 1.5\text{kN}$$

同梁端截面斜截面抗剪计算，选用Φ8@150。

6.6 玻璃幕墙设计

6.6.1 玻璃幕墙结构风荷载计算

1. 玻璃幕墙属于围护结构，围护结构风荷载按下式计算：

$$w_k = \beta_{gz} \mu_{s1} \mu_z w_0 \tag{6.51}$$

式中：β_{gz}——高度 z 处的阵风系数；

μ_{s1}——风荷载局部体型系数。

2. 本工程玻璃幕墙风荷载计算

本工程单片玻璃尺寸 0.5m×1.0m，厚度 6mm，取高度 48m 处位于建筑侧面的一片玻璃计算。计算过程如下：

β_{gz} 按《建筑结构荷载规范》表 8.6.1（阵风系数 β_{gz}）取值，查表得 $\beta_{gz}=1.82$；

风荷载局部体型系数 μ_{s1} 按《建筑结构荷载规范》表 8.3.3（封闭式矩形平面房屋的局部体型系数）取值，查表得 $\mu_{s1}=-1.4$；

风压高度系数 μ_z 按 6.5 节所示方法取值，取 1.08；

w_0 取 0.4kN/m²；

由式（6.51）得 $w_k=1.82×1.4×1.08×0.4=1.09$kN/m²。

6.6.2 玻璃幕墙结构风荷载效应计算

1. 强度计算

《玻璃幕墙工程技术规范》规定，单片玻璃在垂直于玻璃幕墙平面的风荷载作用下，玻璃截面最大应力标准值可按考虑几何非线性的有限元方法计算，也可按下式计算：

$$\sigma_{wk} = \frac{6mw_k a^2}{t^2} \eta \tag{6.52}$$

$$\theta = \frac{w_k a^4}{Et^4} \tag{6.53}$$

式中：θ——参数；

σ_{wk}——风荷载作用下玻璃幕墙截面的最大应力标准值（N/mm²）；

w_k——垂直于玻璃幕墙平面的风荷载标准值（N/mm²）；

a——矩形玻璃板材短边边长（mm）；

t——玻璃的厚度（mm）；

E——玻璃的弹性模量（N/mm²）；

m——弯矩系数，可由玻璃板短边与长边边长之比 a/b 按表 6.13 采用；

η——折减系数，可由参数 θ 按表 6.14 采用。

四边支承玻璃板的弯矩系数 m　　　　表 6.13

a/b	0.00	0.25	0.33	0.40	0.50	0.55	0.60	0.65
m	0.1250	0.1230	0.1180	0.1115	0.1000	0.0934	0.0868	0.0804
a/b	0.70	0.75	0.80	0.85	0.90	0.95	1.0	
m	0.0742	0.0683	0.0628	0.0576	0.0528	0.0483	0.0442	

折减系数 η　　　　表 6.14

θ	≤5.0	10.0	20.0	40.0	60.0	80.0	100.0
η	1.00	0.96	0.92	0.84	0.78	0.73	0.68
θ	120.0	150.0	200.0	250.0	300.0	350.0	≥400.0
η	0.65	0.61	0.57	0.54	0.52	0.51	0.50

2. 刚度计算

《玻璃幕墙工程技术规范》规定，单片玻璃在风荷载作用下的跨中挠度可按考虑几何非线性的有限元方法计算，也可按下式计算：

$$d_{\mathrm{f}} = \frac{\mu w_{\mathrm{k}} a^4}{D} \eta \qquad (6.54)$$

式中：d_{f}——在风荷载标准值作用下挠度最大值（mm）；

　　　D——玻璃的刚度（N·mm）；

　　　w_{k}——垂直于玻璃幕墙平面的风荷载标准值（N/mm²）；

　　　μ——挠度系数，可由玻璃板短边与长边边长之比 a/b 按表 6.15 采用；

　　　η——折减系数，可由参数 θ 按表 6.14 采用。

单片玻璃的刚度 D 可按下式计算：

$$D = \frac{Et^3}{12(1-\nu^2)} \qquad (6.55)$$

式中：t——玻璃的厚度（mm）；

　　　ν——泊松比。

四边支承板的挠度系数 μ　　　　表 6.15

a/b	0.00	0.20	0.25	0.33	0.50	0.55	0.60	0.65
μ	0.01302	0.01297	0.01282	0.01223	0.01013	0.00940	0.00867	0.00796
a/b	0.70	0.75	0.80	0.85	0.90	0.95	1.00	
μ	0.00727	0.00663	0.00603	0.00547	0.00496	0.00449	0.00406	

3. 本工程风荷载效应计算

（1）强度计算

单片玻璃 $a/b=0.5$，查表 6.13 得 $m=0.1$；

玻璃的弹性模量 $E=0.72\times10^5\,\mathrm{N/mm^2}$，得参数 $\theta = \dfrac{w_{\mathrm{k}}a^4}{Et^4} = \dfrac{0.4\times1000\times0.5^4}{0.72\times10^5\times6^4\times10^{-6}} =$

0.27，查表 6.14 得 $\eta=1$；

由式（6.52）得 $\sigma_{wk}=\dfrac{6mw_k a^2}{t^2}\eta=\dfrac{6\times0.1\times1.09\times1000\times0.5^2}{6^2}\times1=4.54\text{N/mm}^2$；

风荷载效应设计值为 $S=1.4\times4.54=6.35\text{N/mm}^2$；

查《玻璃幕墙工程技术规范》JGJ 102—2003 表 5.2.1（玻璃的强度设计值）可得浮法玻璃的强度设计值 $f_g=28\text{N/mm}^2$，大于 6.35N/mm^2，满足要求。

（2）刚度计算

浮法玻璃的泊松比 ν 取 0.2，得刚度 $D=\dfrac{Et^3}{12(1-\nu^2)}=1.35\times10^6\text{N}\cdot\text{mm}$；

查表 6.15 得挠度系数 $\mu=0.01013$，代入式（6.55）得 $d_f=\dfrac{\mu w_k a^4}{D}\eta=0.51\text{mm}$；

《玻璃幕墙工程技术规范》JGJ 102—2003 规定，四边支撑玻璃的挠度的限值 d_{flim} 宜按其短边边长的 1/60 采用。取 $d_{flim}=0.5\times1000/60=8.3\text{mm}>0.51\text{mm}$，满足要求。

参 考 文 献

[1] 中华人民共和国国家标准，建筑结构荷载规范（GB 50009—2012）［S］. 北京：中国建筑工业出版社，2012.

[2] 中华人民共和国行业标准，高层建筑混凝土结构技术规程（JGJ 3—2010）［S］. 北京：中国建筑工业出版社，2010.

[3] 中华人民共和国国家标准，混凝土结构设计规范（GB 50010—2010）［S］. 北京：中国建筑工业出版社，2010.

[4] 吕西林. 高层建筑结构［M］. 武汉：武汉理工大学出版社，2011：119-151.

[5] 陈忠范. 高层建筑结构［M］. 南京：东南大学出版社，2008：149-186.

[6] 中华人民共和国行业标准. 玻璃幕墙工程技术规范（JGJ 102—2003）［S］. 北京：中国建筑工业出版社. 2003.

[7] 中华人民共和国国家标准，建筑抗震设计规范（GB 50011—2010）［S］. 北京：中国建筑工业出版社，2010.

[8] 顾祥林. 混凝土结构基本原理［M］. 上海：同济大学出版社，2011.

第7章 钢结构基本构件抗火计算和设计

在人类文明的发展过程中，火产生过巨大的推动作用。然而，每年的火灾给人类的生命财产也带来了巨大伤害。对于建筑结构，通常以钢筋混凝土结构和钢结构居多，虽然材料本身并不燃烧，但在高温下强度和弹性模量降低，造成构件截面破坏或变形较大而引发整体结构失效、倒塌。

对于钢结构，由于钢材的耐火性能较差，在设计时必须进行钢构件的抗火设计。火灾下，随着结构内部温度的升高，结构承载力下降，当结构的承载能力下降到与外荷载产生的组合效应相等时，则结构达到受火承载力极限状态。

基于以上分析，结构抗火的设计要求可表示为：

结构抗火能力≥结构抗火需求

目前建筑结构抗火设计方法主要包括：①基于试验的构件设计方法；②基于计算的构件抗火设计方法；③性能化结构抗火设计方法。本章主要运用第②种抗火设计方法，对钢结构中梁、柱等基本构件以及梁柱结构进行抗火设计。

在本章钢构件的抗火计算与设计方法中，我们采取如下假定：

1）火灾下钢构件周围环境的升温时间过程采用国际标准组织（ISO）推荐的标准升温曲线

$$T_g = 20 + 345\lg(8t+1) \tag{7.1}$$

式中：t——升温时间，min；

T_g——升温 t 时刻的环境温度，℃。

2）钢构件内部的温度均匀分布。钢构件为等截面构件且防火被覆均匀分布。

3）高温下普通钢材的强度折减系数 η_T 计算如下[1]：

$$\eta_T = \frac{f_{yT}}{f_y} = 1.0 \qquad 20℃ \leqslant T_s \leqslant 300℃ \tag{7.2a}$$

$$\eta_T = \frac{f_{yT}}{f_y} = 1.24 \times 10^{-8} T_s^3 - 2.096 \times 10^{-5} T_s^2 +$$
$$9.228 \times 10^{-3} T_s - 0.2168 \qquad 300℃ < T_s \leqslant 800℃ \tag{7.2b}$$

$$\eta_T = \frac{f_{yT}}{f_y} = 0.5 - T_s/2000 \qquad 800℃ \leqslant T_s \leqslant 1000℃ \tag{7.2c}$$

4）为便于工程应用，在常用的范围内通过曲线拟合，近似确定构件所需的防火层厚度 d_i：

$$d_i = 5 \times 10^{-5} \times \frac{\lambda_i}{\left(\dfrac{T_d - 20}{t} + 0.2\right)^2 - 0.044} \cdot \frac{F_i}{V} \tag{7.3}$$

式中：T_d——构件的临界温度，℃；

t——构件的耐火极限，s；

λ_i——防火涂料热传导系数，W/(m·℃)；

$\dfrac{F_i}{V}$——截面形状系数，截面单位长度受火面积与体积之比，m^{-1}。

5）高温下钢材弹性模量降低系数

$$\frac{E_T}{E}=\frac{7T_s-4780.}{6T_s-4760} \qquad 20℃\leqslant T_s\leqslant600℃ \tag{7.4a}$$

$$\frac{E_T}{E}=\frac{1000-T_s}{6T_s-2800} \qquad 600℃\leqslant T_s\leqslant1000℃ \tag{7.4b}$$

7.1 钢梁抗火计算和设计

7.1.1 钢梁高温下受弯承载力

梁属于受弯构件，正常情况下受弯构件的承载力由整体稳定控制。根据弹性理论，受弯构件的临界弯矩为：

$$M_{cr}=\varphi_b W f_y \tag{7.5}$$

式中：W——构件毛截面模量；

φ_b——常温下受弯构件的整体稳定系数；

f_y——常温下钢材的屈服强度。

同理，在高温下也有受弯构件的临界弯矩：

$$M_{crT}=\varphi_{bT} W f_{yT} \tag{7.6}$$

式中：φ_{bT}——高温下受弯构件的整体稳定系数；

f_{yT}——高温下钢材的屈服强度。

定义受弯构件高温下和常温下的整体稳定系数之比为参数 α_b，可表示为

$$\alpha_b=\frac{\varphi_{bT}}{\varphi_b} \tag{7.7}$$

这样，将受弯构件常温下的稳定系数 φ_b 乘以参数 α_b，就能得到高温下的稳定系数 φ_{bT}。研究发现，α_b 的取值仅与温度有关，具体可查附表1。

在常温下，当受弯构件的稳定系数 $\varphi_b>0.6$ 时，用 φ_b' 代替 φ_b：

$$\varphi_b'=1.07-\frac{0.282}{\varphi_b} \tag{7.8}$$

同理，当 $\varphi_{bT}=\alpha_b\varphi_b>0.6$ 时，用 φ_{bT}' 代替 φ_{bT}：

$$\varphi_{bT}'=1.07-\frac{0.282}{\alpha_b\varphi_b} \tag{7.9}$$

7.1.2 钢梁抗火设计方法

随着温度升高，钢梁的承载力降低。当钢梁的承载力与外在作用下的弯矩相等时，达到钢梁的高温承载力极限。钢梁的抗火承载力极限按下式确定：

$$\frac{M}{\varphi_{bT} W} = \eta_T \gamma_R f \tag{7.10}$$

定义受弯构件的荷载比 R 为截面上的最大弯矩和常温下构件截面的最大承载力之比，则 R 可以表示为：

$$R = \frac{M}{\varphi_b W f} \tag{7.11}$$

将式（7.10）代入式（7.11）可得

$$R = \frac{\varphi_{bT}}{\varphi_b} \eta_T \gamma_R \tag{7.12}$$

已知构件的稳定系数 φ_b 和荷载比 R，可得到构件的临界温度 T_d，具体见附表 2。对于其他情况，可按附表 2 线性插值确定。已知构件的临界温度后，可根据式（7.3）确定受弯构件所需的防火层厚度。

7.1.3　设计示例

例 1. 一轧制普通工字钢梁，基本参数如下：两边简支，钢号 Q235，$f_y = 235\text{MPa}$；钢梁跨度 6m，无侧向支撑。截面规格为 I40b，梁上翼缘作用有均布荷载 q。拟采用厚涂型防火涂料，防火层的热传导系数 $\lambda_i = 0.1\text{W}/(\text{m} \cdot \text{℃})$。

已知：$q = 24\text{kN/m}$；要求钢梁的耐火极限达到 2.0h。求所需的防火涂料厚度。

解：（1）设计参数：Q235 钢，$f = 215\text{MPa}$；轧制 I40b，$A = 9407\text{mm}^2$，$W_x = 1139.0\text{cm}^3$，$i_x = 155.6\text{mm}$，$i_y = 27.1\text{mm}$。

由此可得两个方向长细比

$$\lambda_x = \frac{l_{0x}}{i_x} = \frac{6000}{155.6} = 38.6, \ \lambda_y = \frac{l_{0y}}{i_y} = \frac{6000}{27.1} = 221.4，则 \lambda = \max\{\lambda_x, \lambda_y\} = 221.4$$

由长细比查表可得[2]，梁的整体性系数 $\varphi_b = 0.6$。

截面形状系数（三面受火）

$$\frac{F_i}{V} = \frac{2h + 3b - 2t_w}{A} = \frac{2 \times 400 + 3 \times 144 - 2 \times 12.5}{9407} = 128.3\text{m}^{-1}$$

（2）求钢梁的临界温度 T_d

由式（7.11）知，钢梁的荷载比 R 为

$$R = \frac{M}{\varphi_b W f} = \frac{1}{8} \cdot \frac{q l^2}{\varphi_b W f} = \frac{1}{8} \cdot \frac{24 \times 6^2 \times 10^6}{0.6 \times 1139.0 \times 10^3 \times 215} = 0.735$$

由 $R = 0.735$，$\varphi_b = 0.6$，查附表 2 并使用内插法可知，$T_d = 528.3\text{℃}$。

（3）计算所需防火材料的厚度 d_i

由式（7.3）知，构件所需防火材料的厚度 d_i 为

$$d_i = 5 \times 10^{-5} \times \frac{\lambda_i}{\left(\dfrac{T_d - 20}{t} + 0.2\right)^2 - 0.044} \cdot \frac{F_i}{V}$$

$$= 5 \times 10^{-5} \times \frac{0.1}{\left(\dfrac{528.3 - 20}{2 \times 3600} + 0.2\right)^2 - 0.044} \times 128.3$$

$$=0.0220\text{m}=22.0\text{mm}$$

则所需防火材料的厚度为22mm。

例2. 在例1的设计条件下，若钢梁所受的均布荷载$q=22\text{kN/m}$，防火材料的厚度为18mm，求构件的耐火时间。

解：（1）求钢梁的临界温度T_d

钢梁的荷载比R为

$$R=\frac{M}{\varphi_b Wf}=\frac{1}{8}\cdot\frac{ql^2}{\varphi_b Wf}=\frac{1}{8}\cdot\frac{22\times6^2\times10^6}{0.6\times1139.0\times10^3\times215}=0.674$$

由$R=0.674$，$\varphi_b=0.6$，查附表2并使用内插法可知，$T_d=553.0℃$。

（2）计算构件的耐火时间t

由式（7.3）可求得构件的耐火时间t为

$$t=\frac{T_d-20}{-0.2+\sqrt{5\times10^{-5}\times\dfrac{\lambda_i}{d_i}\cdot\dfrac{F_i}{V}+0.044}}$$

$$=\frac{553.0-20}{-0.2+\sqrt{5\times10^{-5}\times\dfrac{0.1}{0.018}\cdot128.3+0.044}}$$

$$=6484\text{s}=1.8\text{h}$$

钢梁的耐火时间为1.8h。

例3. 现有一国产轧制普通工字钢简支梁，跨度为5m。无侧向支撑，钢号为Q235，型号为I36a。作用有均布线荷载$q=30\text{kN/m}$，梁截面绕强轴的抵抗矩为$W=877.6\text{cm}^3$，钢梁常温下整体稳定系数为$\varphi_b=0.73$。求构件的临界温度T_d。

解：钢梁的荷载比R为

$$R=\frac{M}{\varphi_b Wf}=\frac{1}{8}\cdot\frac{ql^2}{\varphi_b Wf}=\frac{1}{8}\cdot\frac{30\times5^2\times10^6}{0.73\times877.6\times10^3\times215}=0.681$$

由$R=0.681$，$\varphi_b=0.73$，查附表2并使用内插法得$T_d=548.3℃$。

所以，取梁的临界温度为548.3℃。

例4. 某简支钢梁，焊接工字形截面，跨度中点及两端都设有侧向支撑，可变荷载标准值及梁截面如图7.1所示。荷载作用于梁的下翼缘，梁自重为1.57kN/m，材料为Q235。轻型防火涂料厚度为20mm，要求耐火时间为2h，试验算该钢梁是否满足要求。

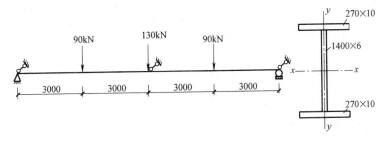

图7.1 简支钢梁

解：（1）设计参数：Q235钢，$f=215\text{MPa}$；防火涂料热传导系数$\lambda_i=0.1\text{W}/$

163

（m·℃）。

截面参数：$I_x = 4050 \times 10^6 \mathrm{mm^4}$，$I_y = 32.8 \times 10^6 \mathrm{mm^4}$，$A = 13800 \mathrm{mm^2}$，$W_x = 570 \times 10^4 \mathrm{mm^3}$

$$\frac{F_i}{V} = \frac{2h + 4b - 2t_w}{A} = \frac{2 \times (1400 + 20) + 4 \times 270 - 2 \times 6}{13800} = 238.2 \mathrm{m^{-1}}$$

梁在火灾情况下的弯矩设计值为：

$$M = 1.0 \times \frac{1}{8} \times 1.57 \times 12^2 + 0.7 \times 90 \times 3 + 0.7 \times \frac{1}{4} \times 130 \times 12 = 490.3 \mathrm{kN \cdot m}$$

（2）求钢梁的稳定系数 φ_b

由公式[3]

$$\varphi_b = \beta_b \frac{4320}{\lambda_y^2} \frac{Ah}{W_x} \left[\sqrt{1 + \left(\frac{\lambda_y t_1}{4.4h} \right)^2} + \eta_b \right] \frac{235}{f_y}$$

式中：β_b——梁整体稳定等效弯矩系数，本题 $\beta_b = 1.15$；

η_b——截面不对称影响系数，本题 $\eta_b = 0$；

$\lambda_y = \dfrac{6000}{48.75} = 123$，$h = 1420 \mathrm{mm}$，$t_1 = 10 \mathrm{mm}$。

求得 $\varphi_b = 1.152 > 0.6$，故修正为 $\varphi_b' = 1.07 - \dfrac{0.282}{\varphi_b} = 0.825$

（3）求钢梁的临界温度 T_d

钢梁的荷载比 R 为

$$R = \frac{M}{\varphi_b W f} = \frac{490.3 \times 10^6}{0.825 \times 570 \times 10^4 \times 215} = 0.485$$

由 $R = 0.485$，$\varphi_b' = 0.825$，查附表 2 并使用内插法可得，$T_d = 608.1 ℃$。

（4）求钢梁受火 2h 时刻的温度 T_s

根据公式（7.3）

$$B = \frac{\lambda_i}{d_i} \cdot \frac{F_i}{V} = \frac{0.1}{0.020} \times 238.2 = 1191 \mathrm{W/(m^{-3} \cdot ℃)}$$

受火 2h（即 $2 \times 3600 \mathrm{s}$）温度为

$$T_s = (\sqrt{0.044 + 5 \times 10^{-5} \times 1191} - 0.2) \times 2 \times 3600 + 20 = 896.9 ℃$$

比较有

$$T_d < T_s$$

不满足抗火设计要求。

7.2　轴心受压钢柱抗火计算和设计

7.2.1　轴心受压构件承载力

常温下，轴心受压钢构件的截面承载力为

$$\sigma_{cr} = \varphi f_y \tag{7.13}$$

同理，高温下，轴心受压钢构件的截面承载力也写成以下形式

$$\sigma_{crT}=\varphi_T f_{yT} \tag{7.14}$$

式中：φ 和 φ_T——分别为常温下和高温下轴压钢构件的稳定系数，φ 可直接通过国家现行钢结构规范的相关表格得到。

定义轴心受压构件高温下和常温下的稳定系数之比为 α_c

$$\alpha_c=\frac{\varphi_T}{\varphi}=\frac{\sigma_{crT}f_y}{\sigma_{cr}f_{yT}}=\frac{\sigma_{crT}}{\sigma_{cr}\eta_T} \tag{7.15}$$

由式（7.15）、（7.2）及 σ_{cr}、σ_{crT} 理论公式，可以计算出各类截面的 α_c，结果发现各类截面的 α_c 差别很小。α_c 的取值主要取决于构件的温度和长细比 λ，查附表 3。

7.2.2 轴心受压构件抗火设计方法

在得到轴心受压构件的整体稳定系数后，当构件达到承载力极限状态时，按下式进行抗火设计

$$\frac{N}{\varphi_T A}=\eta_T \gamma_R f \tag{7.16}$$

与受弯构件类似，定义轴心受压构件的荷载比为

$$R=\frac{N}{\varphi A f} \tag{7.17}$$

将式（7.16）代入式（7.17）可得

$$R=\alpha_c \gamma_R \eta_T \tag{7.18}$$

其中 α_c 的取值主要与构件的温度和长细比 λ 有关，η_T 与温度有关，则已知构件的长细比和荷载比，可以求得轴心受压构件的临界温度。具体取值见附表 4。

7.2.3 设计示例

例 1. 一轴心受压钢柱，基本情况如下：钢材 Q235A.F；工字形 b 类截面，截面面积 $A=15.46\times10^3 mm^2$；绕强轴和弱轴的计算长度均为 6m，相应的回转半径 $i_x=246.6mm$，$i_y=83.2mm$。采用厚涂型钢结构防火材料，热传导系数 $\lambda_i=0.1W/(m\cdot℃)$，密度 $\rho_i=400kg/m^3$，比热 $c_i=1000J/(kg\cdot℃)$，截面形状系数 $\dfrac{F_i}{V}=125.4 m^{-1}$。

已知柱的轴力设计值为 2000kN，要求耐火时间 t 为 2.0h，求所需的防火涂料厚度。

解：（1）设计参数：长细比为

$$\lambda_x=\frac{l_{0x}}{i_x}=\frac{6000}{246.6}=24.3, \ \lambda_y=\frac{l_{0y}}{i_y}=\frac{6000}{83.2}=72.1, \ 则 \lambda=\max\{\lambda_x, \lambda_y\}=\lambda_y=72.1$$

查表[3]可得柱的稳定系数 $\varphi=0.739$。

（2）求钢柱的临界温度

钢柱的荷载比 R 为

$$R=\frac{N}{\varphi A f}=\frac{2000\times10^3}{0.739\times15.46\times10^3\times215}=0.814$$

查附表 4 并使用内插法可得，$T_d=493.0℃$。

（3）计算所需防火材料的厚度

由式（7.3）知，构件所需防火材料的厚度 d_i 为

$$d_i = 5 \times 10^{-5} \times \frac{\lambda_i}{\left(\dfrac{T_d-20}{t}+0.2\right)^2 - 0.044} \cdot \frac{F_i}{V}$$

$$= 5 \times 10^{-5} \times \frac{0.1}{\left(\dfrac{493.0-20}{2 \times 3600}+0.2\right)^2 - 0.044} \times 125.4$$

$$= 0.0236\text{m} = 23.6\text{mm}$$

且满足（薄型防火涂料是否适用的验算条件）

$$\mu = \frac{\rho_i c_i d_i}{\rho_s c_s} \frac{F_i}{V} = \frac{400 \times 1000 \times 0.0236}{7850 \times 600} \times 125.4 = 0.251 < 0.5$$

可以使用薄型防火涂料，所需防火材料的厚度为 23.6mm。

例 2. 在本节例 1 的设计条件下，若柱的轴力设计值 $N = 1800\text{kN}$，防火涂料厚度为 18mm，耐火时间要求 2.5h，试校核该柱是否满足要求。如不满足请重新设计防火层。

解：采用比较临界条件下的温度的方法进行校核。

（1）计算钢柱的临界温度

钢柱的荷载比 R 为

$$R = \frac{N}{\varphi A f} = \frac{1800 \times 10^3}{0.739 \times 15.46 \times 10^3 \times 215} = 0.733$$

查附表 4 并使用内插法可得，$T_d = 522.5℃$。

（2）求钢梁受火 2.5h 时刻的温度

由式（7.3）可求得升温 t 时刻钢构件的温度 T_s 为

$$T_s = \left(\sqrt{0.044 + 5 \times 10^{-5} \times \frac{\lambda_i}{d_i} \cdot \frac{F_i}{V}} - 0.2\right) \times t + 20$$

其中 $\dfrac{\lambda_i}{d_i} \cdot \dfrac{F_i}{V} = \dfrac{0.1}{0.018} \times 125.4 = 696.7\text{W/(m}^{-3} \cdot ℃)$；

则受火 2.5h 温度 T_s 为

$$T_s = (\sqrt{0.044 + 5 \times 10^{-5} \times 696.7} - 0.2) \times 2.5 \times 3600 + 20 = 747.0℃。$$

比较有

$$T_d < T_s$$

不满足抗火设计要求。

（3）重新设计防火涂料厚度

$$d_i = 5 \times 10^{-5} \times \frac{\lambda_i}{\left(\dfrac{T_d-20}{t}+0.2\right)^2 - 0.044} \cdot \frac{F_i}{V}$$

$$= 5 \times 10^{-5} \times \frac{0.1}{\left(\dfrac{522.5-20}{2.5 \times 3600}+0.2\right)^2 - 0.044} \times 125.4$$

$$= 0.0292\text{m} = 29.2\text{mm}$$

且满足（薄型防火涂料是否适用的验算条件）

$$\mu = \frac{\rho_i c_i d_i}{\rho_s c_s} \frac{F_i}{V} = \frac{400 \times 1000 \times 0.092}{7850 \times 600} \times 125.4 = 0.31 < 0.5$$

可以使用薄型防火涂料,所需的防火层厚度为 29.2mm,能够满足结构抗火设计要求。

例 3. 在例 1 的设计条件下,若钢柱的轴力设计值为 1600kN,防火涂料厚度为 20mm,求钢柱的耐火时间 t,并校核耐火极限下的钢柱承载力。

解:(1) 计算钢柱的临界温度

钢柱的荷载比 R 为

$$R = \frac{N}{\varphi A f} = \frac{1600 \times 10^3}{0.739 \times 15.46 \times 10^3 \times 215} = 0.651$$

查附表 4 并使用内插法可得,$T_d = 550.5$℃。

(2) 计算耐火时间 t

由式 (7.3) 可知,构件的耐火时间 t 为

$$t = \frac{T_d - 20}{-0.2 + \sqrt{5 \times 10^{-5} \times \frac{\lambda_i}{d_i} \cdot \frac{F_i}{V} + 0.044}}$$

$$= \frac{550.5 - 20}{-0.2 + \sqrt{5 \times 10^{-5} \times \frac{0.1}{0.020} \times 125.4 + 0.044}}$$

$$= 7120s = 2.0h$$

(3) 校核高温下的承载力

由例 1 知,$\lambda = 72.1$,$\varphi = 0.739$,$T_d = 550.5$℃,查附表 3 并使用内插法可知,$\alpha_c = 1.020$,则高温下轴压稳定系数 $\varphi_T = \alpha_c \varphi = 1.020 \times 0.739 = 0.754$。

由式 (7.2) 知,温度 T_s 下钢材强度降低系数

$$\eta_T = \frac{f_{yT}}{f_y} = 1.24 \times 10^{-8} T_s^3 - 2.096 \times 10^{-5} T_s^2 + 9.228 \times 10^{-3} T_s - 0.2168$$

$$= 1.24 \times 10^{-8} \times 550.5^3 - 2.096 \times 10^{-5} \times 550.5^2 + 9.228 \times 10^{-3} \times 550.5 - 0.2168$$

$$= 0.580$$

高温下承载力验算

$$\frac{N}{\varphi_T A} = \frac{1600 \times 10^3}{0.754 \times 15.46 \times 10^3} = 137.2 \text{N/mm}^2$$

$$= f_{yT} = \eta_T \gamma_R f = 0.580 \times 1.1 \times 215 = 137.2 \text{N/mm}^2$$

恰好满足要求,可见抗火设计是以高温下构件达到极限承载力为失效条件的。

7.3 偏心受压钢柱抗火计算和设计

7.3.1 偏心受压构件的稳定承载力

偏心受压构件又称压弯构件,压弯构件的承载力一般由整体稳定控制。我国现行钢结构设计规范[3]规定压弯钢构件的整体稳定分为对绕强轴弯曲和绕弱轴弯曲分别验算。

绕强轴 x 轴弯曲：

$$\frac{N}{\varphi_x A} + \frac{\beta_{mx} M_x}{\gamma_x W_x (1 - 0.8 N/N'_{Ex})} + \eta \frac{\beta_{ty} M_y}{\varphi_{by} W_y} \leqslant f \tag{7.19}$$

绕弱轴 y 轴弯曲：

$$\frac{N}{\varphi_y A} + \eta \frac{\beta_{tx} M_x}{\varphi_{bx} W_x} + \frac{\beta_{my} M_y}{\gamma_y W_y (1 - 0.8 N/N'_{Ey})} \leqslant f \tag{7.20}$$

式中：N'_{Ex}，N'_{Ex}——分别为绕强轴和绕弱轴的弯曲参数，$N'_{Ex} = \pi^2 EA/(1.1\lambda_x^2)$，$N'_{Ey} = \pi^2 EA/(1.1\lambda_y^2)$；

　　　β_{mx}，β_{my}——弯矩作用平面内的等效弯矩系数；

　　　β_{tx}，β_{ty}——弯矩作用平面外的等效弯矩系数。

与常温下相协调，高温下压弯构件截面的承载力也取相似的形式

绕强轴 x 轴弯曲：

$$\frac{N}{\varphi_{xT} A} + \frac{\beta_{mx} M_x}{\gamma_x W_x (1 - 0.8 N/N'_{ExT})} + \eta \frac{\beta_{ty} M_y}{\varphi_{byT} W_y} \leqslant f_{yT} \tag{7.21}$$

绕弱轴 y 轴弯曲：

$$\frac{N}{\varphi_{yT} A} + \eta \frac{\beta_{tx} M_x}{\varphi_{bxT} W_x} + \frac{\beta_{my} M_y}{\gamma_y W_y (1 - 0.8 N/N'_{EyT})} \leqslant f_{yT} \tag{7.22}$$

式中：f_{yT}——钢材高温屈服强度，$f_{yT} = \eta_T \gamma_R f$；

N'_{Ex}，N'_{Ex}——分别为绕强轴和绕弱轴的弯曲参数，$N'_{ExT} = \pi^2 E_T A/(1.1\lambda_x^2)$，$N'_{EyT} = \pi^2 E_T A/(1.1\lambda_y^2)$；

　　　E_T——钢材高温下弹性模量；

φ_{xT}，φ_{yT}——高温下轴心受压构件稳定系数，$\varphi_{xT} = \alpha_c \varphi_x$，$\varphi_{yT} = \alpha_c \varphi_y$；

φ_{bxT}，φ_{byT}——高温下受弯构件稳定系数，$\varphi_{bxT} = \alpha_b \varphi_{bx}$，$\varphi_{byT} = \alpha_b \varphi_{by}$，大于 0.6 时需修正。

7.3.2　高温下压弯构件的强度验算

当压弯构件两端的弯矩使构件产生的弯曲挠度变形相反时，构件的承载力不由整体稳定控制，而是由强度控制。压弯构件的截面强度验算如下式

$$\frac{N}{A_n} \pm \frac{M_x}{\gamma_x W_{nx}} \pm \frac{M_y}{\gamma_y W_{ny}} \leqslant \eta_T \gamma_R f \tag{7.23}$$

7.3.3　压弯构件抗火设计

定义构件绕强轴弯曲和绕弱轴弯曲的稳定荷载比分别为

绕强轴弯曲：

$$R_x = \frac{1}{f} \left[\frac{N}{\varphi_x A} + \frac{\beta_{mx} M_x}{\gamma_x W_x (1 - 0.8 N/N'_{Ex})} + \eta \frac{\beta_{ty} M_y}{\varphi_{by} W_y} \right] \tag{7.24}$$

绕弱轴弯曲：

$$R_y = \frac{1}{f} \left[\frac{N}{\varphi_y A} + \eta \frac{\beta_{tx} M_x}{\varphi_{bx} W_x} + \frac{\beta_{my} M_y}{\gamma_y W_y (1 - 0.8 N/N'_{Ey})} \right] \tag{7.25}$$

下面以绕强轴弯曲为例，导出要求得临界温度除荷载比以外所需的参数。

对于绕强轴弯曲，令

$$e_1 = \frac{\beta_{mx} M_x}{\gamma_x W_x (1 - 0.8 N/N'_{Ex})} \cdot \frac{\varphi_x A}{N} \tag{7.26}$$

$$e_2 = \eta \frac{\beta_{ty} M_y}{\varphi_{by} W_y} \cdot \frac{\varphi_x A}{N} \tag{7.27}$$

将式 (7.26)、(7.27) 代入式 (7.24) 可得

$$N = \frac{R_x \varphi_x A f}{1 + e_1 + e_2} \tag{7.28}$$

将式 (7.28) 代入式 (7.21) 中，考虑到式 (7.26)、(7.27)，有

$$\frac{R_x}{1 + e_1 + e_2} \left(\frac{\varphi_x}{\varphi_{xT}} + e_1 \frac{1 - 0.8 N/N'_{Ex}}{1 - 0.8 N/N'_{ExT}} + e_2 \frac{\varphi_{by}}{\varphi_{byT}} \right) \leqslant \eta_T \gamma_R \tag{7.29}$$

则已知 λ_x，e_1，e_2 和 R_x 可以确定压弯构件绕强轴弯曲的整体稳定临界温度 T_{dx}。

对于绕弱轴弯曲的推导过程是类似的。T_{dx}、T_{dy} 的具体取值见附表 5。

对于压弯构件的截面强度破坏，定义强度破坏的荷载比 R 为

$$R = \frac{1}{f} \left[\frac{N}{A_n} \pm \frac{M_x}{\gamma_x W_{nx}} \pm \frac{M_y}{\gamma_y W_{ny}} \right] \tag{7.30}$$

临界温度 T_{d0} 只与荷载比 R 有关，具体取值见附表 6。

压弯构件的临界温度 T_d 应取三种破坏的最小值，即：

$$T_d = \min \{ T_{dx}, T_{dy}, T_{d0} \} \tag{7.31}$$

7.3.4 设计示例

例 1. 有一工字形截面柱，压弯构件。基本情况：钢号 Q235-A.F，b 类截面，毛截面面积 $A = 16700 \text{mm}^2$，对强轴的毛截面模量 $W_x = 3.17 \times 10^6 \text{mm}^3$；长细比 $\lambda_x = 73.5$，$\lambda_y = 81.7$；柱所受的轴力为 700kN，所受弯矩 $M_x = 300 \text{kN} \cdot \text{m}$，且 $\beta_{mx} = 0.97$，$\beta_{tx} = 0.65$；截面形状系数 $\frac{F_i}{V} = 154.5 \text{m}^{-1}$，防火层材料热传导系数 $\lambda_i = 0.09 \text{W}/(\text{m} \cdot \text{℃})$。

现要求耐火时间达到 3h，试设计防火涂料的厚度。

解：(1) 求临界温度 T_{d0}

截面强度荷载比 R 为

$$R = \frac{1}{f} \left[\frac{N}{A_n} + \frac{M_x}{\gamma_x W_x} \right] = \frac{1}{215} \left[\frac{700 \times 10^3}{16700} + \frac{300 \times 10^6}{1.05 \times 3.17 \times 10^6} \right] = 0.614$$

查附表 6 并使用内插法可知，$T_{d0} = 559.0 \text{℃}$。

(2) 求临界温度 T_{dx}

已知 $\lambda_x = 73.5$，查表[3]知轴压稳定系数 $\varphi_x = 0.729$（b 类截面）

参数计算如下：

$$N'_{Ex} = \frac{\pi^2 EA}{1.1 \lambda_x^2} = \frac{\pi^2 \times 2.05 \times 10^5 \times 16700}{1.1 \times 73.5^2} = 5.686 \times 10^6 \text{N}$$

$$R_x = \frac{1}{f} \left[\frac{N}{\varphi_x A} + \frac{\beta_{mx} M_x}{\gamma_x W_x (1 - 0.8 N/N'_{Ex})} \right]$$

$$= \frac{1}{215} \left[\frac{700 \times 10^3}{0.729 \times 16700} + \frac{0.97 \times 300 \times 10^6}{1.05 \times 3.17 \times 10^6 \times (1 - 0.8 \times 700/5686)} \right] = 0.718$$

$$e_1 = \frac{\beta_{mx} M_x}{\gamma_x W_x (1 - 0.8 N/N'_{Ex})} \cdot \frac{\varphi_x A}{N}$$

$$= \frac{0.97 \times 300 \times 10^6}{1.05 \times 3.17 \times 10^6 \times (1 - 0.8 \times 700/5686)} \cdot \frac{0.729 \times 16700}{700 \times 10^3} = 1.687$$

$$e_2 = \frac{\eta \beta_{tx} M_x}{\varphi_{by} W_y} \cdot \frac{\varphi_x A}{N} = 0$$

查附表 5 并使用内插法可得，$T_{dx} = 530.8\,℃$。

（3）求临界温度 T_{dy}

已知 $\lambda_y = 81.7$，查表[3]知轴压稳定系数 $\varphi_y = 0.677$（b 类截面）

由于 $\lambda_y = 81.7 < 120$，采用近似公式计算 φ_{bx}，即：

$$\varphi_{bx} = 1.07 - \frac{\lambda_y^2}{44000} \cdot \frac{f_y}{235} = 1.07 - \frac{81.7^2}{44000} = 0.918$$

参数计算如下：

$$R_y = \frac{1}{f} \left[\frac{N}{\varphi_y A} + \eta \frac{\beta_{tx} M_x}{\varphi_{bx} W_x} \right]$$

$$= \frac{1}{215} \left[\frac{700 \times 10^3}{0.677 \times 16700} + 1.0 \times \frac{0.65 \times 300 \times 10^6}{0.918 \times 3.17 \times 10^6} \right] = 0.600$$

$$e_1 = \frac{\beta_{my} M_y}{\gamma_y W_y (1 - 0.8 N/N'_{Ey})} \cdot \frac{\varphi_y A}{N} = 0$$

$$e_2 = \frac{\eta \beta_{tx} M_x}{\varphi_{by} W_y} \cdot \frac{\varphi_y A}{N} = \frac{1.0 \times 0.65 \times 300 \times 10^6}{0.918 \times 3.17 \times 10^6} \cdot \frac{0.677 \times 16700}{700 \times 10^3} = 1.082$$

查附表 5 并使用内插法可得，$T_{dy} = 561.0\,℃$。

（4）求所需防火涂料厚度

由上可知 $T_d = \min\{T_{d0}, T_{dx}, T_{dy}\} = 530.8\,℃$，

由式（7.3）知防火涂料的厚度为

$$d_i = 5 \times 10^{-5} \times \frac{\lambda_i}{\left(\dfrac{T_d - 20}{t} + 0.2 \right)^2 - 0.044} \cdot \frac{F_i}{V}$$

$$= 5 \times 10^{-5} \times \frac{0.1}{\left(\dfrac{530.8 - 20}{3 \times 3600} + 0.2 \right)^2 - 0.044} \times 154.5$$

$$= 0.040\text{m} = 40\text{mm}$$

所需要的防火涂料厚度为 40mm，能够满足抗火设计要求。

例 2. 在本节例 1 的设计条件下，若防火涂料厚度为 25mm，要求钢柱的耐火时间达到 2.5h，验算钢柱能否达到抗火设计要求。若不能请重新设计防火涂料的厚度。

解：采用高温下极限承载力进行验算。

（1）求钢柱受火 2.5h 的内部温度 T_s

由 7.2.3 节例 2 可知，升温 t 时刻钢构件的温度 T_s 为

$$T_s = \left(\sqrt{0.044 + 5 \times 10^{-5} \times \frac{\lambda_i}{d_i} \cdot \frac{F_i}{V}} - 0.2 \right) \times t + 20$$

其中 $\frac{\lambda_i}{d_i} \cdot \frac{F_i}{V} = \frac{0.09}{0.025} \times 154.5 = 556.2 \text{W}/(\text{m}^{-3} \cdot \text{℃})$

则受火 2.5h 后的温度为

$$T_s = (\sqrt{0.044 + 5 \times 10^{-5} \times 556.2} - 0.2) \times 2.5 \times 3600 + 20 = 632.0\text{℃}$$

（2）高温下柱强度验算

已知 $T_s = 632.0\text{℃}$，由式（7.2）知，温度 T_s 下钢材强度降低系数 η_T 为

$$\eta_T = \frac{f_{yT}}{f_y} = 1.24 \times 10^{-8} T_s^3 - 2.096 \times 10^{-5} T_s^2 + 9.228 \times 10^{-3} T_s - 0.2168$$

$$= 1.24 \times 10^{-8} \times 632.0^3 - 2.096 \times 10^{-5} \times 632.0^2 + 9.228 \times 10^{-3} \times 632.0 - 0.2168$$

$$= 0.376。$$

强度验算

$$\frac{N}{A_n} + \frac{M_x}{\gamma_x W_{nx}} = \frac{700 \times 10^3}{16700} + \frac{300 \times 10^6}{1.05 \times 3.17 \times 10^6} = 132.0 \text{N/mm}^2$$

$$> \eta_T \gamma_R f = 0.376 \times 1.1 \times 215 = 88.9 \text{N/mm}^2$$

因此不满足抗火设计要求。

（3）高温下柱绕强轴 x 轴整体稳定验算

由本节例 1 可知 $\lambda_x = 73.5$，查表[3] 知轴压稳定系数 $\varphi_x = 0.729$（b 类截面）；$T_s = 632.0\text{℃}$；$\eta_T = 0.376$。

由式（7.4）可知，高温下的弹性模量为

$$E_T = \frac{1000 - T_s}{6T_s - 2800} E = \frac{1000 - 632}{6 \times 632 - 2800} \times 2.05 \times 10^5 = 7.60 \times 10^4 \text{N/mm}^2$$

则 $N'_{ExT} = \frac{\pi^2 E_T A}{1.1 \lambda_x^2} = \frac{\pi^2 \times 7.60 \times 10^4 \times 16700}{1.1 \times 73.5^2} = 2.108 \times 10^6 \text{N}$

由 $\lambda_x = 73.5$，$T_s = 632.0\text{℃}$ 查附表 3 知，$\alpha_c = 1.006$，则高温下绕强轴轴压稳定系数 $\varphi_{xT} = \alpha_c \varphi_x = 1.006 \times 0.729 = 0.733$。

高温下整体稳定验算

$$\sigma_T = \frac{N}{\varphi_{xT} A} + \frac{\beta_{mx} M_x}{\gamma_x W_x (1 - 0.8 N/N'_{ExT})}$$

$$= \frac{700 \times 10^3}{0.733 \times 16700} + \frac{0.97 \times 300 \times 10^6}{1.05 \times 3.17 \times 10^6 \times (1 - 0.8 \times 700/2108)} = 174.8 \text{N/mm}^2$$

$$> \eta_T \gamma_R f = 0.376 \times 1.1 \times 215 = 88.9 \text{N/mm}^2$$

因此不满足抗火设计要求。

（4）高温下柱绕弱轴 y 轴整体稳定验算

$\lambda_y = 81.7$，查表[3] 知稳定系数 $\varphi_y = 0.677$（b 类截面）；由上可知 $T_s = 632.0\text{℃}$；$\eta_T = 0.376$

$\lambda_y = 81.7 < 120$，近似计算弯曲稳定系数：

$$\varphi_{bx} = 1.07 - \frac{\lambda_y^2}{44000} \cdot \frac{f_y}{235} = 1.07 - \frac{81.7^2}{44000} = 0.918$$

查附表 3 并使用内插法，可知 $\alpha_c = 1.007$，则高温下绕弱轴轴压稳定系数：

$$\varphi_{yT} = \alpha_c \varphi_y = 1.007 \times 0.677 = 0.682$$

查附表 1 并使用内插法可知，$\alpha_b = 1.017$，则高温下弯曲稳定系数：

$$\varphi_{bxT} = \alpha_b \varphi_{bx} = 1.017 \times 0.918 = 0.934$$

高温下整体稳定验算

$$\sigma_T = \frac{N}{\varphi_{yT} A} + \eta \frac{\beta_{tx} M_x}{\varphi_{bxT} W_x}$$

$$= \frac{700 \times 10^3}{0.682 \times 16700} + 1.0 \times \frac{0.65 \times 300 \times 10^6}{0.934 \times 3.17 \times 10^6} = 127.3 \text{N/mm}^2$$

$$> \eta_T \gamma_R f = 0.376 \times 1.1 \times 215 = 88.9 \text{N/mm}^2$$

因此不满足抗火设计要求。

（5）重新设计防火层厚度

由上面计算过程可以看出，该钢柱的高温承载力由绕强轴 x 轴的整体稳定控制（在该情况下的折算应力最高）。

① 计算临界温度 T_{dx}

$\lambda_x = 73.5$，查表知稳定系数 $\varphi_x = 0.729$（b 类截面）

参数计算如下：

$$N'_{Ex} = \frac{\pi^2 EA}{1.1 \lambda_x^2} = \frac{\pi^2 \times 2.05 \times 10^5 \times 16700}{1.1 \times 73.5^2} = 5.686 \times 10^6 \text{N}$$

$$R_x = \frac{1}{f} \left[\frac{N}{\varphi_x A} + \frac{\beta_{mx} M_x}{\gamma_x W_x (1 - 0.8 N/N'_{Ex})} \right]$$

$$= \frac{1}{215} \left[\frac{700 \times 10^3}{0.729 \times 16700} + \frac{0.97 \times 300 \times 10^6}{1.05 \times 3.17 \times 10^6 \times (1 - 0.8 \times 700/5686)} \right] = 0.718$$

$$e_1 = \frac{\beta_{mx} M_x}{\gamma_x W_x (1 - 0.8 N/N'_{Ex})} \cdot \frac{\varphi_x A}{N}$$

$$= \frac{0.97 \times 300 \times 10^6}{1.05 \times 3.17 \times 10^6 \times (1 - 0.8 \times 700/5686)} \cdot \frac{0.729 \times 16700}{700 \times 10^3} = 1.687$$

$$e_2 = \frac{\eta \beta_{tx} M_x}{\varphi_{by} W_y} \cdot \frac{\varphi_x A}{N} = 0$$

查附表 5 并使用内插法可得，$T_{dx} = 530.8℃$。

② 求所需防火涂料厚度

由式（7.3）可知，防火涂料厚度 d_i 为

$$d_i = 5 \times 10^{-5} \times \frac{\lambda_i}{\left(\dfrac{T_d - 20}{t} + 0.2 \right)^2 - 0.044} \cdot \frac{F_i}{V}$$

$$= 5 \times 10^{-5} \times \frac{0.1}{\left(\dfrac{530.8 - 20}{2.5 \times 3600} + 0.2 \right)^2 - 0.044} \times 154.5$$

$$= 0.0268 \text{m} = 26.8 \text{mm}$$

所需要的防火涂料厚度为 26.8mm，能够满足抗火设计要求。

7.4 钢框架抗火设计与计算[4]

7.4.1 钢框架梁设计方法

研究分析表明，钢框架中的钢梁由于受到相邻构件的约束，其耐火性能与独立钢梁的耐火性能大不相同。一方面，由于邻近构件的约束作用，钢梁具有更好的抗火性能；另一方面，由于钢梁上部一般有楼板的作用，不用考虑整体稳定极限状态。

便于应用，取火灾中框架梁的轴力由压力转变为零的状态作为极限状态，采用下式作为抗火验算条件

$$M_q \leqslant M_{pT} \tag{7.32}$$

式中：M_q——梁上荷载产生的弯矩，对均布荷载

$$M_q = \frac{B_n}{8} q l^2 \tag{7.33}$$

B_n——两端铰接时取 1.0，两端刚接时取 0.5；

M_{pT}——高温下截面塑性弯矩，$M_{pT} = W_p f_{yT} = W_p \eta_T \gamma_R f$。

7.4.2 钢框架柱设计方法

当框架柱受火时，相邻框架梁升温膨胀而使柱子受弯。在进行钢框架中柱的抗火设计时，假设柱两端出现塑性铰，且此时弯曲方向相反，忽略另一弯曲方向柱端弯曲的影响，验算柱子绕强轴弯曲和弱轴弯曲的整体稳定。

1）绕强轴 x 轴弯曲时

绕强轴 x 轴弯曲的整体稳定

$$\frac{N}{\varphi_{xT} A} + \frac{\beta_{mx} M_x}{\gamma_x W_x (1 - 0.8 N/N'_{ExT})} \leqslant f_{yT} \tag{7.34}$$

绕弱轴 y 轴弯曲的整体稳定

$$\frac{N}{\varphi_{yT} A} + \eta \frac{\beta_{tx} M_x}{\varphi_{bxT} W_x} \leqslant f_{yT} \tag{7.35}$$

2）绕弱轴 y 轴弯曲时

绕强轴 x 轴弯曲的整体稳定

$$\frac{N}{\varphi_{xT} A} + \eta \frac{\beta_{ty} M_y}{\varphi_{byT} W_y} \leqslant f_{yT} \tag{7.36}$$

绕弱轴 y 轴弯曲的整体稳定

$$\frac{N}{\varphi_{yT} A} + \frac{\beta_{my} M_y}{\gamma_y W_y (1 - 0.8 N/N'_{EyT})} \leqslant f_{yT} \tag{7.37}$$

由于框架柱的长细比一般较小，β_m 和 β_t 的均值约为 0.23，上面四式的第二项近似取 $0.3 f_{yT}$，则框架柱的抗火验算简化为

$$\frac{N}{\varphi_T A} \leqslant 0.7 f_{yT} \tag{7.38}$$

式中：N——框架柱在高温下所受的轴力，要考虑温度的影响。

式（7.38）可以改写成

$$\frac{N}{0.7\varphi A f}\leqslant \alpha_c \eta_T \gamma_R \qquad (7.39)$$

令荷载比

$$R=\frac{N}{0.7\varphi A f} \qquad (7.40)$$

可以根据附表4确定框架柱的临界温度。

7.4.3　设计示例

例1. 如图7.2所示，某5层钢框架，梁柱均采用 Q235 钢，梁上均布荷载 $q=65kN/m$。假设在底层 A 处发生火灾，梁内温度均匀分布，梁两端固结。拟采用厚涂型钢结构防火涂料，热传导系数 $\lambda_i=0.1W/(m \cdot ℃)$。要求耐火时间达到 2.0h，试设计 A 梁的防火层厚度。

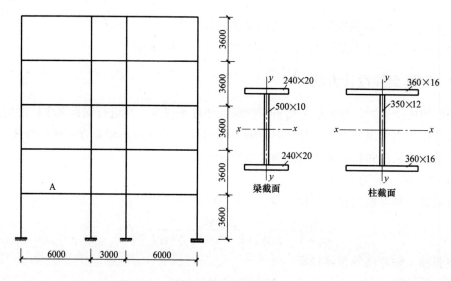

图7.2　5层钢框架

解：（1）梁的计算参数

截面惯性矩 $I=\frac{1}{12}\times 10\times 500^2+2\times 240\times 20\times (250+10)^2=7.53\times 10^8 mm^4$

截面抵抗矩 $W_n=2.789\times 10^6 mm^3$，塑性抵抗矩 $W_p=3.263\times 10^6 mm^3$

截面形状系数 $\frac{F_i}{V}=\frac{2h+3b-2t_w}{A}=\frac{2\times 500+3\times 240-2\times 10}{500\times 10+240\times 20\times 2}=116.4m^{-1}$（三面受火）

（2）计算梁的临界温度

由式（7.33）

$$M_q=\frac{B_n}{8}ql^2=\frac{0.5}{8}\times 65\times 6^2=146.25kN \cdot m$$

$$\eta_T \geqslant \frac{M_q}{W_p \gamma_R f}=\frac{146.25\times 10^6}{3.263\times 1.1\times 215}=0.190$$

由式（7.2），在正常高温范围内
$$\eta_T = 1.24 \times 10^{-8} T_s^3 - 2.096 \times 10^{-5} T_s^2 + 9.228 \times 10^{-3} T_s - 0.2168$$
可解得该梁的临界温度 $T_s = 720℃$。

由式（7.3），所需的防火层厚度 d_i 为
$$d_i = 5 \times 10^{-5} \times \frac{\lambda_i}{\left(\dfrac{T_d - 20}{t} + 0.2\right)^2 - 0.044} \cdot \frac{F_i}{V}$$
$$= 5 \times 10^{-5} \times \frac{0.1}{\left(\dfrac{720 - 20}{2 \times 3600} + 0.2\right)^2 - 0.044} \times 116.4$$
$$= 0.0131m = 13.1mm$$

所需的防火涂料厚度为 13.1mm，能够满足抗火要求。

例 2. 试对例 1 中的框架底层框架柱进行抗火设计。已知，耐火极限要求 2.0h，在耐火极限条件下的底层柱内力组合近似按 1400kN 计算。

解：（1）框架柱几何参数

两个方向惯性矩 $I_x = 4.361 \times 10^8 mm^4$；$I_y = 1.245 \times 10^8 mm^4$

截面面积 $A = 1.57 \times 10^4 mm^2$，回转半径 $i_x = 171.7mm$；$i_y = 89.0mm$

两个方向的长细比 $\lambda_x = \dfrac{l_{0x}}{i_x} = \dfrac{3600}{171.7} = 21.0$；

$$\lambda_y = \frac{l_{0y}}{i_y} = \frac{3600}{89.0} = 40.4 \text{（框架柱两端屈服后视作铰接）}$$

$$\lambda = \max\{\lambda_x, \lambda_y\} = 40.4，查表得 \varphi = 0.897$$

截面形状系数 $\dfrac{F_i}{V} = \dfrac{2h + 4b - 2t_w}{A} = \dfrac{2 \times 383 + 4 \times 360 - 2 \times 12}{1.57 \times 10^4} = 138.8m^{-1}$（四面受火）

（2）初步选定防火层厚度 $d_i = 30mm$

① 计算钢柱受火 2h 的内部温度

由前文可知，升温 t 时刻钢构件的温度 T_s 为
$$T_s = \left(\sqrt{0.044 + 5 \times 10^{-5} \times \frac{\lambda_i}{d_i} \cdot \frac{F_i}{V}} - 0.2\right) \times t + 20$$

其中，$\dfrac{\lambda_i}{d_i} \cdot \dfrac{F_i}{V} = \dfrac{0.1}{0.030} \times 138.8 = 462.7W/(m^{-3} \cdot ℃)$

受火 2h 温度为
$$T_s = (\sqrt{0.044 + 5 \times 10^{-5} \times 462.7} - 0.2) \times 2 \times 3600 + 20 = 445.6℃$$

② 验算极限温度下的承载力

轴力设计值 N 取 1400kN，极限温度 $T_s = 445.6℃$

根据附表 3 并使用内插法得 $\alpha_c = 0.998$，则高温下轴压稳定系数为
$$\varphi_T = \alpha_c \varphi = 0.998 \times 0.897 = 0.895$$

由式（7.2）知，高温下钢材强度折减系数 η_T 为
$$\eta_T = 1.24 \times 10^{-8} T_s^3 - 2.096 \times 10^{-5} T_s^2 + 9.228 \times 10^{-3} T_s - 0.2168$$
$$= 1.24 \times 10^{-8} \times 445.6^3 - 2.096 \times 10^{-5} \times 445.6^2 + 9.228 \times 10^{-3} \times 445.6 - 0.2168$$
$$= 0.830$$

极限承载力验算

$$\frac{N}{\varphi_T A}=\frac{1400\times10^3}{0.895\times1.57\times10^4}=99.6\text{N/mm}^2$$

$$<0.7\eta_T\gamma_R f=0.7\times0.830\times1.1\times215=137.4\text{N/mm}^2$$

满足要求。但是承载力富余略大，可减小防火层厚度重新验算。

参 考 文 献

［1］李国强，韩林海，楼国彪，蒋首超. 钢结构及钢-混凝土组合结构抗火设计［M］. 北京：中国建筑工业出版社. 2006.

［2］曹双寅主编，舒赣平，冯健，邱洪兴编著. 工程结构设计原理［M］. 南京：东南大学出版社. 2012. 10.

［3］中华人民共和国国家标准.《钢结构设计规范》（GB 50017—2003）［S］. 北京：中国建筑工业出版社. 2003. 12.

［4］韩林海，宋天诣. 钢-混凝土组合结构抗火设计原理［M］. 北京：科学出版社. 2012.

附　　表

高温下受弯钢构件的稳定验算参数 α_b 　　附表 1

温度(℃)	20	100	150	200	250	300	350	400	450	500
α_b	1.000	0.980	0.966	0.949	0.929	0.905	0.896	0.917	0.962	1.027
温度(℃)	550	600	650	700	750	800	850	900	950	1000
α_b	1.094	1.101	0.961	0.950	1.011	1.000	0.870	0.769	0.690	0.625

受弯钢构件的临界温度 T_d（℃） 　　附表 2

荷载比 R		0.30	0.35	0.40	0.45	0.50	0.55	0.60
φ_b	≤0.5	669	650	634	621	610	600	586
	0.6	669	650	634	620	608	596	580
	0.7	672	652	635	620	606	591	575
	0.8	674	653	635	619	604	575	571
	0.9	675	654	636	618	602	557	568
	1.0	676	655	636	618	600	538	565
荷载比 R		0.65	0.70	0.75	0.80	0.85	0.90	
φ_b	≤0.5	569	550	528	500	466	423	
	0.6	563	543	522	497	466	423	
	0.7	557	538	517	495	470	441	
	0.8	553	534	515	494	471	446	
	0.9	550	532	513	493	472	449	
	1.0	548	530	511	492	472	450	

高温下轴心受压钢构件的稳定验算参数 α_c　　　　附表3

$\lambda\sqrt{f_y/235}$	100℃	150℃	200℃	250℃	300℃	350℃	400℃	450℃
10	1.000	1.000	1.000	0.999	0.999	0.999	0.999	1.000
50	0.999	0.998	0.997	0.996	0.994	0.994	0.995	0.998
100	0.992	0.985	0.978	0.968	0.957	0.952	0.963	0.984
150	0.986	0.976	0.964	0.949	0.931	0.924	0.940	0.973
200	0.984	0.972	0.958	0.942	0.921	0.914	0.931	0.969
250	0.983	0.971	0.956	0.938	0.917	0.909	0.928	0.968
$\lambda\sqrt{f_y/235}$	500℃	550℃	600℃	650℃	700℃	750℃	800℃	
10	1.000	1.001	1.001	1.000	1.000	1.000	1.000	
50	1.002	1.004	1.005	0.998	0.997	1.001	1.000	
100	1.011	1.036	1.039	0.983	0.978	1.005	1.000	
150	1.019	1.064	1.069	0.972	0.964	1.008	1.000	
200	1.022	1.075	1.080	0.968	0.959	1.009	1.000	
250	1.023	1.080	1.086	0.966	0.957	1.010	1.000	

轴心受压钢构件的临界温度 T_d（℃）　　　　附表4

荷载比 R		0.30	0.35	0.40	0.45	0.50	0.55	0.60	0.65	0.70	0.75	0.80	0.85	0.90
$\lambda\sqrt{f_y/235}$	≤50	676	655	636	618	600	582	565	547	529	511	492	472	451
	100	674	653	636	620	605	589	571	554	535	515	494	471	444
	150	672	652	636	622	608	594	577	560	542	520	496	469	447
	≥200	672	651	636	622	609	596	579	562	545	522	497	568	433

压弯构件按整体稳定荷载比 R_x（R_y）确定的临界温度 T_{dx}（T_{dy}）（℃）　　　　附表5

$\lambda\sqrt{\dfrac{f_y}{235}}$	e_2	e_1	应力比 R_x,（R_y）												
			0.3	0.35	0.4	0.45	0.5	0.55	0.6	0.65	0.7	0.75	0.8	0.85	0.9
≤50	—	—	670	649	630	612	595	577	560	542	524	506	487	467	446
100	≤0.1	≤0.1	667	647	630	614	599	582	565	547	528	508	487	467	446
		0.3	662	642	625	609	594	577	559	541	522	502	481	458	433
		1.0	660	640	623	607	590	573	555	537	519	499	479	457	433
		3.0	665	644	626	609	592	575	557	539	521	502	483	462	440
		≥10	471	650	631	613	596	578	561	543	525	507	488	468	446
	0.3	≤0.1	669	649	631	615	600	583	566	549	530	510	489	466	441
		0.3	665	645	628	612	596	579	562	544	525	505	484	462	437
		1.0	663	643	625	608	592	575	557	539	521	501	481	459	435
		3.0	666	645	627	610	593	575	558	540	522	503	484	463	440
		≥10	671	650	631	613	596	578	561	543	525	507	488	468	446
	1.0	—	668	647	629	612	596	579	561	544	525	506	486	464	441
	≥3	—	671	651	632	615	598	581	563	545	527	508	489	468	446
150	≤0.1	≤0.1	663	643	628	613	600	584	567	550	529	508	484	457	426
		0.3	657	638	622	608	593	576	559	541	521	499	476	449	420
		1.0	656	637	620	605	589	572	554	536	516	496	474	450	423
		3.0	662	642	624	607	591	574	556	538	520	501	480	459	435
		≥10	670	649	630	612	595	578	560	543	524	506	487	467	445

续表

$\lambda\sqrt{\dfrac{f_y}{235}}$	e_2	e_1	应力比 $R_x,(R_y)$												
			0.3	0.35	0.4	0.45	0.5	0.55	0.6	0.65	0.7	0.75	0.8	0.85	0.9
150	0.3	≤0.1	666	646	630	616	602	586	569	552	532	511	488	462	432
		0.3	661	642	626	611	597	580	563	545	525	504	481	455	427
		1.0	659	639	622	607	591	574	557	539	519	499	477	454	427
		3.0	663	643	625	608	592	575	557	539	521	502	481	460	436
		≥10	670	649	630	613	595	578	560	543	525	506	487	467	445
	1.0	≤0.1	670	650	633	618	604	588	571	554	535	514	492	467	439
		0.3	668	648	631	615	601	585	568	551	531	511	489	464	437
		1.0	665	645	628	612	597	580	563	545	526	506	484	461	435
		3.0	666	645	628	611	595	578	560	543	524	505	484	463	439
		≥10	670	650	631	613	596	579	561	544	525	507	488	467	445
	3.0	—	670	650	632	616	602	585	568	550	531	512	490	467	441
	≥10	—	672	652	634	618	602	586	569	551	532	513	492	469	445
≥200	≤0.1	≤0.1	661	642	627	613	600	584	567	550	530	507	482	452	418
		0.3	655	637	621	607	593	576	559	541	520	498	473	444	412
		1.0	654	635	619	604	588	571	554	535	515	495	472	446	419
		3.0	661	641	623	607	591	573	556	538	519	500	479	457	433
		≥10	669	649	630	612	595	578	560	542	524	506	486	466	444
	0.3	≤0.1	664	645	630	616	603	588	571	554	534	512	488	458	423
		0.3	659	640	625	611	597	581	564	546	526	504	480	451	418
		1.0	657	638	622	607	592	575	557	539	519	498	476	450	422
		3.0	662	642	624	608	592	575	558	540	52	501	481	458	434
		≥10	669	649	630	612	595	578	560	543	525	506	487	466	444
	1.0	≤0.1	668	648	633	619	606	592	576	559	540	518	493	464	427
		0.3	665	646	630	616	603	588	572	554	535	513	489	461	426
		1.0	663	643	627	612	599	582	565	547	528	507	484	458	427
		3.0	664	644	627	611	596	579	562	544	525	505	484	461	435
		≥10	670	649	631	613	597	579	562	544	526	507	487	467	444
	≥3.0	≤0.1	667	648	631	615	601	585	568	550	531	511	489	464	436
		0.3	668	649	633	619	606	593	577	559	540	519	494	466	428
		1.0	668	648	632	617	604	589	573	555	536	515	492	464	430
		3.0	669	650	634	620	607	594	578	561	542	520	496	467	428
		≥10	670	650	632	615	599	582	565	547	528	509	489	467	443

压弯构件按截面强度荷载比 R 确定的临界温度 T_d（℃）　　　　附表 6

荷载比 R	0.30	0.35	0.40	0.45	0.50	0.55	0.60
临界温度 T_d	676	656	636	617	599	582	564
荷载比 R	0.65	0.70	0.75	0.80	0.85	0.90	
临界温度 T_d	546	528	510	492	472	452	